Natur ist keineswegs nur Ordnung, die Vorstellung des durch und durch geregelten Kosmos ist erschüttert. Alles Lebendige bewegt sich auf dem schmalen Grat zwischen Chaos und Ordnung. Diese Polarität gehört heute zu den aufregendsten Fragen der Wissenschaft. Friedrich Cramer führt mit unkonventionellen Mitteln und in anschaulicher, auch dem Laien verständlicher Sprache an die großen Themen und Probleme der modernen Naturwissenschaften heran. Dabei geht es ihm immer auch um mehr als um rein fachwissenschaftliche Fragestellungen, es geht um den Kontext von Wissenschaft, Literatur und Lebenswelt.
So beginnt jedes Kapitel des Buches mit einem fiktiven oder echten Dialog und schließt mit einem lyrischen Text aus der Weltliteratur. Erst in den übergreifenden Zusammenhängen vermag naturwissenschaftliche Forschung ihre volle Bedeutung zu entfalten, ob zur Theorie der Evolution, zur Gentechnik und Zellfunktion, zur Frage der Selbstorganisation des Universums, zu Altern und Tod. Cramer entwickelt schließlich eine neue Theorie über die Komplexität lebender Systeme, die neuartige Einsichten vermittelt.
Professor Dr. rer. nat. Friedrich Cramer, geboren 1923, von 1962 bis 1991 Direktor im Max-Planck-Institut für Experimentelle Medizin in Göttingen, Honorarprofessor an den Universitäten Braunschweig und Göttingen, Mitglied führender in- und ausländischer Akademien. Zahlreiche wissenschaftliche Veröffentlichungen. Im Insel Verlag erschienen *Amazonas* (Novelle, 1991); *Die Natur der Schönheit. Zur Dynamik der schönen Formen* (zus. mit W. Kaempfer, 1992); *Der Zeitbaum. Grundlegung einer allgemeinen Zeittheorie* (1993).

insel taschenbuch 1496

Friedrich Cramer

Chaos und Ordnung

Friedrich Cramer

Chaos und Ordnung

Die komplexe Struktur des Lebendigen

Mit zahlreichen Abbildungen

Insel Verlag

insel taschenbuch 1496
Erste Auflage 1993
Insel Verlag Frankfurt am Main und Leipzig

Lizenzausgabe mit freundlicher Genehmigung der
Deutschen Verlags-Anstalt, Stuttgart
Hinweise zu dieser Ausgabe am Schluß des Bandes
Vertrieb durch den Suhrkamp Taschenbuch Verlag
Satz: Friedrich Pustet, Regensburg
Umschlag nach Entwürfen von Hermann Michels
Druck: Nomos Verlagsgesellschaft, Baden-Baden
Printed in Germany

1 2 3 4 5 6 – 98 97 96 95 94 93

Inhalt

Anhang

Anrede an den Leser

Lieber Leser, nachdem mein Buchmanuskript mehr oder weniger fertig vor mir liegt – ganz fertig wird es nie –, bin ich selber ziemlich erstaunt über das Resultat. Was will ich mit diesem Buch und warum habe ich es geschrieben?

Ich bin bei meinen wissenschaftlichen Forschungen über die Struktur und Funktionsweise des Lebendigen immer wieder auf schwierige allgemeine Fragen gestoßen. Diese Fragen sind unbequem, Fragen wie etwa: Was ist Leben? Was heißt Evolution? Wie entstehen Ideen im Gehirn? Gibt es eine Lebenskraft? Solche Fragen schiebt der Forscher in aller Regel beiseite. Ja, er muß es tun, denn forschen kann man nur an Einzelobjekten. Häufig ist eine einzelne Zelle schon zu groß und komplex. Man isoliert dann einen Zellbestandteil wie die Nukleinsäure (Kap. 1) oder ein Stück der Zellmembran (Kap. 2) und arbeitet damit im Detail. Diese Forschungen sind so interessant und aufregend, daß sie uns vollauf beschäftigen, buchstäblich Tag und Nacht. Es bleibt keine Zeit, über die Sinnzusammenhänge nachzudenken; es bleibt keine Zeit für Philosophie.

Auf der anderen Seite sind die modernen Ergebnisse der biologischen Forschung von so tiefgreifender Wirkung auf unser Denken, daß sie in unser Weltbild eingebettet werden müssen, wenn wir nicht Analphabeten des Denkens werden wollen. Wer kann eine solche Gesamtschau geben? Die wissenschaftlichen Resultate sind zu komplex und zu schwierig, als daß sie ein nicht naturwissenschaftlich geschulter Philosoph verarbeiten könnte. Immanuel Kant konnte noch die denkerischen Konsequenzen aus der Newtonschen physikalischen Revolution ziehen. Einen Denker, der die Konsequenzen der modernen wissenschaftlichen Revolution auf dem Gebiete der Biologie in einer Gesamtschau darstellt, wird es wohl nicht mehr geben.

Ich habe in diesem Manuskript meine Gedanken aufgezeichnet, die ich mir in den letzten zehn Jahren über meine Wissenschaft gemacht habe. Ich gehe dabei in jedem der neun Kapitel von eigenen Forschungsarbeiten aus, wie der Leser leicht feststellen wird. Aber ich versuche eben dann doch, nicht bei den Einzeltatsachen stehenzubleiben, sondern allgemeine Bezüge herzustellen. Dabei sind Grenzüberschreitungen unvermeidlich.

Dieses Buch soll kein philosophisches Buch sein, obwohl viel Philosophie darin vorkommt. Es ist aber auch kein rein naturwissenschaftliches Buch, obwohl ich von wissenschaftlichen Resultaten ausgehe. Und so setze ich mich bewußt zwischen die Stühle. Aber ich durchschreite das Niemandsland zwischen den »zwei Kulturen« nicht ganz ohne die Hoffnung, die Kluft zwischen der technisch-naturwissenschaftlichen und der philosophisch-künstlerischen Welt überbrücken zu helfen.

Jedes der neun Kapitel ist eingebettet zwischen einen Dialog und ein Gedicht. Ich will in den teilweise fiktiven Dialogen zeigen, daß schwierige Probleme nicht unbedingt schwierig diskutiert werden müssen, daß sie dialogisch-dialektisch behandelt werden können, ja daß es auch viel Spaß machen kann, sich mit Grenzfragen zu beschäftigen. Und die Dialoge sollen außerdem zeigen, daß viele der Fragen, die uns heute in den Wissenschaften bewegen, vielleicht gar nicht so neu sind. Die Gesprächspartner meines Protagonisten Georg Christoph Lichtenberg aus dem 18. Jahrhundert lebten zum Teil schon im 4. vorchristlichen Jahrhundert.

Das Buch enthält schwierige Stellen. Die dürfen Sie, lieber Leser, zunächst getrost überschlagen. Sinn und Absicht des Buchs werden vielleicht schon deutlich, wenn man nur die neun Dialoge liest. Die einzelnen Kapitel enthalten dann die Belegstellen für die Dialoge. Und wer noch tiefer eindringen will, der mag sich in einer Bibliothek die einschlägigen Zitate heraussuchen.

Und was sollen die Gedichte am Schluß der einzelnen Kapitel? Die sachliche Sprache der Wissenschaft drückt einen Aspekt der Wahrheit aus, die aufgelockerte Sprache eines Dialoges einen anderen. Das Gedicht in seiner verdichteten Sprache beschreibt Wahrheiten oft in noch gültigerer konzentrierterer und einprägsamerer Form.

Wenn ich mein Manuskript noch einmal durchblättere, bevor ich es endgültig meinem Verleger überlasse, wird mir ein wenig wehmütig. Ich gebe es ungern aus der Hand, denn ich habe es zunächst für mich geschrieben, zur Klärung meiner eigenen Gedanken, aus Freude an der Sache und um meine Wissenschaft und mich selbst kennenzulernen. Insofern ist das Buch ein Programm; jedes der neun Kapitel könnte ein

eigenes Buch abgeben, wenn ich die darin skizzierten Gedanken weiter ausführte. Vielleicht habe ich eines Tages Zeit dazu.
Und nun wünsche ich dem Leser viel Glück mit der Lektüre und wünsche mir mit meinem Göttinger Akademie-Kollegen Georg Christoph Lichtenberg: »Wer zwei Paar Hosen hat, mache eins zu Geld und schaffe sich dieses Buch an.«

Göttingen und Schloß Berlepsch,
im Februar 1988 Fritz Cramer

Dank

Ich möchte vielen Menschen danken. In erster Linie meiner Frau, denn Manuskriptschreiber sind zeitweise schwer zu ertragende, launische Menschen, die sich nicht gut in die häusliche Ordnung einfügen.
Frau Monika Welskop hat in unermüdlichem Einsatz das Manuskript bearbeitet, verbessert, umgeschrieben, wieder verbessert und bei allem die Übersicht behalten. Frau Ulrike Pruchniewicz hat viele der Abbildungen gezeichnet. Manche Göttinger Freunde haben mich angeregt und mit mir diskutiert. Ich nenne hier stellvertretend Paul Bahrdt, Otto Creutzfeldt, Manfred Eigen, Peter Richter, Albrecht Schöne, Jürgen von Stackelberg, Rudolf Vierhaus, Wolfhart Westendorf. Ich danke Freundinnen und Freunden, insbesondere Wolfgang Freist und Iancu Pardowitz, die Teile des Manuskripts gelesen, kritisiert und verbessert haben.
Und nicht zuletzt danke ich Gabriele Beck, geb. Cramer (1938–1988), die über Jahre hin viele der hier behandelten Themen kontrovers und anregend mit mir diskutiert hat, und deren Andenken ich dieses Buch widme.
F. C.

1. Leben – Dynamik zwischen Ordnung und Zerfall

Ein Gespräch zwischen Georg Christoph Lichtenberg und Meister Zettel* über Chaos und Ordnung

ZETTEL: Verehrter Professor, ich verstehe das alles nicht. Sie wollen *eine Theorie der Falten in einem Kopfkissen*** machen. Mir genügt doch das Kopfkissen selber. Ohne Theorie oder Theologie, wie immer das heißt. So ein Kopfkissen ist ein feines Instrumentarium, wenn man bedenkt, wo man das überall supponieren und opponieren und deponieren kann. Falten? Na ja, vielleicht kann man daraus erkennen, ob die Thisbe mit ihrem Allerwertesten pyramusisch draufgelegen hat.

LICHTENBERG: Genau das ist es, Meister Zettel. Ein glattes, ordentlich aufgeschütteltes, hausfraulich einwandfreies Kopfkissen ist ohne jeden höheren Informationswert. Erst die Falten bringen uns der Wahrheit näher, auch der Wahrheit des Kopfkissens und seiner Einbettung in die relevanten Bettbezüge. Aus den winzigsten Faltenmustern *können wir auf lockerste Art und Weise viel über die Principia erfahren. Der große Kunstgriff, kleine Abweichungen von der Wahrheit* – hier unsere scheinbar irregulären Falten – *für die Wahrheit selbst zu halten, worauf die ganze Differentialrechnung gebaut ist, ist auch zugleich der Grund unsrer witzigen Gedanken, wo oft das Ganze hinfällig würde, wenn wir die Abweichungen mit philosophischer Strenge nehmen würden.*

---

* Webermeister Klaus Zettel, Figur aus Shakespeares »Sommernachtstraum«, der dort das Stück von Pyramus und Thisbe inszeniert.

** Die kursiv gesetzten Texte in den Dialogen sind stets Originalzitate von Lichtenberg aus den »Sudelbüchern« und den »Briefen« beziehungsweise der jeweiligen Autoren.

ZETTEL: Professor, meine Stammtischbrüder *nennen mich schlicht den größten Geist unter allen Handwerkern* in Göttingen, irgendwo stimmt's ja auch, und jetzt fängt es auch an, mir einzuleuchten.
Wir sind doch in so einer Theatergruppe. *Der im Theater den Löwen spielt, darf sich nicht die Nägel schneiden; denn sie sollen als Löwenklauen herausstehen. Und trotzdem ist er kein echter Löwe. Er hat nur so etwas Löwisches an sich.* Die Fingernägel sind dann wie die Falten im Kopfkissen.
Vielleicht ist mein Freund Schock auf der Bühne mehr Löwe als der im Zoo, so von den Gedanken her, die man dabei im Kopf hat. Sie verstehen, was ich meine?
LICHTENBERG: Freilich, lieber Zettel, die Idee des Löwen ist wichtiger als der physische Löwe selbst, sagt schon Platon. Neuerdings befaßt sich mein Kollege Kant im preußischen Königsberg mit solch grundsätzlichen Fragen. Mal sehen, was dabei herauskommen wird. *Vielleicht sind doch die Gedanken der Grund aller Bewegung in der Welt.*
ZETTEL: Dann wird's aber chaotisch, Herr Professor, denn jeder hat doch so seine eigenen Gedanken, wenn die alle die Welt bewegen, da gehen die Bewegungen ja ganz schön durcheinander. Da gibt's doch überhaupt keine Ordnung mehr. Ich als Webermeister kann das ja schließlich bestens beurteilen. Jedes Gewebe ist ein schwieriges, zusammengeknüpftes Netzwerk. Und wenn ich tolle Muster gestalten will, muß jeder Faden der Kette stimmen, und ebenso muß der Schuß-Zettel genauestens überlegt sein. Ich habe da meinen eigenen Plan, um alles in Ordnung zu halten. Wenn ich den Plan nicht im Kopf hätte, was meinen Sie, was es da für eine hoffnungslos verkottelte Unordnung gäbe. Ordnung ist die Hauptsache; jedenfalls in der Weberei!
LICHTENBERG: Ja, ja, *Ordo. Die Ordnung, die aktive Herstellung zeitlicher und räumlicher Strukturen. Die Bemühung, ein allgemeines Principium, eine Ordo, in manchen Wissenschaften zu finden, ist vielleicht öfters ebenso fruchtlos, als die Bemühung derjenigen sein würde, die in der Biologie ein allgemeines Prinzip oder Ur-Teilchen finden wollten, durch dessen Zusammensetzung alle Lebewesen entstanden seien. Die Natur schafft keine Gattungen und Arten, sie schafft Individuen, und unsere Kurzsichtigkeit muß sich Ähnlichkeiten heraussuchen, um vieles auf einmal behalten zu können.* Die Ordnungsbegriffe werden immer unrichtiger, je größer die Bereiche der Wirklichkeit werden, die wir jeweils anvisieren. Jedes System hat seinen begrenzenden Grad von Komplexität. Vielleicht übersteigt eine »Theorie der Falten in einem Kopfkissen« bereits unser Erkenntnisvermögen.

ZETTEL: *Das war erhaben*, Herr Professor, *wie Sie das so deklarieren*. Das hat wieder mit meiner Profession zu tun. Wenn ich so ein kompliziert gemustertes Tuch webe, wie zum Exempel letzte Woche für die Frau Ratsschöffin, kann ich das immerhin noch meinem Gesellen erklären, und der kann's dann auch. Ich könnt das Rezept sogar notfalls aufschreiben. Aber nur für das, was innerhalb meiner Werkstatt passiert, bis das Gewebe (lat. *complexus:* zusammengeknüpft) fertig abgekettelt ist. Denn bei mir herrscht Ordnung. Was der Färber mit der Wolle vorher macht, ist mir schleierhaft. In seinen Schmiertöpfen herrscht offenbar das reinste Chaos. Niemals krieg ich die gleiche Farbe nach. Und ob dann hinterher die hohen Herrschaften in dem Tuche zum Tanze gehen oder es als Putzlumpen verwenden, weiß ich natürlich auch nicht. Ist mir auch egal, Hauptsache sie bezahlen anständig.

LICHTENBERG: *Recht so, Ordnung führt zu allen Tugenden! Aber was führt zur Ordnung?* – Nun, lieber Meister, es war höchst angenehm, mit Ihnen zu diskutieren. *Philosophie ist immer Scheidekunst, man mag die Sache wenden wie man will. Sie als Handwerker gebrauchen auch alle die Sätze der abstraktesten Philosophie, nur eingewickelt, versteckt, gebunden, latent, wie der Physiker und Chemiker sagt, in alltägliche Lebensweisheiten verpackt; der Philosoph gibt uns die reinen Sätze.*

ZETTEL: Danke schön, Herr Professor! Dann wollen wir mal an die Arbeit gehen, ich an meinen Webstuhl und Sie an Ihr Schreibpult.

LICHTENBERG: Adieu, mein Lieber.

Ordnungsstrategien – Für das Leben gibt es Baupläne

Wir bewundern an der Natur ihre sich immer wiederholende Ordnung, die Symmetrie einer Blüte, das geometrische Muster eines Tannenzapfens. Im Leben ordnet sich die tote Materie zu hochkomplexen Gebilden, die ihre Ordnungsschemata in Vererbungsgesetzen weitergeben können. Je tiefer wir in die molekularen Bereiche der Biologie vordringen, indem wir die Erbsubstanz, die Nukleinsäure, erforschen, um so deutlicher sehen wir die Ordnungsschemata. Wir können die Vererbungsschrift der Doppelhelix lesen, gewissermaßen den Corpus juris, nach dem im Reiche der Natur die Ordnung sich immer wiederherstellt.

Ordnung ist in unserem herkömmlichen Begriffssystem etwas Statisches. Fast automatisch denken wir bei raumzeitlicher Ordnung an einen Endpunkt, an welchem alles in dieser vorgegebenen Ordnung erstarrt. Kristallisation wäre dann das Idealbild von Ordnung. Wir werden jedoch sehen, daß die Ordnung des Lebendigen kein statisches Phänomen ist, nicht dem Kristall vergleichbar. Leben ist auf der einen Seite ein dynamisches Entstehen von Ordnung, das immer von Zerfall von Ordnung, vom Übergang in Chaos begleitet wird (vgl. Kap. 5). Auf der anderen Seite *ist* Leben Zerfall. Die Evolution der Arten könnte nicht verstanden werden, wenn es nicht das Prinzip der Selektion gäbe, das heißt, wenn nicht mit dem Entstehen einer neuen Art andere Arten aussterben. Die Bakterien im Komposthaufen könnten nicht existieren, wenn sie nicht die hochkomplexen molekularen Strukturen der Blätter und Gräser in diesem aufgeschichteten Haufen zerstören würden.

Formen

Für jedes lebende Wesen ist eine Form, eine Gestalt, typisch, an der wir dieses Lebewesen erkennen und in das Gesamtsystem unserer Umwelt einordnen. Obwohl es zwischen den geformten Gestalten doch kleinere oder größere Abweichungen gibt, bleibt ein bestimmtes Grundmuster immer konstant. Ja, es scheint so zu sein, daß die Natur mit bestimmten Mustern »spielt«. Ein Blatt ist zwar immer ein Blatt, aber es kann gezackt, lanzettförmig, gefiedert, lederartig, stachelig variiert werden. Sogar Schmetterlingsflügel können als Mimikri die Form eines Blattes haben. Das heißt, die gleiche Form kann auf völlig verschiedenen Wegen oder zu verschiedenen Zwecken erreicht werden, das Baumblatt zur optimalen Durchführung der Photosynthese, der blattähnliche Schmetterlingsflügel, um den Schmetterling zwischen den Blättern unsichtbar zu machen.

Wissenschaft ist nun das Bestreben, Ordnungsprinzipien in der Vielfalt von Formen aufzufinden und im klarsten Falle diese Formen und ihre Beziehungen in mathematische Ausdrücke zu fassen. Schon Roger Bacon nannte die Mathematik das Tor und den Schlüssel zur Wissenschaft. Viele physikalische Vorgänge lassen sich mit Gleichungen beschreiben, genau genommen mit linearen Differentialgleichungen. Die Fallgesetze (Galilei), die Planetenbewegungen (Newton) oder die Strahlung weißglühender Metallfäden (Max Planck) kann man mathematisch in eine allgemein-

gültige Form und Formel fassen. Aber ist das Gleiche auch mit dem Lebendigen möglich?
Hier ist alles viel komplexer. Die Strukturen und Prozesse des Lebens greifen ineinander, sind Netzwerke. Also wird es sicherlich sehr viel schwieriger sein, die Ordnungen des Lebendigen zu verstehen. Komplexität sollte aber nicht abschrecken. Darum wollen wir uns auf den folgenden Seiten bemühen, die Komplexität des Lebendigen zu verstehen und daraus möglicherweise allgemeine Prinzipien in der Natur abzuleiten versuchen, die aus den »einfachen Wissenschaften« wie der klassischen Physik oder Astronomie oder sogar aus der sehr viel komplexeren Chemie nicht ohne weiteres ableitbar sind.
Auch viele Formen der Pflanzenwelt lassen sich auf mathematische Beziehungen zurückführen, etwa die Spiralmuster der Tannenzapfen oder der Korbblüten. Davon wird in Kapitel 6 ausführlicher die Rede sein. Zunächst soll hier einführend ein Formenvergleich durchgeführt werden, der im wesentlichen auf Wentworth Thompson d'Arcy zurückgeht.[1]
Wenn man etwa die Urform eines Fisches in ein Koordinatensystem einzeichnet, so können daraus durch regelmäßige Veränderungen im Koordinatensystem die anderen Fischarten abgeleitet werden. Diese Veränderungen im Koordinatensystem können Änderungen der Winkel, Verzerrungen oder Maßstabsänderungen sein. Jedesmal entstehen daraus neue Arten. Oder anders ausgedrückt: Die verschiedenen Fischarten lassen sich auf ein gemeinsames Grundmuster zurückführen (Abb. 1.1)
Die gleiche Koordinatentransformation kann man zum Beispiel beim Vergleich zwischen menschlichem Schädel und Schimpansenschädel vornehmen. Alle Elemente des Schimpansenschädels sind im menschlichen Schädel vorhanden. Aber entsprechend der Notwendigkeit, ein größeres Gehirn unterzubringen, sind diejenigen Koordinaten verschoben, in die das Gehirn eingebettet ist, während andererseits wegen der entfallenden Notwendigkeit für ein Nahkampfgebiß die Koordinaten der Kinnpartie beim Menschen verkleinert sind (Abb. 1.2).
Wir lernen daraus, daß Formen in der Natur nichts unabhängig Strukturiertes und Beliebiges sind, sondern in regelmäßiger Weise miteinander zusammenhängen. Es gibt Grundmuster von Bauplänen, die weit variiert werden können. So treten etwa innerhalb der Fischarten keine völlig neuen Dinge auf, wie neuartige Gliedmaßen oder neue Organe. Und selbst dort, wo Organe für neue Funktionen entstehen, zum Beispiel

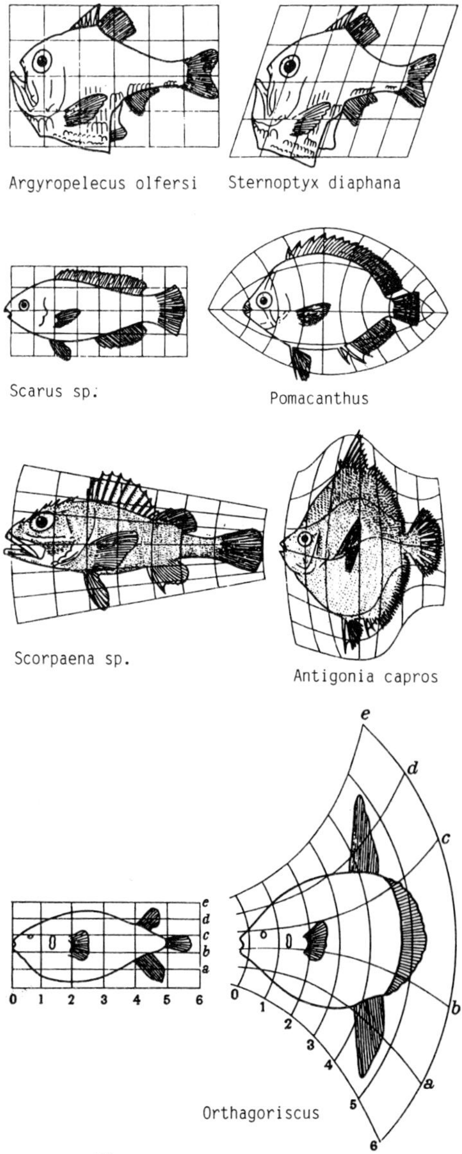

Abb. 1.1:
Das gemeinsame Grundmuster in der Gestalt verschiedener Fischarten. Durch Maßstabsveränderung der Koordinaten und Winkel lassen sich die Formen ineinander überführen.

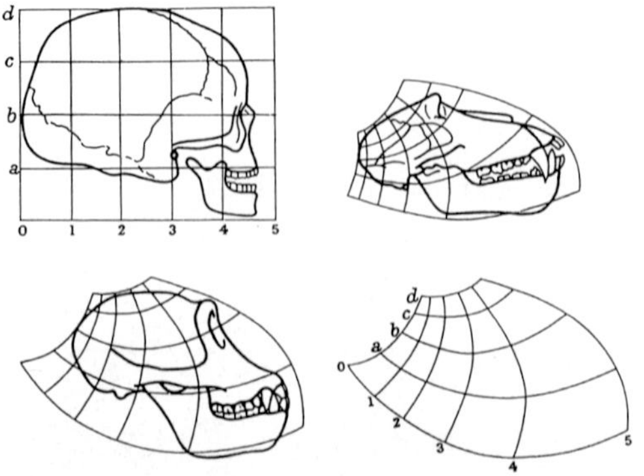

Abb. 1.2: Gemeinsames Grundmuster von Primatenschädeln. Links oben: Schädel des Menschen; links unten: Schädel des Schimpansen; rechts oben: Schädel des Orang-Utan; rechts unten: Die Koordinaten des Schimpansenschädels als Transformation der Koordinaten des Menschenschädels.

Flügel zum Fliegen, entwickeln sie sich nach dem gleichen Prinzip durch »Transformation«, so die Flügel aus den Vorderbeinen der Reptilien. »Natura non facit saltus«, die Natur macht keine Sprünge, sagt Leibniz. Wir werden aber später sehen, daß diese Kontinuität des Lebendigen doch nur scheinbar besteht, daß an den Übergangsstellen, an denen tatsächlich etwas Neues entsteht, Ordnungsbrüche geradezu notwendig sind, daß dort plötzliche Phasensprünge stattfinden, daß das Miteinander von Ordnung und Chaos das eigentliche Schöpfungspotential der Natur darstellt.

Zellen

Die kleinste Baueinheit des Lebendigen, die zu selbständigem Leben fähig ist, ist bekanntlich die Zelle. Aus ihr setzen sich alle tierischen und pflanzlichen Gewebe zusammen. Zellen sind, von wenigen Ausnahmen abgesehen, nur unter dem Mikroskop erkennbar, im allgemeinen haben sie $\frac{1}{100}$ bis $\frac{1}{1000}$ Millimeter Durchmesser. Es gibt Ausnahmen, so zum Beispiel manche Nervenzellen, deren Fortsätze (Axone) einen Meter lang sein können, oder die Schirmalge Acetabularia, die, obwohl nur aus einer einzigen Zelle bestehend, 10 Zentimeter und länger wird (Abb. 1.3).
Zellen sind Individuen im physikalischen Sinne, weil sie sich von der Außenwelt abschließen können, sie sind unzerteilbar, haben ihre Individualität (lat. *individuus*: unteilbar). Leben existiert in feuchter Umgebung. Alle Zellen haben Wasser als »Betriebsflüssigkeit«. Wenn sich eine

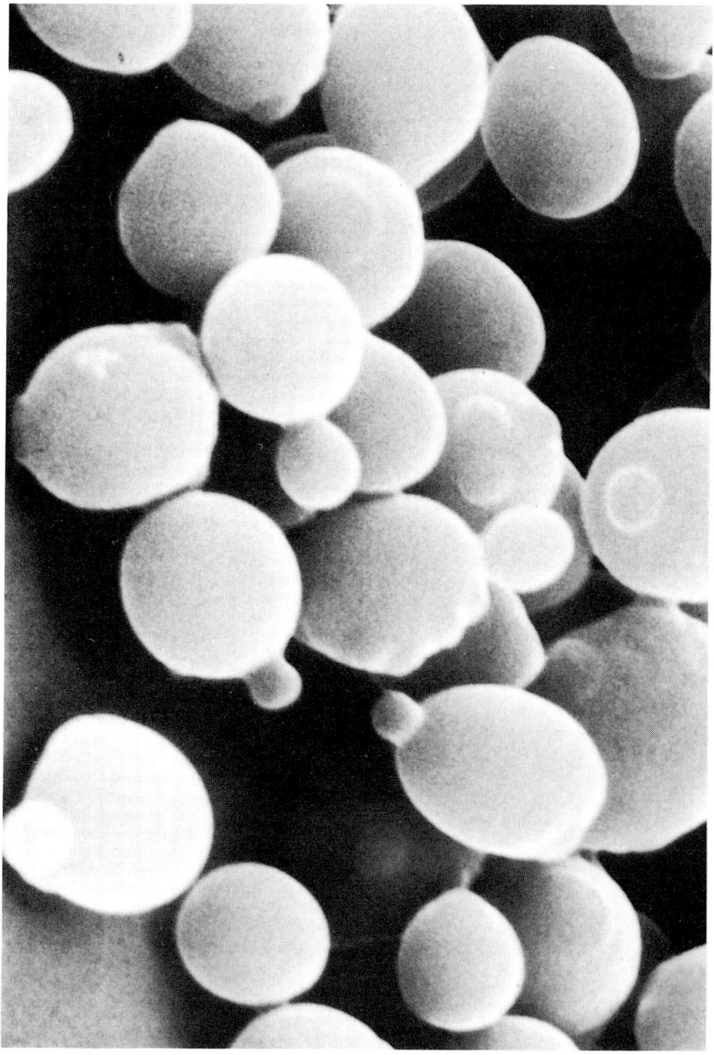

Abb. 1.3a: Rasterelektronenmikroskop-Aufnahme von wachsenden Hefezellen. Diese einzelligen Eukaryonten knospen zur Vermehrung kleine Tochterzellen ab.

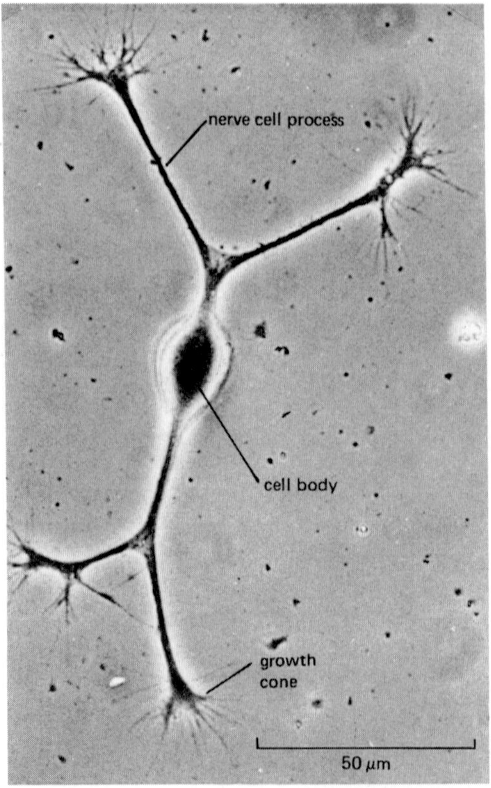

Abb. 1.3b: Lichtmikroskopische Aufnahme einer Nervenzelle, die aus einem Hühnerembryo isoliert und in einer Gewebekulturschale als Nährlösung gehalten wurde. Die Zelle beginnt eben, langgestreckte Fortsätze auszubilden.

nerve cell process – Nervenzellfortsatz; cell body – Zellkörper; growth cone – Wachstumskegel.

Zelle von ihrer Umgebung isoliert halten will, muß sie eine wasserundurchlässige Schicht um sich herum tragen. Das ist die Zellmembran, eine Art dünnen Ölfilms, der die Zelle umschließt. Da die Zelle andererseits Stoffe aus ihrer Umgebung aufnehmen und andere in die Umgebung abgeben muß, ist der Aufbau der Zellmembran freilich viel komplizierter als ein einfacher Ölfilm. Es gibt kontrollierte Einlaßpforten, Rezeptoren, Signalstellen und, je nach Zellart, Kontaktstellen verschiedenster Art (Abb. 1.4).
Zellen können sich bekanntlich teilen. Die normale Zellteilung (Mitose)

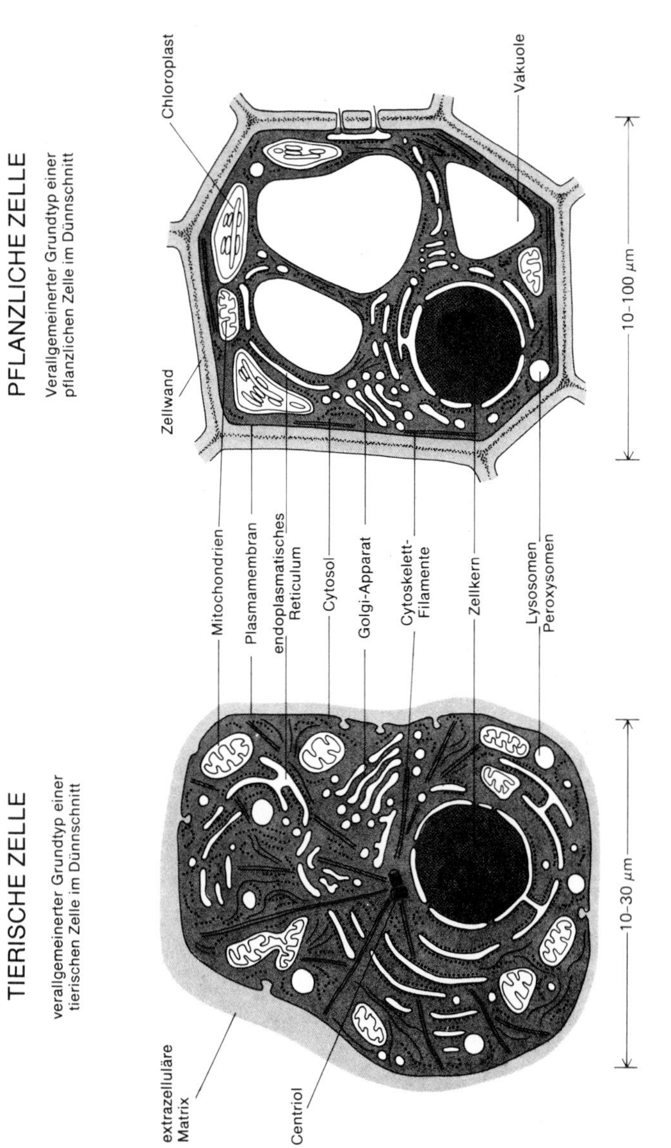

Abb. 1.4: Schematischer Aufbau einer Zelle.

geht vom Zellkern aus (Abb. 1.5). Der Zellkern ist die wichtigste Unterstrukturierung der Zelle. Man nennt solche Unterstrukturen Zellorganellen. Sie spielen in der Zelle eine ähnliche Rolle wie die Organe im menschlichen Körper. Es gibt Organellen für die Zellatmung (Mitochondrien), Organellen für die Kohlenstoff-Assimilation in der Pflanze (Chloroplasten) und einige andere. Der Zellkern hat eine ganz besondere Aufgabe. Er trägt in seinen Chromosomen die Baupläne für den Aufbau der Zelle.

Wenn man aus einer Zelle den Zellkern entfernt, was zum Beispiel bei einer Eizelle möglich ist, dann kann diese zwar noch weiterleben, sie kann sich aber weder teilen noch fortpflanzen. Sie kann nichts Neues mehr herstellen und läuft sozusagen nur noch weiter, bis alle Speicher leer sind. Vom Informationsträger des Zellkerns in den Chromosomen, der DNS (Desoxyribonukleinsäure) wird später noch die Rede sein. Hier nur so viel: Die Chromosomen werden bei der Zellteilung gleichmäßig auf die beiden Hälften der sich teilenden Zelle verteilt, so daß jede Zelle einen kompletten Satz der Baupläne mitbekommt (Abb. 1.5). Die Zellteilungsvorgänge sind genauestens reguliert und kontrolliert, damit dabei keine Fehler entstehen.[2]

Moleküle

Mit den stärksten Elektronenmikroskopen kann man etwa 250 000fach vergrößern. Bei dieser Vergrößerung sieht man dann Einzelheiten der Zellorganellen, Faserstrukturen, Makromoleküle. Es ist aber wegen grundsätzlicher Begrenzungen – nämlich der Wellenlänge beziehungsweise Eindringtiefe der Elektronen – nicht möglich, die Vergrößerung so zu steigern, daß man alle molekularen Strukturen des Lebendigen erkennt, also etwa einzelne Proteine oder die Doppelhelix. Dazu müßte man eine milliardenfache Vergrößerung erreichen; diese kann man aber nur mit Hilfe indirekter Methoden zustande bringen, in erster Linie mit Hilfe der Chemie.

Die chemische Vergrößerung besteht darin, daß man eine bestimmte Substanz, die in einer Zelle nur in geringer Menge vorhanden ist und sich deshalb der physikalischen und auch chemischen Charakterisierung entzieht, sehr stark anreichert, indem man eine Vielzahl, wenn nötig Milliarden, von gleichen Zellen extrahiert und auf raffinierte Weise aufarbeitet. So gewinnt man zum Beispiel das in Mikroorganismen nur in geringen

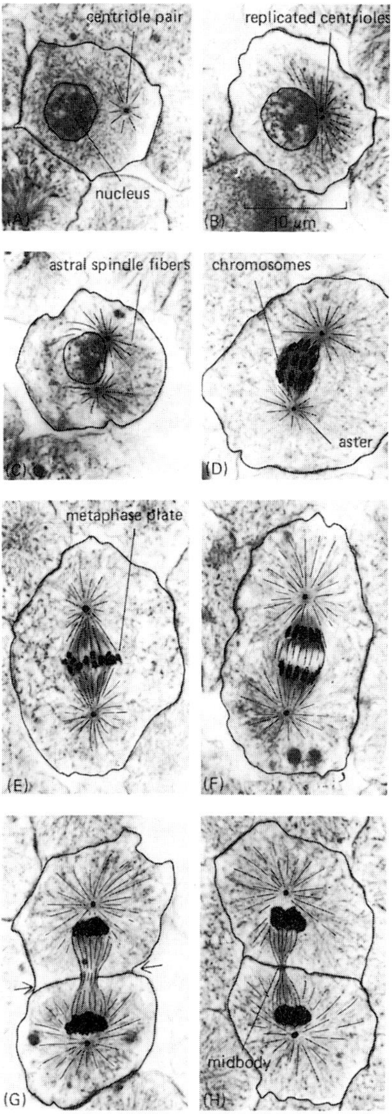

Abb. 1.5: Der Ablauf der Mitose in typischen tierischen Zellen (Hering): (A) Interphase: Das Zellzentrum mit dem Zentriol ist oft klein und liegt ein Stück vom Zellkern entfernt. (B) Frühe Prophase: Das replizierte Zellzentrum liegt nahe beim Kern und ist Mittelpunkt einer wachsenden Zahl von sternförmig angeordneten Fasern. (C) Mittlere Prophase: Die beiden Polstrahlen trennen sich entlang der Kernoberfläche. (D) Prometaphase: Die Kernhülle hat sich aufgelöst. Die Spindelfasern treten mit den Chromosomen in Wechselwirkung. (E) Metaphase: Die bipolare Spindel ist deutlich erkennbar, die Chromosomen liegen in der Mittelebene der Spindel. (F) Anaphase: Die Chromatiden trennen sich gleichzeitig und wandern unter dem Einfluß der Spindelfasern zu den Polen. (G) Frühe Telophase: Die Chromatiden liegen an den Polen. Die Teilungsfurche (Pfeile) schnürt die zwischen den Chromatiden verbliebenen Spindelfasern ein. (H) Telophase: Die neuen Zellkerne haben sich gebildet, sind allerdings noch sehr kompakt. Die Cytokinese ist fast beendet. Zwischen den Zellen liegt noch der Mittelkörper. centriole pair – Centriolenpaar; replicated centrioles – replizierte Centriolen; astral spindle fibers – Polspindelfasern; chromosomes – Chromosomen; metaphase plate – Metaphasenplatte; midbody – Mittelkörper.

Mengen vorhandene Penicillin durch Extraktion einer ganzen Zellkultur, die viele Kubikmeter groß sein kann. Oder man hat das Insulin aus vielen tausend Bauchspeicheldrüsen von Schweinen auf ähnliche Weise extrahieren können.

In der »physikalischen« Vergrößerung, also im Mikroskop oder Elektronenmikroskop, betrachtet man das einzelne Objekt stark vergrößert. Die »chemische« Vergrößerung verzichtet auf das Einzelobjekt, da dies für die direkte Darstellung grundsätzlich zu klein ist. Statt dessen stellt sie, zum Beispiel 10^{20} Einzelobjekte der gleichen Art in reiner Form dar, deren »Summeneigenschaften« dann makroskopisch betrachtet werden. Chemie ist »Scheidekunst«, das heißt die Reindarstellung einheitlicher Molekülarten: Reines Vitamin C – sogar kristallisiert –, an dem man die biologische Wirkung standardisieren kann; reines Gold von hohem materiellen und symbolischen Wert; reines Knollenblätterpilzgift (Phalloidin), an dem man die Giftwirkung und Gegengifte erforscht; reines Wachstumshormon (Somatostatin), das das Körperwachstum regelt. Ein Gramm Vitamin C enthält zum Beispiel 10^{21} gleichartige Moleküle, wenn die Substanz wirklich völlig rein dargestellt ist. Man kann in dieser »Summe von Molekülen« zwar nicht einzelne Moleküle sehen, aber man kann an der »Substanz« viele Eigenschaften erkennen wie etwa den Säuregrad, die chemische Formel, die Heilwirkung, die Haltbarkeit und vieles andere. Das ist der Forschungsgegenstand der Biochemie. Jede Zelle enthält viele tausend verschiedene Moleküle, die in der Zelle auf- und abgebaut werden und aus denen die Strukturbestandteile der Zelle bestehen: Zellmembran, Kernmembran, die Atmungskette, die Chromosomen und in den Chromosomen die DNS. Schematisch ist dieser Vergrößerungsmaßstab in der Abbildung 1.6 dargestellt.

Einer der geistigen Väter der modernen Naturwissenschaft, René Descartes, hat in seiner berühmten Abhandlung über die Methode zum richtigen Vernunftgebrauch folgende, noch heute gültige Anweisung zum forschenden Handeln gegeben: »Wenn ein Problem zu komplex ist, als daß du es auf einmal lösen kannst, so zerlege es in so viele Unterprobleme, die dann entsprechend so klein sind, daß du jedes dieser Unterprobleme für sich lösen kannst.«[3]

Man nennt dies die kartesische Methode (wie übrigens auch unser Koordinatensystem das kartesische heißt). Wir verfahren auch bei der wissenschaftlichen Analyse des Lebens nach der gleichen Methode, das heißt, wir zerlegen, zunächst makroskopisch-anatomisch, dann unter

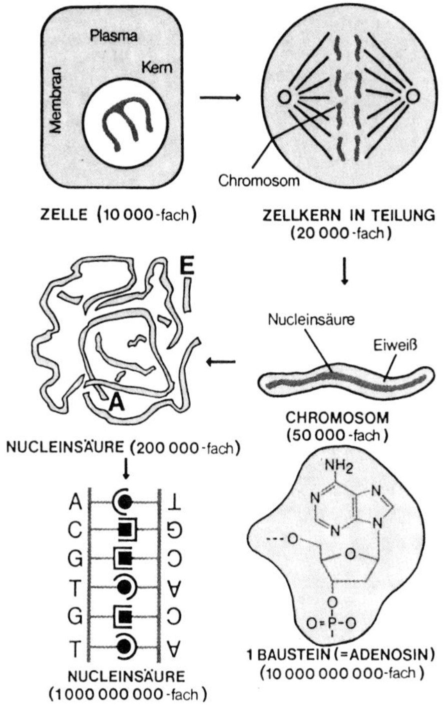

Abb. 1.6: Vergrößerungsmaßstäbe im biologischen Bereich. Die Vergrößerungen in der oberen Reihe sind gerade noch mit dem Lichtmikroskop erreichbar, die der mittleren Reihe mit dem Elektronenmikroskop. Die Molekülstrukturen der untersten Reihe sind chemisch-formelmäßige Darstellungen einer physikalischen Realität.

dem Mikroskop histologisch, dann elektronenmikroskopisch und schließlich chemisch.

Dadurch erreicht man höchst detaillierte Erkenntnisse über die Zusammensetzung und das Funktionieren der Zellen, Organe und Organismen. Wir verstehen heute die wesentlichen Mechanismen des Zellstoffwechsels, der Zellteilung, der Vererbung (vgl. Kap. 3), und daraus ergeben sich große medizinische und pharmakologische Möglichkeiten.

Wir verstehen also viele Einzelvorgänge und Einzelsubstanzen. Verstehen wir aber auch das Ganze? Die kartesische Methode geht stillschweigend von der Annahme aus, daß man nach Lösung sämtlicher Einzelprobleme das System wieder zusammensetzen kann, so daß man aus der Summe der gelösten Einzelfragen dann eine Gesamtantwort erhält. Hier liegt nun aber der unterscheidende Punkt: Für einfache Systeme, wie sie die Physiker der klassischen Physik (einschließlich Newton) behandelten, trifft das zu. Oder richtiger gesagt: Um die Methode anwenden zu können, hat man damals nur solche Systeme behandelt, die wieder zusammensetzbar sind.

Das ist bei lebenden Systemen jedoch nicht der Fall. Dort ist immer das Ganze mehr als die Summe seiner Teile. Beim Zerlegen geht unwiederbringlich etwas verloren – eben das Leben. Man kann manche entscheidenden Schritte grundsätzlich nicht zurückgehen oder, mit einem Fachausdruck, solche Systeme sind irreversibel, also nicht umkehrbar. Das heißt natürlich nicht, daß man die kartesische Methode überhaupt nicht anwenden sollte. Man muß es sogar, denn es gibt keine andere. Man muß sich nur bei der Anwendung in der Biologie darüber im klaren sein, welche Grenzen die Methode hat. Durch Zerlegen kann man immer nur Totes anschauen; denn Leben ist eine Systemeigenschaft, und das System wird durch Zerlegen zerstört. Lebendige Netzwerke sind wegen ihrer zahlreichen gegenseitigen Abhängigkeiten der einzelnen Teile nicht zerlegbar, wenn man auf die Haupteigenschaft des Netzwerks abhebt, nämlich auf Leben.

Diese Überlegung gilt auch für Zellen, die ja Bestandteile eines Gesamtorganismus sind. Man kann die meisten Zellen aus natürlichem Gewebe isolieren und getrennt in Kulturflüssigkeit wachsen lassen, zum Beispiel Haut-Fibroblasten, Nervenzellen, Blutzellen und viele andere. Unter günstigen Bedingungen vermehren sich diese Zellen auch, teilen sich und bilden Kolonien. Das ist aber dann kein natürliches Gewebe, sondern es sind Aggregate von Zellen der gleichen Art, zum Beispiel nur weiße Blutkörperchen einer ganz bestimmten Charakterisierung.

Wenn die Zellen in einer Zellkultur von der gleichen Ursprungszelle abstammen, sind sie alle erbgleich, also genetisch identisch. Man nennt eine solche Kolonie von Organzellen einen Klon. Zellklone sind wichtige Hilfsmittel in Biochemie und Zellforschung. Sie sind aber im strengen Sinne keine Lebewesen, obwohl sie lebende Zellen sind, sondern isolierte Teile von Lebewesen, an denen man modellmäßig bestimmte Eigenschaften des Lebens studieren kann. Das ist legitim und methodologisch einwandfrei, solange man sich über die Begrenzungen des »Modells« im klaren ist. In solchem Sinne ist biologische Forschung, auch an lebenden Objekten, fast immer Modellforschung.

Beim »chemischen Betrachten«, das freilich weder optisch noch elektronenoptisch möglich ist, erweisen sich die größeren zellulären Strukturen als zusammengepackte molekulare Strukturen. In ihnen sind die Riesenmoleküle (Makromoleküle) in den Zellwänden, im Zellskelett, in den Organen und ihren Bestandteilen in regelmäßiger Weise zu Ordnungsstrukturen verpackt, zu genau gespulten Knäulen aufgewickelt, zu Membranen aufgespannt, miteinander verflochten und verklebt. Das Wort »Gewebe« gibt das sehr treffend wieder (siehe auch Kap. 2).

Zerlegen und Zusammensetzen

Lebende Strukturen sind auf den ersten Blick äußerst kompliziert; sie sind aus vielen Teilen zusammengesetzt und deshalb in ihren Struktur-Funktionszusammenhängen schwer zu überschauen. Der Forscher kann deshalb ein Lebewesen nie in seiner Gesamtheit verstehen. Er kann allenfalls die Gestalt erfassen und daraus indirekte Schlüsse auf Lebensweise oder Verhalten des Tieres, der Pflanze oder des Mikroorganismus ziehen. Um aber Einzelheiten verstehen zu können, muß der Forschungsgegenstand zerlegt werden. Makroskopisch nennt man das Anatomie (griech., aufschneiden). Sie wird seit Beginn der modernen Wissenschaften in der Renaissance betrieben. Auch in der Biochemie geht man »anatomisch« vor, jedenfalls zerlegend. Wie schon gesagt: Chemie ist Scheidekunst – die Kunst, Bestandteile voneinander zu trennen, sie zu reinigen und einzeln zu isolieren, um sie genau charakterisieren und ihr Verhalten beschreiben zu können.

Was heißt »Wachsen«?

Das Wachsen eines Organismus ist kein einfaches Zusammensetzen von Bausteinen, kein automatisches Aufeinandertürmen nach einem festen Programm. Für den Aufbau des Lebendigen gibt es gewissermaßen ein Basisprogramm. Das kann aber im Einzelfall, je nach verschiedenen Bedingungen, variiert werden. Das Wachstum eines Organismus besteht einmal in der Teilung der Zellen, zum anderen in dem Größen- und Längenwachstum der einzelnen Zellen. Dabei hängt alles voneinander ab. Die Zellen der einen Region kontrollieren das Wachstum der anderen Region. Eines der am besten erforschten Beispiele ist das Wachstum des kleinen Wurmes Caenorhabditis elegans, das in Kapitel 4 näher besprochen werden soll.

Wachsen ist also eine Gesamteigenschaft, die sich nicht auf einen Teil des Systems eingrenzen läßt. Wachsen ist in hohem Maße »rückgekoppelt«, und solche stark rückgekoppelten, dynamischen Systeme können unter bestimmten Randbedingungen in chaotische Zustände einmünden, wie wir in Kapitel 5 sehen werden.

Der hohe Ordnungsgrad des Lebendigen ist ein extrem unwahrscheinlicher Zustand

Das unmögliche Lebensgebäude

Es ist eine Alltagserfahrung, daß alle Strukturen mehr oder weniger schnell ihre Ordnung einbüßen, wenn man nicht ständig für die Wiederherstellung dieser Ordnung etwas tut. Wir werden später sehen, daß dies nicht nur eine traurige Alltagserfahrung ist, sondern ein Naturgesetz, nämlich der zweite Hauptsatz der Thermodynamik. Es ist auch im Alltag nicht vorstellbar, daß Ordnung sich von selber herstellt. Eine unordentliche Wohnung mit Bergen von ungespültem Geschirr wird am nächsten Morgen noch genauso unordentlich sein, es sei denn, Heinzelmännchen hätten des Nachts gewirkt. Aber das geschieht nur im Märchen. Dennoch beobachten wir aber Ordnung des Lebendigen. Wir selbst sind Teil dieser Ordnung, sogar ein besonders komplexer Teil mit hohem Ordnungsgrad.

Die einfachsten Lebewesen sind die Einzeller, zum Beispiel Bakterien. Sie sind meist einfach im Labor zu züchten, und deshalb werden viele biologische Modelluntersuchungen an Bakterien durchgeführt. Der bei weitem am besten untersuchte einzellige Organismus ist das Darmbakterium Escherichia coli (E. coli). Von ihm kennt man große Teile der DNS-Baupläne. Man kennt die Größe seines genetischen Informationsspeichers und dessen molekulare Struktur und kann sich daraufhin ausrechnen, wie viele Möglichkeiten der verschiedenen Anordnung der genetischen Schrift in den Bauplänen und wie viele Möglichkeiten es dementsprechend gibt, eine Bakterienzelle aufzubauen.

Nach der Wahrscheinlichkeitsrechnung kann man ermitteln, wie oft man probieren müßte, um das richtige Resultat zu bekommen, wenn hier nur der Zufall waltete. Es ergibt sich die Zahl von $10^{2\,400\,000}$, also eine 1 mit 2,4

Millionen Nullen! Einen solchen Bauplan durch puren Zufall zu erhalten, ist unmöglich. Selbst in einer sinnreichen Maschine, mit der in jeder Sekunde eine dieser fast unendlichen Möglichkeiten ausprobiert und auf ihre Richtigkeit getestet werden könnte, würde das Alter der Welt seit dem Urknall (= 10^{17} sec) bei weitem nicht ausreichen. Man brauchte ungefähr $10^{(2\,400\,00-17)} = 10^{2\,399\,983}$ Welt-Alter. Das Alter der Welt ist also verschwindend klein gegenüber der für eine »Zufallsordnung« benötigten Zeit. Das heißt: Leben kann nicht durch eine Serie von Zufallsereignissen entstanden sein. Die Frage der Entstehung des Lebens wird später noch diskutiert werden (Kap. 4 und 7). Hier wollen wir zunächst nur die einfachere Frage stellen: Kann sich der hohe Ordnungsgrad des Lebens denn überhaupt erhalten? Oder anders gefragt: Wie sind die mannigfaltigen Ordnungsgefüge im Lebendigen zu erklären?

Der Zweite Hauptsatz der Thermodynamik kann kurz und trivial so formuliert werden: »Es geht bergab.« Es ist ohne weiteres einsichtig, daß Wasser bergab fließt, daß ein Apfel vom Baume fällt und sich nicht etwa in die Lüfte erhebt. Trotzdem bedurfte es eines Galilei, um die Fallgesetze zu finden, und eines Newton, um das Konzept des Gravitationsfeldes zu schaffen, in dem die Dinge schwer sind. Wir könnten nun lange darüber philosophieren, was »schwer« bedeutet und was ein »Feld« ist, das man ja nicht sehen kann, das vielmehr eine immaterielle Vorstellung ist, die erfunden wurde, um etwas zu erklären, eben die Schwere. Das klingt fast wie eine Tautologie. Aber wir wollen es jetzt noch nicht »hinterfragen«. Das soll in Kapitel 7 geschehen.

Leben stellt nun kein mechanisches Problem dar, sondern im wesentlichen ein energetisches. Wie kann sich Lebendiges mit seinem Energiehaushalt stabilisieren? Wie kann es die Information für seine Ordnung, die letzten Endes auch als Energie aufgefaßt werden kann, bewahren und weitergeben?

Energieübergänge gehorchen dem Zweiten Hauptsatz der Thermodynamik, der im vorigen Jahrhundert am Beispiel der Dampfmaschine entwickelt wurde. Nach dem Ersten Hauptsatz der Thermodynamik sind die verschiedenen Energieformen ineinander umwandelbar.

Daher nehmen wir auch die Berechtigung, Energieäquivalente zu notieren. So ist zum Beispiel die Leistung von 1 PS (= 75 mkp/sec, eine mechanische Größe) äquivalent der Wärmeleistung von 735 Joule/sec oder 172 Kalorien/sec, und diese wiederum sind äquivalent der elektrischen Leistung von 0,735 Kilowatt. Die nach dem Ersten Hauptsatz

möglichen Energieäquivalenzen sind aber eben nur theoretisch möglich; denn nach dem Zweiten Hauptsatz ist der verlustlose Energie-Wärme-Übergang grundsätzlich ausgeschlossen.
Das wurde von Clausius für die Dampfmaschine, das heißt für den Übergang von Wärmeenergie in mechanische Energie berechnet und in ein quantitatives Gesetz gefaßt, eben den Zweiten Hauptsatz der Thermodynamik. Danach geht notwendigerweise immer ein Teil der Energie verloren. Die mathematische Fassung des Zweiten Hauptsatzes lautet:

$$dS \geqq \frac{dQ}{T},$$

oder in integrierter Form: $\Delta S = S_2 - S_1 = \int_1^2 \frac{\delta Q}{T} \text{rev} \geqq \int_1^2 \frac{\delta Q}{T},$

wobei Q der Wärmeumsatz und S die Entropie ist, in dieser Gleichung ein Maß für den notwendig auftretenden Energieverlust. Keine Dampfmaschine kann die Wärme ganz in mechanische Energie verwandeln, auch wenn sie noch so gut isoliert und konstruiert ist, sondern je nach Temperaturdifferenz zwischen Primärdampf und Kondensator nur zu 50 bis 80 Prozent. Auch Energie fließt demnach bergab. Damit ist für einen gegebenen Vorrat an Ausgangsenergie auch gleichzeitig gesagt, daß der Vorgang nicht rückwärts laufen kann. Wegen des notwendigerweise aufgrund des Zweiten Hauptsatzes mit der Energieumwandlung verbundenen Energieverlustes würde beim Zurückgehen in den Ausgangszustand weniger Energie vorhanden sein. Der zweite Schub der Kolbenmaschine wäre also schon etwas kraftloser. Die Maschine würde allmählich abebben und schließlich stillstehen.
Die Entropie ist also nicht nur ein Maß für den Energieverlust, sondern auch ein Maß für die Nichtumkehrbarkeit von Vorgängen, für deren Irreversibilität. Energieflüsse sind »gerichtet« in der Zeit. Damit ist die Entropie auch ein Zeitmaß, ein Maß für die Nichtumkehrbarkeit der Zeit. Zwar kennt die Newtonsche Physik auch die Zeit. Alle Bewegungsvorgänge spielen sich in Raum und Zeit ab. Aber die Newtonsche Zeit ist im Prinzip reversibel. Die ideale Bewegung verbraucht sich nicht. Um seine Gesetze formulieren zu können, mußte Newton eine Abstraktion vornehmen, sich also von der Realität entfernen. Ein nicht beschleunigter oder gebremster Körper verharrt im Zustand gleichförmiger Bewegung, sagte Newton. Aber in Wirklichkeit sind *alle* Körper beschleunigt oder gebremst. Ein reibungsfreies Pendel schwingt ewig, die

Planeten umkreisen die Sonne praktisch unverändert, sagt Newton. Aber in Wirklichkeit reiben sich Pendel an der Luft, und unser Planetensystem wird nicht ewig bestehen (vgl. Kap. 5). Die Zeit als irreversible, gerichtete Größe ist in den Newtonschen Gesetzen »weg-idealisiert«. Das ist nicht so bei Energieübertragungsvorgängen, eben aufgrund des Zweiten Hauptsatzes. Der abnehmende Energievorrat ist dann ein Maß für die Zeit. »Es geht bergab.«

Gratwanderungen sind möglich

Müßte nicht nach dem Vorhergesagten alles Leben rasch kollabieren, müßten nicht alle hochgeordneten Strukturen zerfallen, verwesen? Der Tod ist ein Zustand, in dem ein Organismus nicht mehr durch Energiezufuhr von außen gestützt wird, deshalb brechen seine sämtlichen Systeme zusammen. Man kann einen lebenden Organismus als ein System definieren, welches seine Ordnungsstrukturen durch ständige Aufnahme von äußerer Energie erhält und sogar weiter ausbaut. Das geschieht keineswegs im Widerspruch zum Zweiten Hauptsatz. Eine Dampfmaschine kann ja bei beständiger Feuerung auch sehr lange laufen. Die zugeführte Energie wird also zum Erhalt und zum Ausbau von Strukturen verwendet. Auf unserer Erde ist das meistens die Sonnenenergie. Sie wird von grünen Pflanzen zur chemischen Synthese von Nahrungsstoffen verwendet, also zu einer Umwandlung von elektromagnetischer Lichtenergie (Sonnenlicht) in chemische Energie (z. B. Traubenzucker, Stärke). Die Nahrungsstoffe nimmt unser Organismus auf, paßt sie chemisch unseren Bedürfnissen an (Verdauung) und wandelt sie in der Muskelbewegung in mechanische Energie, in der Tätigkeit der Nerven in elektrische Energie, in der Aufrechterhaltung der Körpertemperatur in Wärme oder mit Hilfe unserer Stimmbänder in Schallenergie um. Leuchtkäfer können chemische Energie wiederum in Licht verwandeln, womit sich der Kreislauf geschlossen hätte (Abb. 1.7).

Das Fortbestehen des Lebens ist also grundsätzlich ein erklärbares Phänomen, wenn die dazu notwendigen Umsetzungen und Stoff-Flüsse durch Hereinpumpen von sehr viel Energie »finanziert« werden. Leben ist in diesem Sinne äußerst kostspielig. Wieder können wir es mit dem mechanischen Modell vergleichen. Systeme auf niedrigem Energieniveau befinden sich in einem Energieminimum, in einer Mulde (Abb. 1.8, oben links). Ein Fluß wird immer an der niedrigsten Stelle der Landschaft

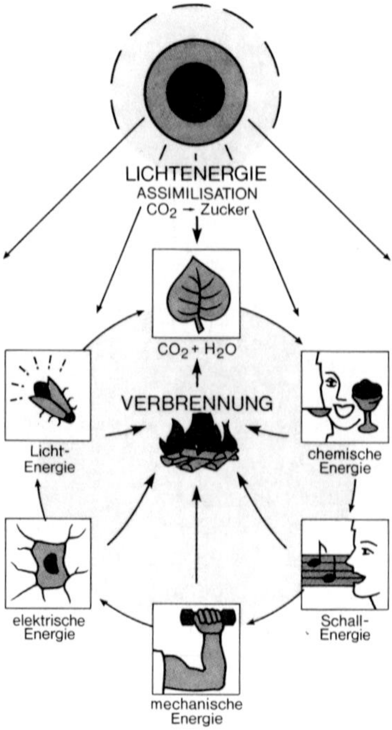

Abb. 1.7: Kreislauf der Energien des Lebens. Der Kreislauf wird letzten Endes allein von der Sonne angetrieben.

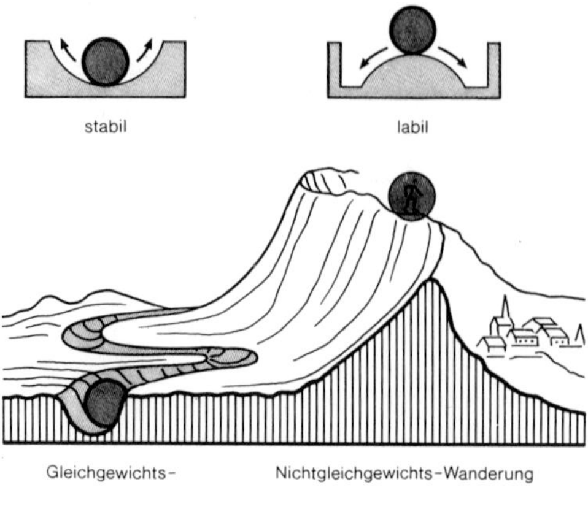

Abb. 1.8: Gleichgewichtssysteme. Links: Die Kugel rollt zur tiefsten Stelle, pendelt dort hin und her und bleibt im Energieminimum liegen. Analog fließt der Fluß (hier die Kugel) in seinem Bett gemächlich bergab. Anders bei Nichtgleichgewichtssystemen; rechts: Ein minimaler Stoß oder Ausrutscher führt zum Absturz.

fließen, also in seinem Flußbett (Abb. 1.8, unten links). Solche Systeme sind im Gleichgewicht, sie haben keine Tendenz, sich zu ändern. Wenn sie angestoßen werden, fallen sie wieder in die Mulde, das heißt in das Gleichgewicht zurück. Leben gleicht dagegen einer Bergbesteigung oder Gratwanderung (Abb. 1.8 unten). Mit Kraft und Anstrengung kommt man nach oben. Wenn man oben ist, kann man mit Vorsicht, Intelligenz und bergsteigerischem Können auf einem schmalen, unter Umständen gefährlichen Grat entlangwandern. Wenn einen aber die Kräfte verlassen, ist man rettungslos verloren, gleitet nach einer Seite ab und bleibt schließlich in einer Schlucht tot liegen. *Such is life!*

Dissipative Strukturen – Formenbildung durch Energieverbrauch

Leben verbraucht, wie wir nun wissen, notwendigerweise Energie, selbst im tiefsten Winterschlaf. Diese Energie ermöglicht aber den Aufbau von Strukturen, die weit vom Gleichgewicht entfernt sind. Nach Ilya Prigogine nennt man solche Strukturen dissipativ, es sind Strukturen, die Energie verbrauchen (dissipieren, von lat. *dissipare*: verteilen).[4]
Das physikalische Prinzip der dissipativen Strukturen läßt sich an einfachen Systemen demonstrieren. Ein bekanntes Beispiel ist die sogenannte Bénardsche Instabilität, die bei der Wärmebewegung in einer Flüssigkeit auftreten kann. Wenn eine Flüssigkeit zwischen zwei Platten gelagert ist, zwischen denen ein Temperaturgefälle herrscht, dann wird sie sich erwärmen und die Wärme nach oben transportieren. Dadurch entstehen Konvektionsströme. Wenn die Energiedifferenz zwischen unten und oben ein bestimmtes mittleres Maß erreicht hat, bilden sich dabei rollenartige Muster (Abb. 1.9). Das ist ein Beispiel für das spontane Entstehen von Ordnung mit Energieverbrauch. Wenn die Temperaturdifferenz zwischen den Platten zu groß wird, tritt Turbulenz und Unordnung auf. Bénardsche Muster können wir auf der Oberfläche des heißen Kaffees in der Tasse beobachten. Die kondensierten Dampfwölkchen bilden häufig sehr regelmäßige Muster. Ein chemisches Beispiel für eine dissipative Struktur ist die sogenannte »Belusoff-Zhabotinsky-Reaktion«, die Oxydation einer organischen Säure (Malonsäure) mit Kaliumbromat in Gegenwart eines Katalysators. Diese merkwürdige Reaktion verläuft in

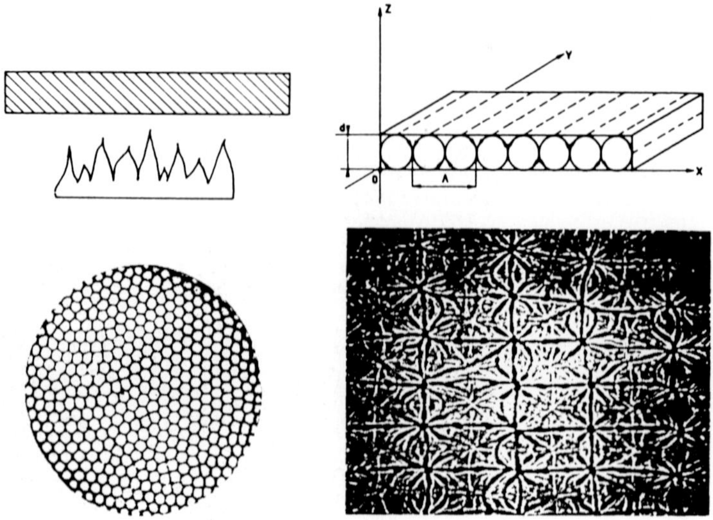

Abb. 1.9: Spontane Musterbildung (Bénardsche Rollen) in erwärmten Flüssigkeiten. Oben links: Flüssige Schicht wird von unten erwärmt. Bei geringem Wärmeunterschied wird die Wärme geleitet. Oben rechts: Bei größerem Wärmeunterschied tritt Konvektion auf, die Bénardschen Rollen entstehen. Unten links: Die Zellenstruktur der Bénardschen Instabilität von oben gesehen. Unten rechts: Musterbildung bei erhöhten Temperaturen.

homogener (!) Lösung diskontinuierlich. Es wird ein räumliches beziehungsweise zeitliches Muster gebildet (Abb. 1.10).
Eine solche wandernde Welle von chemischer Aktivität ist für den Fall der Belusoff-Zhabotinsky-Reaktion kürzlich von Benno Hess und Mitarbeitern sehr schön dargestellt worden.[5] Eine Reihe biochemischer Reaktionen kann unter bestimmter Bedingung zur Musterbildung Anlaß geben. Der Abbau des Traubenzuckers durch die entsprechenden zelleigenen Katalysatoren zeigt ganz ähnliche Muster wie die Bénardschen Rollen bei der Wärmeströmung.[6]
Der Traubenzucker-Abbau kann spontan eine zeitliche Ordnung gewinnen, das heißt in Schwingungen geraten und so eventuell als biologischer Zeitgeber fungieren[7, 8] (vgl. Abb. 1.11). Die Frequenz der Schwingung ist von der Konzentration der Komponenten abhängig.

Abb. 1.10: Spiralwelle der Belusoff-Zhabotinsky-Reaktion[5].

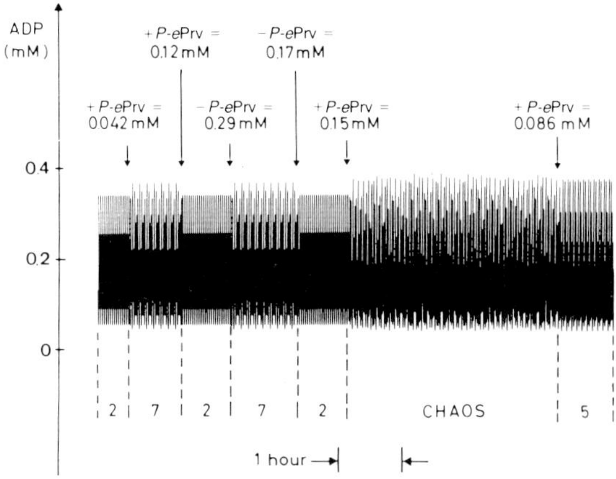

Abb. 1.11: Die Oszillation einer enzymatischen Reaktion mit zwei Enzymen (Pyruvatkinase und Phosphofructokinase), die um ihre Substrate konkurrieren. Die Schwingungsfrequenzen und -amplituden können durch kleine Änderungen der Konzentrationen sich vervielfachen[7] oder nach dem Verhulstschen Gesetz in Chaos übergehen (vgl. Kap. 6).

Kreisläufe – alles fließt

Woher nehmen Zellen oder höhere Organismen die Energie, um den unwahrscheinlichen Zustand weit entfernt vom Gleichgewicht, eben jene dissipative Struktur, aufrechtzuerhalten? Dafür gibt es eine ganze Reihe biochemischer Mechanismen, die allen Lebewesen gemeinsam sind. Hierzu zählen insbesondere die Glukose abbauenden Vorgänge, in denen der Treibstoff Traubenzucker »verbrannt« wird. Er wird in Kreisläufen, den sogenannten »Zyklen« abgebaut, beziehungsweise in andere Verbindungen umgebaut, die dann selber entweder Synthesebausteine sind oder letzten Endes ganz und gar zu Kohlendioxyd und Wasser verbrannt werden. Als Beispiel sei hier der Zitronensäurezyklus oder

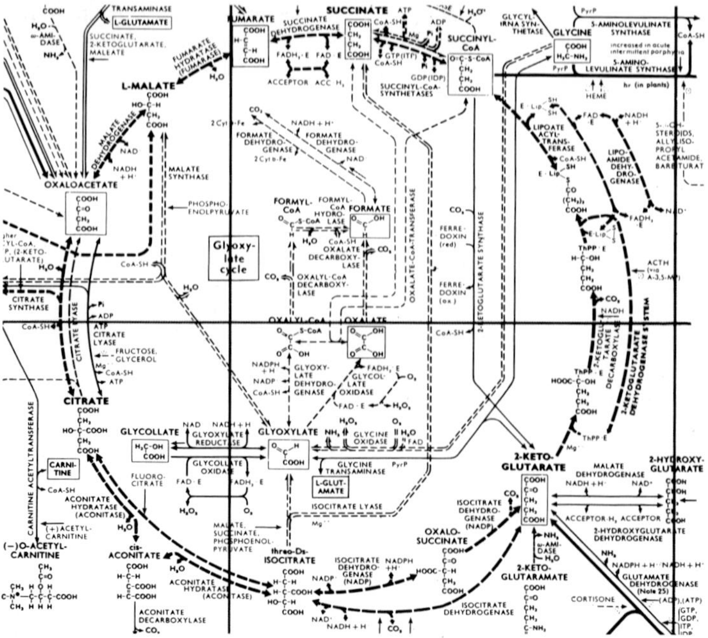

Abb. 1.12: Der Zitratzyklus, der den größten Anteil an Energie für die Zelle liefert.

Zitratzyklus angeführt (Abb. 1.12), in welchem Zitronensäure, die ein Umwandlungsprodukt des Traubenzuckers ist, schließlich unter Energiegewinnung ganz zu CO_2 und Wasser abgebaut wird. Der in der Abbildung gezeigte Ausschnitt ist nur einer von vielen ähnlichen durch die Biochemiker aufgeklärten metabolischen Zyklen, die dazu dienen, genügend Energie aufzubringen, um das System Leben, weit entfernt vom Gleichgewicht, am Leben zu erhalten. Analoge und manchmal viel kompliziertere Kreisprozesse werden in allen Bereichen der Biochemie beobachtet. Sie sind rückgekoppelte Systeme, die bei Störung in Schwingung geraten können wie echte physikalische Schwingungskreise.

Vererbung – der materielle Traditionsstrom

In der Natur ist die Vererbung von charakteristischen Eigenschaften eines der wesentlichen Merkmale des Lebens. Die Ordnung der Lebewesen bleibt aufrechterhalten, jedenfalls in den von uns überschaubaren Zeiträumen. Merkmale auch der merkwürdigsten Art werden weiter vererbt, so etwa die berühmte »Habsburger Unterlippe«.
Die Ordnungsschemata, nach denen sich die Vererbung vollzieht, hat Gregor Mendel in seine ein für allemal gültigen Gesetze gefaßt. Mendel arbeitete diese Gesetze aus, indem er verschiedene reinrassige Stämme von Erbsen miteinander kreuzte und die Eigenschaften der Nachkommen auszählte. Er fand dabei heraus, daß Erbeigenschaften manchmal nur latent vorhanden sein können, daß sie aber im ganzen unteilbar sind und so etwas wie »Atome der Vererbung« darstellen. Beim Kreuzen von weißblütigen und rotblütigen Erbsen haben die Nachkommen der ersten Generation die Farbe rosa, sind also scheinbar ein homogenes Gemisch der elterlichen Erbeigenschaften. Wenn man diese erste Generation untereinander kreuzt, kommen rote und weiße und dazu rosa Blüten heraus. Danach sind alle Erbeigenschaften doppelt angelegt und potentiell vorhanden, so daß bei Vorhandensein der doppelten Eigenschaft »rot« (AA) die Blüte tiefrot ist. Wenn die Eigenschaft fehlt (a,a)*, bleibt sie

* Der kleine Buchstabe bedeutet in der Genetik die Abwesenheit der betreffenden Eigenschaft, also: a = A ist nicht vorhanden, g = G (gelb) ist nicht vorhanden, r = R (rund) ist nicht vorhanden.

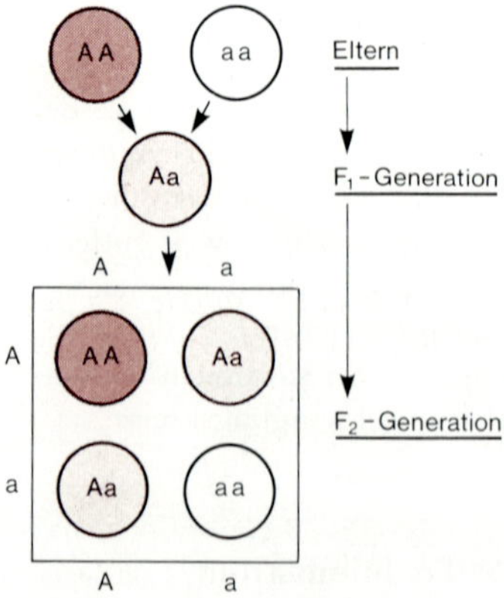

Abb. 1.13: Schema des ersten Mendelschen Gesetzes. Vererbung der Blütenfarbe bei Erbsenblüten. Die Eltern sind reinerbig rot, beziehungsweise reinerbig weiß, die Nachkommen entsprechend rosa. In der zweiten Nachkommengeneration kreuzen sich dann die reinen Erbeigenschaften wieder heraus.

Abb. 1.14: Schema zum zweiten Mendelschen Gesetz. Gelbe und runde Erbsen sind dominant und werden jeweils unabhängig voneinander vererbt. In der F_2-Generation sind dementsprechend drei Viertel der Erbsen rund und – unabhängig davon – drei Viertel der Erbsen gelb.

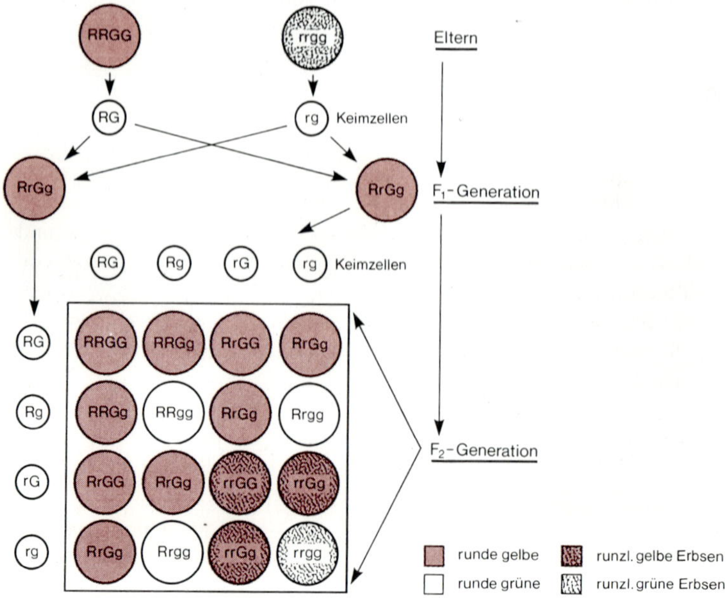

weiß. Bei Vorliegen von (A,a) blüht die Pflanze rosa. In der ersten Nachkommengeneration (F_1) müssen deshalb notwendigerweise alle Nachkommen rosa (A,a) sein; denn das ist die einzig mögliche Mischung. Anders dagegen in der nächsten Generation beim Kreuzen der F_1-Pflanzen untereinander. Nach der einfachen Mischungsstatistik bilden sich in der F_2-Generation (A,A), (A,a bzw. a,A) und (a,a) im Verhältnis 1:2:1. Dies ist das erste Mendelsche Gesetz (Abb. 1.13).
Mendel fand weiterhin, daß beim Vorliegen zweier verschiedener Merkmale diese unabhängig voneinander vererbt werden. Dies kann man etwa an Erbsen mit zwei Merkmalen studieren. Die Erbsen können einerseits glatt oder schrumpelig, andererseits grün oder gelb sein. Dabei sind die Eigenschaften glatt und gelb dominant, das heißt, sie setzen sich durch, und die Eigenschaften grün und runzelig sind rezessiv, das heißt, sie können latent vorhanden sein. In der ersten Generation entstehen bei der Kreuzung einer gelben glatten und einer grünen schrumpeligen Erbsenpflanze nur gelbe und glatte Erbsen. Wenn man diese Pflanzen wiederum kreuzt, sind drei Viertel der Nachkommen gelb und ein Viertel grün, sowie unabhängig davon drei Viertel der Nachkommen glatt und ein Viertel der Nachkommen schrumpelig, wobei es natürlich auch grüne glatte und grüne schrumpelige geben kann, also Eigenschaften, die in den Stammeltern in dieser Kombination nicht vorhanden waren (Abb. 1.14).
Diese Zusammenhänge lassen sich nur dann erklären, wenn man eine »atomistische« Einheit der Vererbung annimmt, die entweder ganz oder gar nicht an die Nachkommen weitergegeben wird. Diese Einheit ist das Gen (griech. γεναιειν, *genaiein*: zeugen), und dementsprechend heißt die Wissenschaft von der Vererbung Genetik.
Manchmal liegen die Dinge ein wenig komplizierter, etwa wenn ein Gen an ein bestimmtes, nur einzeln vorkommendes Chromosom gebunden ist. Dies ist bei der Bluterkrankheit der Fall, bei der die Unfähigkeit, einen der Blutgerinnungsfaktoren zu erzeugen, im sogenannten X-Chromosom liegt, das beim Manne nur einmal vorhanden ist. Wegen des doppelten Chromosomensatzes höherer Organismen und auch des Menschen können Frauen zwar das kranke Gen latent tragen, sie können aber die Krankheit durch das andere noch vorhandene X-Chromosom kompensieren. Infolgedessen sind sie zwar genetische Träger der Krankheit, erkranken selbst aber nicht. Männer sind mit nur einem X-Chromosom dagegen der Krankheit voll ausgeliefert, wenn dieses Chromosom krank ist. Sie sind in bezug auf dieses eine Chromosom haploid. Die Bluter-

krankheit trat in den europäischen Herrscherhäusern Ende des 19. Jahrhunderts auf. Man kann aus einer genauen genetischen Analyse der miteinander verschwägerten Familien der europäischen Dynastien den Erbgang ablesen. Danach ist die Bluterkrankheit – jedenfalls in diesen Familien – erstmalig durch einen Fehler, eine Mutation, in den Ovarien der Queen Victoria entstanden und hat von dort ihren Ausgang genommen. Das heißt natürlich nicht, daß die Krankheit nicht auch in anderen Familien vorkommt. Wegen der Prominenz der betroffenen Personen ist der Erbgang aber in diesem Falle besonders gut dokumentiert. Die ordentliche, sittenstrenge, vornehme Queen, die Symbolfigur des viktorianischen Zeitalters, war also der Ausgangspunkt einer manifesten Zerfallserscheinung: Leben ist Ordnung und Zerfall.

Die Doppelhelix – Information durch Moleküle

Die Mendelschen Gesetze haben als logische Konsequenz, daß die einzelnen Erbanlagen entweder ganz oder gar nicht, jedenfalls als Einheit, als Gene weitergegeben werden. Die Mendelschen Gesetze sind gewissermaßen die Atomtheorie der Vererbung. Denn seit dem griechischen Altertum, seit Demokrit, werden diejenigen Grundbausteine Atome genannt, aus denen alles zusammengesetzt ist und die sich nicht noch weiter unterteilen lassen. A-tomos (griech. ατομοσ) heißt unteilbar.
Das Gen war zunächst eine rein gedankliche Konstruktion wie das physikalische Atom. Die moderne Kernforschung hat dann gezeigt, daß das Atom nicht das kleinste unzerlegbare Teilchen ist. Es gibt den radioaktiven Zerfall der Atomkerne, die Atomspaltung und, daraus hervorgehend, viele Kernteilchen, Positronen, Neutrinos, Quarks und so weiter. Dennoch ist das Demokritsche Konzept richtig: Für die Welt, in der wir leben, mit ihren Elementen und chemischen Verbindungen, mit allen biochemischen Abläufen, ist das Atom die kleinste physikalische Einheit der Materie. Was hat sich bei den Genen herausgestellt? Ich möchte hier einen kleinen historischen Exkurs machen. Nachdem durch rein biologische Untersuchung gefunden worden war, daß die Erbanlagen in den Chromosomen lokalisiert sind, versuchte man, aus den Chromosomen eine materielle Substanz zu isolieren, die dieses Gen oder eine Ansammlung von Genen sein könnte. Das ist – üblicherweise – der

normale Weg, auf dem Naturwissenschaften voranschreiten. Zunächst wird gedanklich ein Ordnungskonzept geschaffen, welches nur wenige oder gar keine materiellen und experimentellen Grundlagen hat. Zu diesem Ordnungskonzept wird dann das materielle Korrelat gesucht. Atome wurden vor 2400 Jahren als Konzept *er*funden und erst im 20. Jahrhundert wirklich *ge*funden. Danach war aber das Konzept bald wieder überholt und mußte erweitert werden; Atome sind in Wirklichkeit nicht unteilbar.

Wir werden später sehen, daß es mit den Genen ganz ähnlich ist; die genetischen Ordnungselemente lassen sich zerlegen in Unterordnungen wie Introns, Exons, Promotor-Regionen, Tripletts, Basen usw. Das ändert aber nichts an der Tatsache, daß das Ordnungskonzept des Gens genau wie das des Atoms ein für allemal gilt. Ein Ordnungsschema besteht immer aus Zerteilen und Zusammensetzen. Ordnung und Zerfall gehören zusammen. Zerfall ist die logische Gegenposition zu Ordnung. Eines kann nicht ohne das andere gedacht werden.

Aber zurück zur Geschichte der Gene. 1944 entdeckte man an Pneumokokken (Erreger der Lungenentzündung), daß Erbeigenschaften sich mit Hilfe der isolierten Nukleinsäure übertragen lassen. Sie mußten also in den Nukleinsäuren stecken: ein Gen ist ein Abschnitt auf der langen Nukleinsäure. Nun setzte eine fieberhafte Suche nach der Reindarstellung und Strukturaufklärung dieses Riesenmoleküls ein. Ein wenig war ich an diesen Forschungen beteiligt, als ich 1953 im Laboratorium von Alexander Todd in Cambridge (England) an Problemen der Synthese von Nukleinsäurebausteinen mitarbeitete. Damals kamen aus dem benachbarten Cavendish-Laboratorium gelegentlich zwei etwas skurrile Typen, Biophysiker, die uns über die Chemie der Nukleinsäure ausfragten, von der sie keine Ahnung hatten. Sie erzählten uns, daß sie vorhätten, die dreidimensionale räumliche Struktur der Nukleinsäure herauszubekommen. Wir waren eher amüsiert über dieses anspruchsvolle, unbescheidene Forschungsziel, zumal wir gerade erst die Grundzüge der eindimensionalen Struktur dieses komplizierten Moleküls in unserem Labor erarbeiteten. Wir gaben unsere Ratschläge, nahmen die beiden aber eigentlich nicht ganz ernst. Einige Monate später fand das berühmte Seminar über die Struktur der Doppelhelix statt. Die beiden »skurrilen Typen« waren Jim Watson und Francis Crick.

Die Geschichte dieser epochalen Entdeckung der beiden Forscher ist in dem berühmten Buch »Die Doppelhelix« festgehalten.[19] Nukleinsäuren

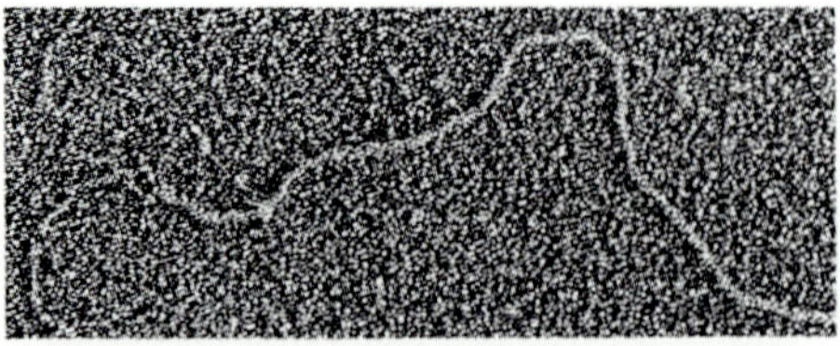

Abb. 1.15: Nukleinsäure in 100 000facher Vergrößerung.

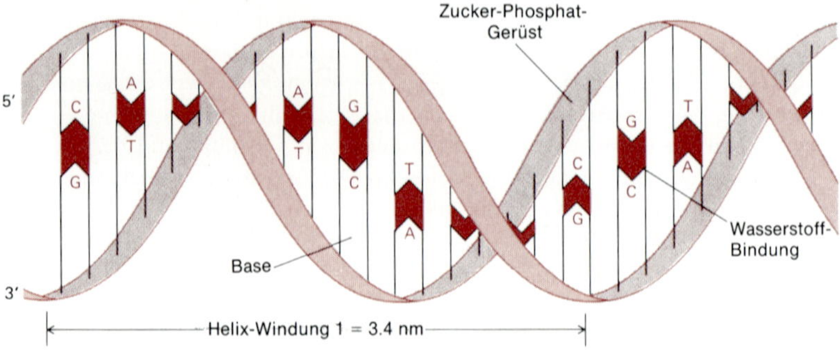

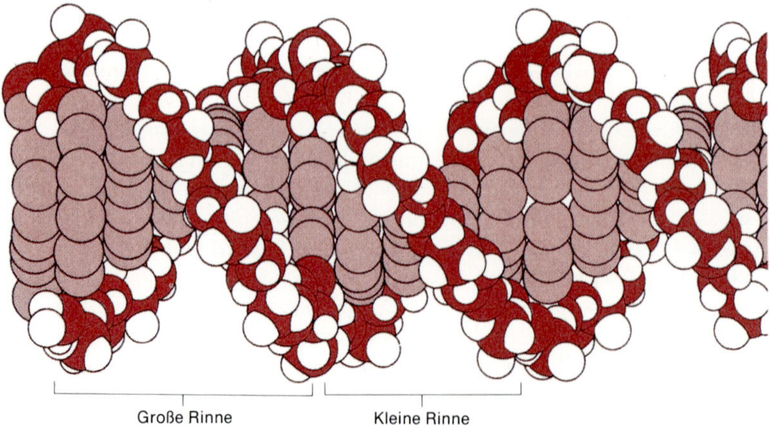

Abb. 1.16: Ein Ausschnitt aus der Doppelhelix in zwanzigmillionenfacher Vergrößerung. In diesem Maßstab wäre das menschliche Genom (die Gesamtheit der Gene) etwa 50 000 Kilometer lang.

Abb. 1.17: Die semikonservative Replikation der DNS. In jeder Replikationsrunde dient jeder der beiden Stränge der DNS als Matrize für die Bildung eines neu synthetisierten komplementären DNS-Strangs. Die einzelnen Stränge behalten deshalb ihre Unversehrtheit über viele Zellgenerationen.

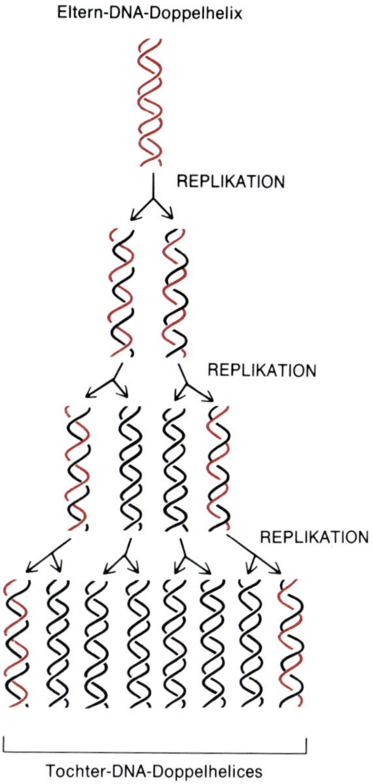

sind recht einfach zu isolieren und chemisch rein darzustellen. Man kann sogar leicht sichtbar machen, daß diese Moleküle tatsächlich Riesenmoleküle, lange Ketten sind. Reine, nicht gebrochene Nukleinsäure zieht lange Fäden, die, wenn sie makroskopisch sichtbar sind, freilich nicht einzelne Moleküle, sondern Milliarden von Molekülen sind. Solche Nukleinsäurefäden kann man leicht aus einer Lösung im Reagenzglas herausziehen und um einen Glasstab wickeln.

Der Faden der Nukleinsäure kann im Elektronenmikroskop noch gerade sichtbar gemacht werden (Abb. 1.15). Nukleinsäure ist etwa $2{,}5 \times 10^{-6}$ Millimeter dick und beim Menschen insgesamt 990 Millimeter lang, hat also ein Längen-Dicken-Verhältnis von 1:1 Milliarde. Sie ist wirklich ein Informations*band*. Wäre die DNS so dick wie ein normaler Bindfaden (etwa 1mm), so wäre sie 1000 Kilometer lang.

Auf dem Informationsband der DNS sind nun die chemischen Zeichen A, G, T und C so eingebaut, daß sie eine Schrift ergeben, die freilich nur formelmäßig wiedergegeben werden kann, denn »sehen« kann man diesen Größenbereich nicht (Abb. 1.16). Mit Hilfe »chemischer Vergrößerung« können wir die Schrift der Nukleinsäure »lesen«. Die Lesemethode ist in Kapitel 3 beschrieben, dort ist auch die Struktur eines gesamten Gens gezeigt (Abb. 3.3 und 3.4).

In der doppelhelikalen Struktur der DNS ist es bereits angelegt, daß diese sich bei der Zellteilung verdoppeln kann. Denn es ist ja ein Haupterfordernis des genetischen Speichers, daß er bei der Zellteilung richtig kopiert wird, so daß jede der Tochterzellen die gleiche genetische Information hat. Das ist in der Struktur der Doppelhelix angelegt (Abb. 1.17).

Bei der Replikation dröselt sich der Doppelstrang auf, und synchron wird dabei auf jeden der Einzelstränge eine komplementäre Ergänzung zum neuen, mit dem vorigen identischen Doppelstrang erzeugt. Während der Dauer einer Zellteilung (20 bis 80 Minuten) wird also die molekulare Bibliothek von tausend Bänden fehlerfrei kopiert. Fehlerfrei? Wir werden später sehen, daß die wenigen hierbei auftretenden Fehler entscheidend für die Dynamik des Lebens sind. Die minimale Ungenauigkeit beim Kopieren – pro Kopiervorgang der gesamten Bibliothek wird weniger als ein Fehler gemacht – ermöglicht die Variabilität der Arten und die Evolution. Der Fehler wirkt sich im dynamischen Gesamtgeschehen des Lebens positiv aus: Leben ist Ordnung und Zerfall.

Die Eiweißstoffe – teure Präzisionsarbeit

Die DNS ist nicht der Organismus. Sie ist nur die Information für einen Organismus, der Bauplan. Genausowenig wie man Musik hören kann, wenn man sich eine Tonbandkassette ans Ohr hält, genausowenig bedeutet die DNS für sich genommen eine lebende Struktur. Zur Umsetzung des Plans in eine tatsächliche Struktur, in ein »Werk« des Lebens oder der Tonkunst bedarf es eines Decodierkopfes und eines Synthesizers. Bei einzelnen Schritten der Eiweißsynthese (Proteinbiosynthese) sind die

Die zwanzig in Proteinen vorkommenden Aminosäuren:

Aminosäure	Abkürzung*	Aminosäure	Abkürzung*
Glycin	Gly, G	Methionin	Met, M
Alanin	Ala, A	Tryptophan	Trp, W
Valin	Val, V	Tyrosin	Tyr, Y
Leucin	Leu, L	Asparagin	Asn, N
Isoleucin	Ile, I	Glutamin	Gln, Q
Phenylalanin	Phe, F	Asparaginsäure	Asp, D
Prolin	Pro, P	Glutaminsäure	Glu, E
Serin	Ser, S	Lysin	Lys, K
Threonin	Thr, T	Arginin	Arg, R
Cystein	Cys, C	Histidin	His, H

* Die Namen der Aminosäuren werden in einem Drei- sowie in einem Ein-Buchstaben-Code abgekürzt.

Einige Proteine und ihre Funktionen im Organismus:

Protein	Funktion oder Vorkommen
Keratin	Haare, Nägel, Feder
Kollagen	Haut, Knorpel, Sehnen
Roter Blutfarbstoff (Hämoglobin)	Sauerstofftransport
Insulin	Zuckerstoffwechsel
Antikörper	Infektionsabwehr
Hormone und Wahrnehmungsproteine	Eindruck von der Umwelt
Endorphine	Schmerzregulatoren

Aminosäuresequenz des Rinder-Insulins:

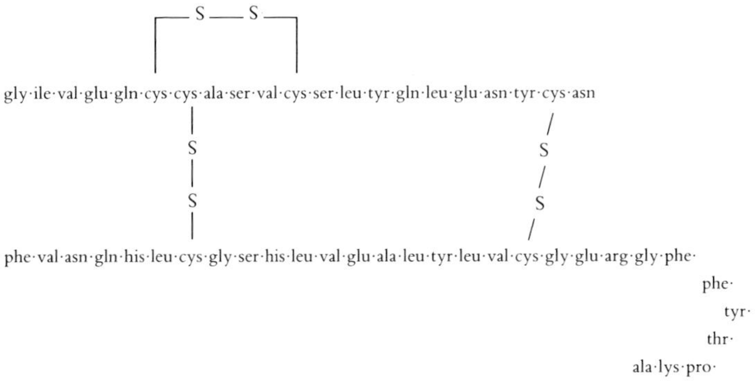

Erste Base (5′-Ende)	Zweite Base				Dritte Base (3′-Ende)
	U	C	A	G	
U	Phe	Ser	Tyr	Cys	U
	Phe	Ser	Tyr	Cys	C
	Leu	Ser	STOP	STOP	A
	Leu	Ser	STOP	Trp	G
C	Leu	Pro	His	Arg	U
	Leu	Pro	His	Arg	C
	Leu	Pro	Gln	Arg	A
	Leu	Pro	Gln	Arg	G
A	Ile	Thr	Asn	Ser	U
	Ile	Thr	Asn	Ser	C
	Ile	Thr	Lys	Arg	A
	Met	Thr	Lys	Arg	G
G	Val	Ala	Asp	Gly	U
	Val	Ala	Asp	Gly	C
	Val	Ala	Glu	Gly	A
	Val	Ala	Glu	Gly	G

Abb. 1.18: Der genetische Code. Dreiersätze (Tripletts) von Nukleotiden in RNS (Codons) werden im Lauf der Proteinsynthese entsprechend den gezeigten Regeln in Aminosäuren übersetzt. Zum Beispiel wird das Codon GUG in Valin, das Codon GAG in Glutaminsäure übersetzt.

Mechanismen inzwischen in ihren Grundzügen geklärt. Proteine setzen sich aus zwanzig Aminosäuren zusammen, die in der genau vorgesehenen Weise aneinander geknüpft werden müssen, damit das richtige Protein herauskommt (S. 47, oben). Wie wir gesehen haben, gibt es im Prinzip unendlich viele Variationsmöglichkeiten für den Aufbau von Makromolekülen aus zwanzig Bausteinen. Aber nur ganz bestimmte Kombinationen sind sinnvoll, das heißt, daß sie funktionsfähige Proteine ergeben, die vom Organismus gebraucht und eingebaut werden können. Als Beispiel sei das Hormon der Bauchspeicheldrüse, das Insulin, gezeigt. Nur in dieser Reihenfolge der Aminosäuren hat es die nötige Wirkung auf den Blutzuckerspiegel (S. 47, unten).
Insgesamt gibt es im menschlichen Organismus mehr als 10 000 verschie-

dene Proteine (nicht gerechnet die Vielfalt der Antikörper), die alle auf der DNS codiert sind, häufig auch in mehreren parallelen Kopien. Diese 10 000 oder mehr Proteine des Organismus müssen wiederum in der richtigen Weise ihren Platz im Gesamtgeschehen finden, sich nach einem Netzwerkschema funktional in das Gesamtbild einordnen. Und auch dieses muß mindestens im großen ganzen, meistens aber auch in allen Details durch die Information des genetischen Speichers gesteuert und geordnet sein. Wir haben also eine Hierarchie der Ordnungen, die nicht nur strukturell, sondern auch zeitlich dynamisch aufeinander abgestimmt sind: Zum richtigen Zeitpunkt muß die Zelle sich teilen. Bei der Entstehung des Embryos müssen sich zum richtigen Zeitpunkt die Zellen des Zentralnervensystems in der richtigen Weise über Kopf und Rückenmark verteilen. Das Längenwachstum muß mit der Pubertät gestoppt werden. Eine Wunde muß zuwachsen, aber dann zu wachsen aufhören. Das weibliche Follikel muß alle vier Wochen aufspringen. All dies sind höchst komplexe, vernetzte Ordnungsgefüge, die man statisch überhaupt nicht verstehen kann. Sie sind Teile eines dynamischen Geschehens, welches nach vorwärts gerichtet ist, immer eine Ordnungshierarchie über die andere türmt und dabei als dynamisches System Unordnung erzeugt. Dort, wo hierarchische Ordnung sich ständig aufbaut, werden Strukturen, Moleküle, Brennstoffe ständig abgebaut und zerfallen. Sie zerfallen freilich nicht spontan und regellos, sondern pumpen beim Zerfall ihre Energie in den Aufbau neuer Strukturen.
Bei der Decodierung eines Tonbandes mit Musik sind ein bestimmter Decodierungsschlüssel und ein Decodierungssystem erforderlich. Die ausgerichteten magnetischen Eisenteilchen müssen ihre Magnetisierungsstruktur dem Tonbandkopf mitteilen, der sie dann über ein elektronisches System in modulierte Ströme umsetzt, die aus dem Lautsprecher als Schallwellen erscheinen und von uns gehört werden. Dieser Decodierungsprozeß ist also erstens ein Übersetzungsprozeß und zweitens ein stark energieverbrauchender Prozeß. Um die Information des Magnettonbandes, die, formal gesehen, das Energieniveau Null hat, in die Musik eines 40-Watt-Lautsprechers zu übersetzen, muß der Tape-Recorder nicht nur diese 40 Watt aufnehmen, die schließlich als Schall abgestrahlt werden, sondern vielleicht das Zehnfache, etwa 400 Watt. 90 Prozent der Energie »zerfallen« in wertlose und nicht nutzbare Wärme.
Ähnlich ist es beim Decodierungsprozeß der Nukleinsäuren und ihrer Übersetzung in Proteinsequenzen. Nach einem komplizierten biochemi-

schen Schema, welches später noch besprochen werden soll, wird die Information der Nukleinsäure abgegriffen und in Proteinsequenz übersetzt. Dabei gelten die Regeln des genetischen Codes: Jeweils drei Nukleinsäurebausteine (Nukleotide) codieren für eine Aminosäure. Die codierende DNS muß also dreimal so viele Kettenglieder haben wie das zu synthetisierende Protein. Dieser Triplettcode (Abb. 1.18) stellt das Ordnungsschema im Verhältnis der DNS zu den Proteinen dar. Die Entzifferung dieses Codes gelang 1962 Marshall Nirenberg und Heinrich Matthaei.

Die Ordnung des Lebendigen kann man im Prinzip verstehen. Versteht man sie wirklich?

In diesem ersten, einführenden Kapitel haben wir einige grundsätzliche Ordnungsprinzipien des Lebendigen kennengelernt. Leben organisiert sich selbst, wobei die Information für diese Selbstorganisation in dem Informationsband der DNS gespeichert ist und von dort abgegriffen wird. Ist das Leben also ein Automat, der irgendwann einmal aufgezogen wird oder aufgezogen worden ist und nun nach den dem Automaten innewohnenden Gesetzen, dem Nukleinsäurecode, automatisch abläuft? Ist das Leben in einem Schöpfungsakt entstanden?

Jedenfalls ist Leben nicht ein einfaches Ursache-Wirkungsschema. Es ist ein Netzwerksystem, bei dem jeder Teil auf das Ganze zurückwirkt, dazu auch noch ein dynamisches Netzwerksystem, welches sich in Raum und Zeit verändert, so daß unter den gleichen Bedingungen am selben Raumpunkt etwas zeitlich Verschiedenes auftreten kann oder unter den gleichen Bedingungen zum gleichen Zeitpunkt etwas räumlich Verschiedenes sich ereignet. Goethe sagte zu Eckermann: »Für Systeme scheint zu gelten, daß sie sich selbst nicht voll zugänglich sind.«

Um diese hohe Ordnung im dynamischen System aufrechterhalten zu können, müssen ständig Aufbauprozesse ablaufen, die den das Leben ebenso ständig begleitenden Zerfall kompensieren. Die Ruhe und Konstanz der lebendigen Ordnung ist nur scheinbar. Unter der Oberfläche des Makroskopischen finden Stoff- und Energiekreisläufe statt, ohne die das Leben sofort zusammenbrechen müßte. Leben strömt und ruht zugleich.

Conrad Ferdinand Meyer

Der Römische Brunnen

Aufsteigt der Strahl und fallend gießt
Er voll der Marmorschale Rund,
Die, sich verschleiernd, überfließt
In einer zweiten Schale Grund;
Die zweite gibt, sie wird zu reich,
Der dritten wallend ihre Flut,
Und jede nimmt und gibt zugleich
Und strömt und ruht.

2. Biochemie – Vom Gewinn durch Chaos

Dialog zwischen Georg Christoph Lichtenberg und Alice*, in welchem untersucht wird, was »richtig« und »falsch« ist, und die Gesprächspartner feststellen, daß Unsinn informativ und Chaos nützlich sein kann und daß man immer irgendwo hinkommt, wenn man nur lange genug weitermacht.

ALICE: Können Sie mir erklären, Herr Professor, was eine *»falsche Suppenschildkröte«* ist? Ich habe da neulich eine getroffen, die hat so komisch dahergeredet? Ich meine, Herr Professor, ob Sie mir sagen können, was eine *»falsche Suppenschildkröte«* »richtig« ist?

LICHTENBERG: Was heißt hier richtig, Alice? Kann eine »falsche Suppenschildkröte« überhaupt richtig sein? *Es kommt mir immer vor, als wenn der Begriff »richtig« (oder wahr) etwas von unserem Denken Erborgtes wäre. Soviel merke ich: Wenn ich darüber schreiben wollte, so würde mich die Welt für einen Narren halten, und deswegen schweige ich lieber. Es ist auch nicht zum Sprechen, so wenig als die Flecken auf meinem Tisch zum Abspielen auf der Geige. Und doch ist schon mancher Forscher oder Künstler von einem Flecken auf dem Tischtuch inspiriert worden. Eine ganze Milchstraße von Einfällen kann man dadurch haben.* Unsinn kann sehr sinnvoll sein. »Falsche Suppenschildkröte« ist natürlich Unsinn. Es gibt Schildkröten, es gibt Schildkrötensuppe, und es gibt falsche Schildkrötensuppe, aber deswegen braucht es doch keine falsche Suppenschildkröte zu geben. Denk doch mal nach, Alice!

ALICE: Aber ich habe die falsche Suppenschildkröte doch neulich im Wunderland getroffen, Herr Professor. *Sie hat so geweint, weil sie einst echt gewesen war. Sie war auch in der Schule gewesen, da hatte sie alle Fächer:*

* Alice, Figur aus Lewis Carrolls (eigentl. C. L. Dodgson) Buch »Alice im Wunderland«, das er für seine achtjährige Freundin Alice Liddell geschrieben hat.

Deutsch und alle Unterarten wie Schönschweifen, Rechtspeilung, Sprachelbeere und Hausversatz, oder Erdbeerkunde mit und ohne Schlagsahne. Dann auch Marterhatmich mit Zusammenquälen, Abmühen, Kaldehnen und Bruchlächeln – so erzählte sie.

LICHTENBERG: Ach, du meine Güte, was für ein Sprachchaos. Deine Schildkröte *wird sich noch das Einmaleins zum Schutzheiligen wählen!* Freilich muß eine falsche Suppenschildkröte notwendigerweise auch falsche Ausdrücke gebrauchen. Das ist sozusagen species-spezifisch. Aber das Chaos ist vielleicht doch nicht regellos. Es könnte daraus etwas Vernünftiges, nein, was sage ich, etwas gänzlich Neues entstehen. Tatsächlich sagt deine traurige Schildkrötenmadam mit ihrem Sprachsalat mehr aus als mit den richtigen Wörtern. Nimm nur »Marterhatmich«: Man weiß natürlich sofort, daß es »Mathematik« heißen soll; die Information ist voll gegeben. Zusätzlich wird aber durch die Chaotisierung die ganze Gemütslage mitgeteilt, die blöde Angst dieses dummen Geschöpfes vor unserer schönen Mathematik. Erstaunlich, erstaunlich, wie man durch Chaos eine zusätzliche Mitteilungsebene, eine Erweiterung des Systems erreichen kann. *Vielleicht hat ein Hund vor dem Einschlafen oder ein betrunkener Elefant Ideen, die eines Magisters der Philosophie nicht unwürdig wären.*

Deine falsche Suppenschildkröte jedenfalls leidet an einer geistigen Sprachverwirrung. *Man könnte sagen, 2 mal 2 ist 5, aussprechen kann man es jedenfalls, aber wie kann man es denken? Ich habe daher schon öfter gewünscht, daß es eine Sprache geben möchte, worin man eine Falschheit gar nicht sagen könnte, oder wo wenigstens jeder Schnitzer gegen die Wahrheit auch ein grammatikalischer wäre. Allein freilich wäre das traurig, denn wo ihr beiden jetzt lebhaft geplaudert habt, möchte es sehr stille werden, oder von grammatikalischen Schnitzern wimmeln. Da ist es doch besser, ihr plaudert Unsinn,* vielleicht ist es sogar eine Art höherer Blödsinn, wer weiß?

ALICE: Sie sind so klug, Herr Professor, Sie können jeder noch so verrückten Sache einen Sinn abgewinnen. Machen Sie nie einen Unsinn in Ihrem Leben? Ich meine, so zum Spaß, im Spiel?

LICHTENBERG: Ach, mein Kind, jetzt machst du mich richtig traurig, hör dir das folgende an:

In der Nacht vom 9ten auf den 10ten Februar träumte mir, ich speiste auf einer Reise in einem Wirtshause, eigentlich auf einer Straße in einer Bude, worin zugleich gewürfelt wurde. Gegen mir über saß ein junger gut angekleideter, etwas windig aussehender Mann, der ohne auf die umher Sitzenden und Stehenden zu achten seine Suppe aß, aber immer den 2ten oder dritten Löffel voll in die Höhe warf, wieder mit dem Löffel fing und dann ruhig verschluckte. Was mir diesen Traum besonders merkwürdig macht, ist, daß ich dabei meine gewöhnliche Bemerkung machte, daß solche Dinge nicht könnten erfunden werden, man müsse sie sehen. (Nämlich kein Romanenschreiber würde darauf verfallen und dennoch hatte ich dieses doch in dem Augenblick erfunden.) Bei dem Würfel-Spiel saß eine lange, hagere Frau und strickte. Ich fragte, was man da gewinnen könnte: sie sagte: Nichts, und als ich fragte, ob man was verlieren könne, sagte sie: Nein! Dieses hielt ich für ein wichtiges Spiel.

ALICE: Der Mann mit dem Löffel ist lustig, aber offenbar nicht ganz gescheit. – Hm, ein Spiel, bei dem man nichts gewinnen und nichts verlieren kann. Wozu soll das gut sein?

LICHTENBERG: Der Sinn eines jeden Spiels ist doch nicht das Gewinnen oder Verlieren, Alice. Das fände ich ganz schön egoistisch, wenn du so dächtest. Der Sinn des Spiels ist einfach ... ist halt das Spiel: in unsere geradlinig verlaufende Welt den Zufall einzulassen, das lustige Element, den eigenwilligen Würfel, das Chaos. Ohne Chaos kann gar nichts Neues entstehen. Alles Neue, Wichtige ist nichtlinear.

ALICE: Nichtlinear? Heißt das, daß man da kein Lineal dranlegen kann?

LICHTENBERG: So ungefähr. Kein Lineal, auch kein Kurvenlineal. Da sind Knickse und Knackse drin. Beim Denken zum Beispiel, bei der Phantasie. Aber auch beim Wachsen eines Baumes oder einer Blume. Nur idealisierte Vorgänge sind linear, die Realität ist nichtlinear, hat Sprünge, rutscht weg, ist ver-rückt. Verrückt, was?

ALICE: Dann könnte ja das Verrückte einen Sinn haben. – *Am klügsten war noch meine Edamer Katze, obwohl auch sie verrückt war.*

LICHTENBERG: Warum war sie denn verrückt, Alice?

ALICE: Sie hat es doch selber gesagt, daß sie verrückt ist und es sogar logisch einwandfrei bewiesen. Das war ihre Argumentation: *Zunächst einmal ist ein Hund doch nicht verrückt. O.k.? Nun ist es eindeutig so: Ein Hund knurrt, wenn er zornig ist, und wedelt mit dem Schwanz, wenn er sich freut. Die Katze dagegen schnurrt, wenn sie sich freut und wedelt mit dem Schwanz, wenn sie zornig ist. Folglich ist sie verrückt.* Ich fand das logisch einwandfrei und konnte es nicht widerlegen. Was sagen Sie, Herr Professor?

LICHTENBERG: Liebes Kind, du bist vielleicht altklug. Du bist jünger als meine kleine Dörte*, aber die stellt mir solche Fragen nicht. *Ja, ja,*

---

* Dorothea Stechard (gen. Dörte, 1765–1782), seit 1778 die Geliebte Lichtenbergs.

vielleicht ließe sich sogar eine Art Feenmärchen auf die kantische Philosophie aufbauen. Was wissen wir denn von den Bedingungen einer möglichen Erkenntnis bei den Tieren? Es wäre sogar ein Tier möglich, dessen Gehirn die See wäre und dem der Nordwind blau und der Südwind rot hieße.

ALICE: Einem solchen Tier bin ich aber noch nicht begegnet, Herr Professor Lichtenberg. – Nun, ich muß mich wohl jetzt verabschieden. *Würden Sie mir bitte noch sagen, wie ich von hier aus weitergehen soll?*

LICHTENBERG: *Das hängt zum großen Teil davon ab, wohin du möchtest.*

ALICE: *Ach, wohin ist mir eigentlich gleich –*

LICHTENBERG: *Dann ist es auch egal, wie du weitergehst –*

ALICE: *Solange ich halt nur irgendwo hinkomme.*

LICHTENBERG: *Da kommst du bestimmt hin, wenn du nur lange genug weitergehst.*

Proteinbiosynthese – Chaos-Vermeidungsstrategie und Gewinn von Regulierbarkeit

Bei der durch die DNS gesteuerten Eiweißsynthese (Proteinbiosynthese) besteht die Aufgabe darin, die zwanzig Bausteine der Proteine, die Aminosäuren (vgl. Abb. 1.18), in genau der richtigen Reihenfolge in der Kette anzuordnen, so daß jede der Milliarden von Eiweißmolekülen identisch mit allen anderen seiner Art ist. Die Aminosäuren müssen also möglichst fehlerfrei eingebaut werden. Wenn in einem Protein irgendwo ein Fehler passiert, sagen wir bei jedem hundertsten Eiweißmolekül, so kann das ein Organismus vermutlich noch verkraften. Immerhin erfordert das schon höchste Präzisionsarbeit. Ketten mit der Länge von hundert Aminosäuren so zu fädeln (zu synthetisieren), daß nur jede hundertste Kette einen Fehler hat, heißt doch, mit einer Einzel-Genauigkeit von 1:100x100 = 1:10000 zu arbeiten.

Ordnung in lebenden Systemen kann nur aufrechterhalten werden, wenn die Bausteine des Lebendigen präzise ausgewählt und daraus die Substanz des Lebendigen, die Proteine, fehlerfrei aufgebaut werden. Das Problem der Ordnung des Lebens ist also ein Problem der möglichst genauen Erkennung und Auswahl von Aminosäuren. Wie kann die chemische Struktur von Aminosäuren erkannt werden?

Vor fast hundert Jahren erschien in den »Chemischen Berichten« eine

aufsehenerregende und folgenreiche Arbeit von Emil Fischer unter dem Titel: »Einfluß der Konfiguration auf die Wirkung der Enzyme«.[2]
Emil Fischer hatte Experimente über die Spezifität der Enzyme gemacht und schreibt dann: »Um ein Bild zu gebrauchen, will ich sagen, daß Enzym und Substrat wie Schloß und Schlüssel zueinander passen müssen, um eine chemische Wirkung aufeinander ausüben zu können. Die Vorstellung hat jedenfalls an Wahrscheinlichkeit und an Wert für die stereochemische Forschung gewonnen, nachdem die Erscheinung selbst aus dem biologischen auf das rein chemische Gebiet verlegt ist.«
Zwei für jene Zeit ungeheuerliche Behauptungen stecken in diesen Sätzen. Beide haben sich bestätigt, nämlich

1. Biologie ist Chemie geworden, nachdem man bis in die Bereiche der Moleküle vordringen kann, und
2. die Substanzen des Lebens passen aufeinander wie Schlüssel und Schloß.

Es gibt heute unzählige Bestätigungen dieser Theorie. Wir haben seinerzeit einen Beitrag geleistet, der der Vorstellung von Schlüssel und Schloß modellmäßig am nächsten kommt in Gestalt der sogenannten Einschlußverbindungen.[3] In diesen werden sehr spezifische und feste »Bindungen« zwischen Molekülen hergestellt durch räumliches Einpassen molekularer Strukturen, ohne daß es zur Ausbildung einer eigentlichen chemischen Bindung kommt.
In Abbildung 2.1 sind zwei solche molekularen Schlösser gezeigt. Der innere Hohlraum wird von sechs Glukosemolekülen gebildet und hat 6 Å inneren Durchmesser. Dementsprechend kann das Molekül des Chlorbenzols gerade noch im Hohlraum eingeschlossen werden, für größere Moleküle ist der Hohlraum zu eng. Auf dieses Prinzip gründet sich eine ganze »Wirt-Gast-Chemie«, mit der man die enzymatische Katalyse modellmäßig darstellen kann.[4] Diese hat neuerdings wieder große Aktualität gewonnen.[5]
Aber die Genauigkeit solcher molekularen Schlösser und Schlüssel hat ihre Grenze. Eine perfekte Ordnung kann man damit nicht herstellen. Um im Bild zu bleiben: Es gibt Nachschlüssel, Dietriche. Wenn, wie bei der Synthese der Eiweißstoffe und Nukleinsäuren, eine Genauigkeit von 1:10000 oder sogar höher zu fordern ist, dann reichen solche einfachen Erkennungssysteme nicht aus.
Wir haben den Fall der sehr ähnlichen Aminosäuren Isoleucin und Valin näher studiert.[6] Diese unterscheiden sich nur durch eine einzige CH_2-

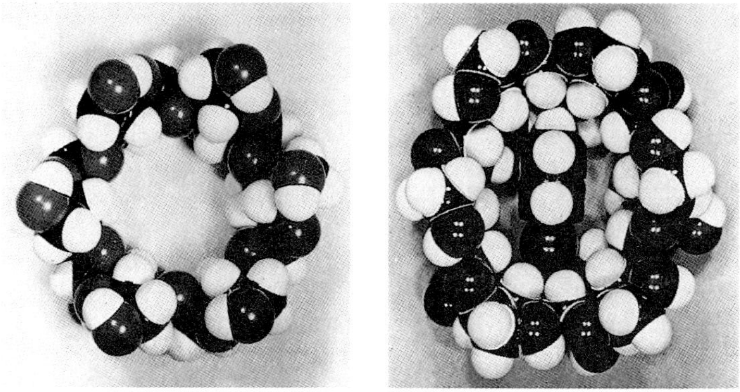

Abb. 2.1: Einschlußverbindungen von α-Cyclodextrin. Links: Leerer Hohlraum (Schloß). Rechts: Eingepaßtes Chlorbenzol.

Gruppe (Abb. 2.2). Dem Valin als falschem Schlüssel fehlt nur ein einziger kleiner Zahn. Es paßt also in das Isoleucin-Schloß hinein. Man kann nun theoretisch zeigen, daß kein normales Enzym in der Welt, ja sogar kein physikalisches System zwischen diesen beiden ähnlichen Aminosäuren besser unterscheiden kann als mit einer Fehlerrate von etwa 1:5.[6] Das ist eine katastrophale Situation, sie würde rasch zu einem Chaos, zum Zusammenbruch der Wechselwirkung der Proteine in lebenden Systemen führen. Die Natur hat deshalb ein ganz neues Prinzip der Auswahl erfunden, nämlich einen Selektionsstammbaum. Dabei

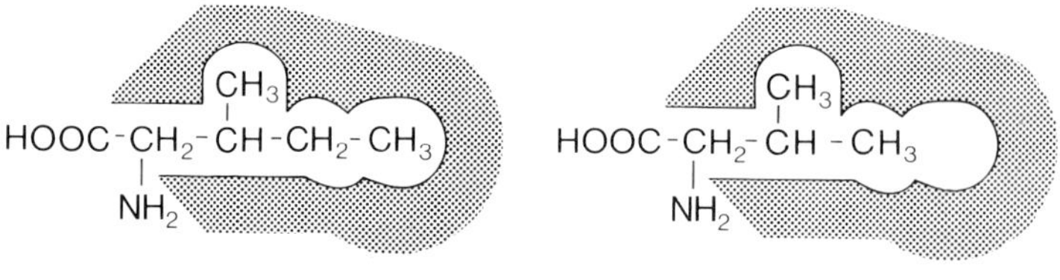

Abb. 2.2.: Schlüssel-Schloß-Erkennung der Aminosäuren Isoleucin und Valin im »Isoleucin-Schloß«. Der »Valin-Schlüssel« (rechts) paßt ohne Schwierigkeiten in das Isoleucin-Schloß.

wird die Richtigkeit der Aminosäure mehrmals abgefragt. Aber die erste und die folgenden Fragen sind grundsätzlich verschiedener Natur (Abb. 2.3).
Man kann nämlich nur ein einziges Mal die Frage im klassischen Sinne stellen, das heißt den Schlüssel in das Schloß stecken. Man befindet sich dann im thermodynamischen Gleichgewicht. Wenn die Substanz richtig ist, wird sie weiterverarbeitet. Wenn sie falsch ist, wird sie zurückgewiesen. Im Gleichgewicht findet kein Energieverbrauch statt. Von dieser ersten Art sind fast alle enzymatischen Abbau- und Umsetzungsreaktionen, die sich nach der sogenannten Michaelis-Menten-Theorie behandeln lassen. In der Synthese der Proteine, in der also eine höhere Präzision als die nach einfachen physikalisch-chemischen Prinzipien mögliche gefordert ist, werden nun ein zweiter und gegebenenfalls mehrere Folgeprozesse nachgeschaltet. Nachdem die Aminosäure eingebaut ist, wird nachträglich noch einmal gefragt: War das richtig? Wenn ja, ist es gut.

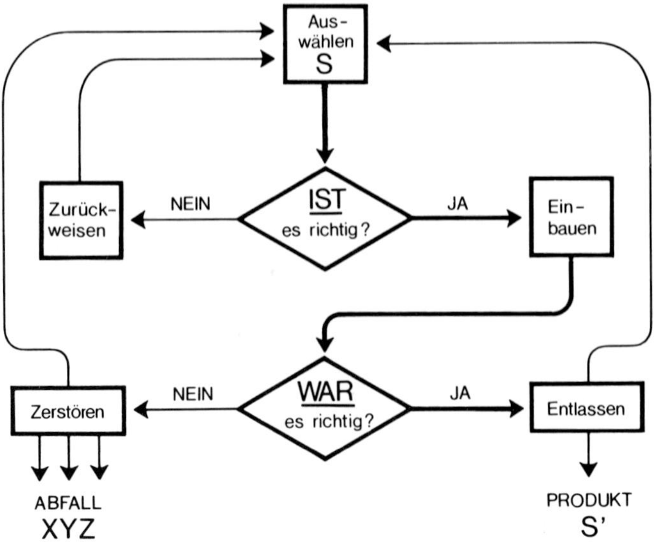

Abb. 2.3: Fließschema bei der Auswahl von Aminosäuren für das »Einfädeln« zur Proteinbiosynthese. Die erste Frage ist reversibel, die zweite ist irreversibel, es wird Energie verbraucht.

Wenn die Antwort nein ist, muß die Substanz wieder zerstört werden. Es findet ein Korrekturlesen statt, sehr ähnlich dem Korrigieren des Textes vor dem Druck. Dadurch wird zusätzliche Energie verbraucht. Wir haben es nicht mehr mit einer einfachen Selektion zu tun, sondern mit einer Selektionskaskade oder einem Selektionsstammbaum: Stoff-Fluß, das heißt chemische Umsetzung, und Energiefluß sind unmittelbar miteinander gekoppelt. Wir begegnen hier einem ganz neuartigen chemischen Reaktionstyp, der sich weit entfernt vom Gleichgewicht abspielt. Materie, die künstlich, also durch Energieaufwand, im Nichtgleichgewicht gehalten wird, hat aber gänzlich andere Eigenschaften als Materie im Gleichgewicht. Materie im Gleichgewicht ist einförmig, langweilig. Materie im Nichtgleichgewichtszustand ist sensibel und hochspezifisch. Und so ist lebende Materie beschaffen.

Die Auswahl der Aminosäuren erfolgt nach Art eines Evolutionsstammbaums unter Energieverbrauch weit entfernt vom Gleichgewicht (Abb. 2.4), wobei ein großer Energie- und Materialaufwand betrieben wird. Allein durch diesen wird die Materie in den Nichtgleichgewichtszustand versetzt, der eine Genauigkeit der Unterscheidung von Isoleucin und Valin von nur einem falschen bei vierzigtausend richtigen Schritten ermöglicht, statt des klassisch zu erwartenden einen falschen bei fünf richtigen.[5]

Die Charakteristika dieses neuartigen enzymatischen Systems sind:

1. Verzweigungspunkte mit Rückkopplung;
2. Energie wird verwendet, um Ordnung aufzubauen;
3. die Gesetze der klassischen Thermodynamik müssen

um die der Nichtgleichgewichtsthermodynamik erweitert werden, da es sich bei diesem Selektionsprozeß um einen dissipativen, das heißt um einen energieverbrauchenden Vorgang handelt. Zum Beispiel werden für das Steigern der Genauigkeit von 5 auf 38 000 fünf zusätzliche Moleküle ATP (Adenosintriphosphat: Der »Kraftstoff« und Energielieferant jeder Zelle) verbraucht.

Die Proteinbiosynthese folgt also einer Chaosvermeidungsstrategie: Unter Energieverbrauch wird Chaos in Ordnung verwandelt oder, speziell ausgedrückt: Durch Verbrauch von ATP wird in diesem System eine 10 000mal bessere molekulare Erkennung möglich. Eine solche dissipative, hierarchische Stammbaumstruktur hat aber noch einen weiteren Vorteil: sie läßt sich viel leichter und empfindlicher steuern. Dieses Prinzip ist heute aus der Elektronik geläufig. Mit Hilfe von Transistoren

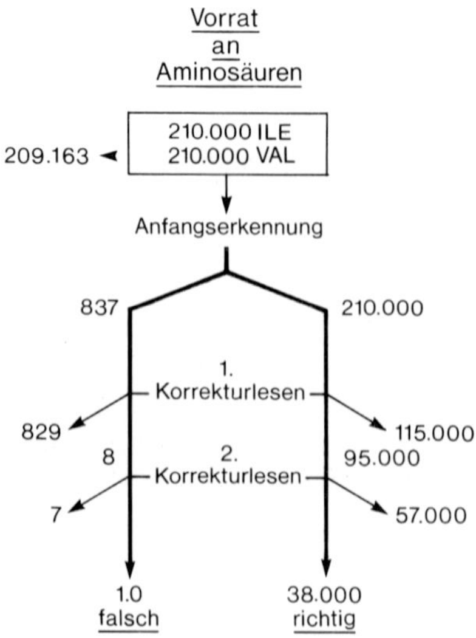

Abb. 2.4:
Selektionskaskade für die Aminosäuren Isoleucin und Valin.

kann man durch Hintereinanderschaltung mehrerer rückgekoppelter Steuerelemente die Prozesse beliebig fein regeln. Durch geringfügige Änderungen der Steuerspannungen lassen sich starke Ströme regulieren. Ähnlich ist es auch bei diesem biochemischen Vorgang. Durch geringfügige Änderung der Bedingungen dieser Reaktion kann man die Präzision des Vorgangs entweder erhöhen, wobei sehr viel mehr Energie verbraucht wird, oder man kann Energie einsparen, wobei die Reaktion ungenauer wird. Diese Modulierbarkeit einer biochemischen Reaktion hat für den Organismus einen gewaltigen Vorteil. Er kann in Zeiten des Nahrungsmangels seine Eiweißstoffe unter Energieeinsparung etwas ungenauer synthetisieren, was für eine Weile ohne Schädigung hingehen mag, um dann in Zeiten des Überflusses das Versäumte in hoher Präzision nachzuholen. Die Zelle gewinnt dadurch an Adaptationsfähigkeit. Sie kann sich den Bedingungen der Umwelt anpassen. Diese einfache biochemische Reaktion zeigt bereits ein wesentliches Charakteristikum des Lebendigen, eben die Adaptationsfähigkeit. Und das wird dadurch erreicht, daß sich das System weit entfernt vom thermodynamischen Gleichgewicht bewegt. Wir sehen an diesem recht einfachen Beispiel bereits deutlich, daß in den biologischen Wissenschaften der starre, mechanische kartesisch-newtonsche Materiebegriff nicht mehr ausreicht. Materie, die weit vom Gleichgewicht entfernt ist – und lebende Materie ist das per definitionem –, hat ganz neue Eigenschaften: sie wird adaptationsfähig, sensibel, ja intelligent. Davon wird in Kapitel 7 noch näher die Rede sein.

Proteinbeben – innere Spannungen der Moleküle entladen sich chaotisch und helfen beim Funktionieren[7]

Myoglobin ist ein Protein, das ähnlich wie das Hämoglobin den Sauerstoff bindet und zur Verbrennung im Muskel nutzbar macht. Dabei muß die Aufnahme und Abgabe von Sauerstoff außerordentlich fein abgestimmt und reguliert sein, damit das Sauerstoffmolekül einerseits gespeichert und transportiert, andererseits sofort abgegeben werden kann, sobald es am Ort der Verbrennung benötigt wird: ein Problem der Feinregulation.

Das Proteinmolekül besteht aus 173 Aminosäuren, deren Reihenfolge bekannt ist. Darüber hinaus kennt man die dreidimensionale Struktur dieses Moleküls. Übrigens war Myoglobin das erste Eiweißmolekül, dessen dreidimensionale Struktur durch Röntgenstrukturanalyse von J. C. Kendrew herausgefunden wurde.

In die dreidimensionale Matrix des Moleküls ist eine Hämgruppe, ganz ähnlich wie im Blutfarbstoff Hämoglobin, eingebettet. An dem Eisenatom des Häms wird der Sauerstoff, beziehungsweise das Kohlenmonoxyd (CO) gebunden. In erster Näherung kann man das Molekül als starr annehmen, sonst könnte man auch gar keine Röntgenstrukturanalyse der dreidimensionalen Struktur durchführen. Funktional gesehen, ist dieses Molekül aber nicht starr. Beim Binden und Entbinden des Sauerstoffs beziehungsweise des CO treten geringfügige Änderungen der Struktur auf, die sich in das ganze Molekül fortpflanzen und für die Feinabstimmung des Energieniveaus bei der Sauerstoffbindung von entscheidender Bedeutung sind.

Man hat in jüngster Zeit herausgefunden, daß diese funktional wichtigen Bewegungen des Proteins und wahrscheinlich auch vieler anderer Proteine Nichtgleichgewichtsprozesse sind. Diese Bewegungen innerhalb

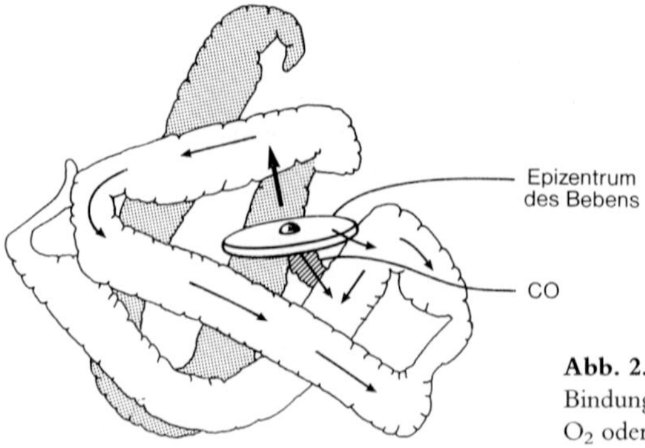

Abb. 2.5: Proteinbeben bei Bindung oder Entbindung von O_2 oder CO_2 im Myoglobin.

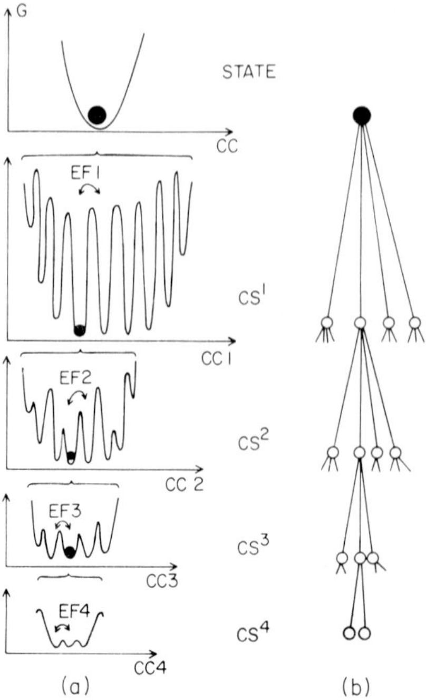

Abb. 2.6:
Hierarchische Anordnung von energetischen Zwischenzuständen bei der Anregung von Myoglobin:
a) schematische Energieprofile,
b) Stammbaumdiagramm der Energiekaskade.

der Proteinstruktur sind ähnlich zu verstehen wie Erdbeben. Am Epizentrum des Bebens entlädt sich eine Spannung, die sich durch das Molekül in Form von Wellen und Deformationen fortpflanzt. Das ist in Abbildung 2.5 angedeutet. Man hat nun die Energiezustände und Wellen bei dieser strukturellen Entspannung näher untersucht. Dabei stellte sich heraus, daß eine feinabgestimmte Hierarchie von Bewegungen sich vollzieht. Die innere Struktur des Moleküls bewegt sich nicht direkt auf den Zustand niedrigster Energie zu, indem die Energie in die tiefste Stelle der Mulde rollt. Wieder haben wir es mit einem fein abstimmbaren Nichtgleichgewichtsystem zu tun, mit einer Gratwanderung. Dabei gibt es eine ganze Reihe von energetischen Zwischenzuständen (CS), die durchlaufen werden, beziehungsweise zwischen denen das Molekül hin und her oszilliert. Durch einen kurzen Laserblitz wird das CO aus dem Molekül herausgeschossen. Die sich daran anschließenden innermolekularen Umlagerungen sind in Abbildung 2.6 gezeigt. Eine ganze Kaskade von koordinierten Bewegungen wird also durchlaufen. Dadurch wird eine Feinabstimmung der Bindung und Entlassung von Sauerstoff möglich, die in einem einfachen Gleichgewichtsprozeß nicht durchführbar wäre. Die Funktion des Moleküls wird nur aus diesem hierarchischen Proteinbeben verständlich.

Zellen reden miteinander – aber es gibt Mißverständnisse

Ein Organismus besteht bekanntlich aus vielen Organen und verschiedenen Arten von Geweben, die irgendwie zusammenhalten müssen und zwar in ganz spezifischer Weise, sonst gäbe es keine verschiedenartigen Gewebe, wie Bindegewebe, Knorpel, Schleimhäute, Drüsen usw. Dabei können die Zellen unmöglich nur lose aufeinandergepackt sein wie Sandsäcke. Sie müssen in irgendeiner Form spezifische Kontakte haben, was ja auch durch das Wort »Gewebe« ausgedrückt ist. Hierüber weiß man aber noch sehr wenig. Ich möchte in diesem Abschnitt ein wenig spekulieren und dabei über eigene Forschungsansätze berichten.

Die Befruchtung –
nachdem sich die Partner gefunden haben, müssen auch
noch deren Keimzellen richtig zueinander finden

Bei der Befruchtung vereinigt sich die Eizelle mit einer Spermienzelle, jede hat nur einen einfachen Chromosomensatz, wir sagen, sie ist haploid. Die befruchtete Eizelle ist nach dem Befruchtungsvorgang dann wieder diploid, der Chromosomensatz also vollständig. Wie findet der Spermienfaden die Eizelle? Bei niederen und einigen höheren Tieren ist dieser Befruchtungsvorgang biochemisch erforscht worden.[8]
Der Spermienfaden heftet sich an die Eizelle. In Abbildung 2.7 ist das für die Zelle einer Muschel mit entsprechenden Spermienfäden gezeigt. Das »Sichfinden« ist ein komplexer Prozeß. In der Initialphase spielt dabei die Erkennung einer bestimmten Zuckerstruktur auf der Oberfläche der

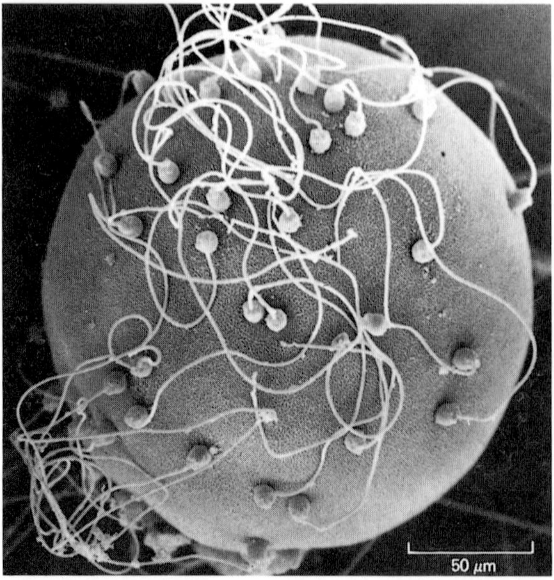

Abb. 2.7: Rasterelektronenmikroskop-Aufnahme eines Muschel-Eies mit vielen an seiner Oberfläche haftenden Spermien.

Eizelle die entscheidende Rolle. Alle Zellen haben auf ihrer Oberfläche einen dichten Belag mit teilweise sehr komplizierten Zuckermolekülen. Hier können wir wieder das Schlüssel-Schloß-Modell anwenden. Die Zuckerstrukturen sind die Schlüssel. In Abbildung 2.8 ist eine Zellmembran in molekularer Vergrößerung gezeigt. Aus ihr stehen diese Zuckerschlüssel als Erkennungselemente heraus. Man hat nun herausgefunden, daß sich am Kopf der Spermien ein Schloß befindet, das den Namen Bindin erhalten hat, also ein bindungsvermittelndes Molekül (Abb. 2.9). Mit Hilfe des Bindins heftet sich der Spermienkopf an die Eizelle. Schlüssel und Schloß sind sehr spezifisch. Um im Bild des Schlüssels zu bleiben: Sie bilden ein raffiniertes Sicherheitsschloß-System, in dem es eine sehr hohe, vielleicht praktisch unbegrenzte Zahl von Variationsmöglichkeiten gibt. Dadurch wird die Befruchtung artspezifisch. Nach dem Anheften über den Zucker-Protein-Kontakt geschieht dann eine

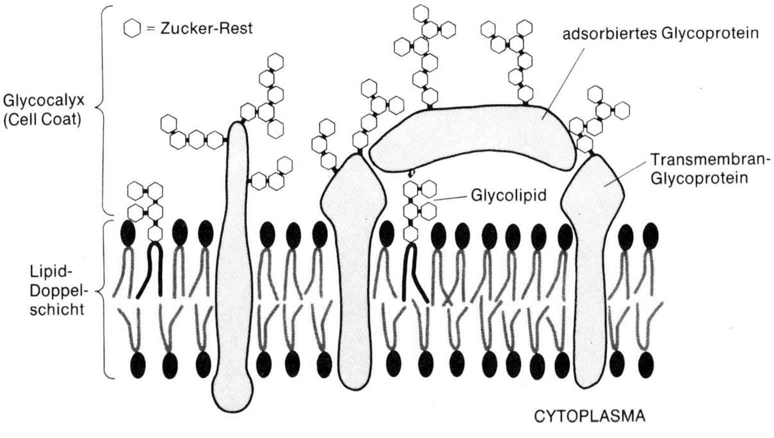

Abb. 2.8: Schematische Darstellung der Glykocalix oder Zellhülle. Sie ist aus Zucker-(Oligosaccharid)-Seitenketten aufgebaut, die sowohl an intrinsische Membran-Glykoproteine und Glykolipide, als auch an von außen adsorbierte Glykoproteine und Proteoglycane gebunden sind, wobei letztere hier nicht dargestellt wurden. Man beachte, daß alle Zuckerreste sich ausschließlich auf der Außenseite der Membran befinden.

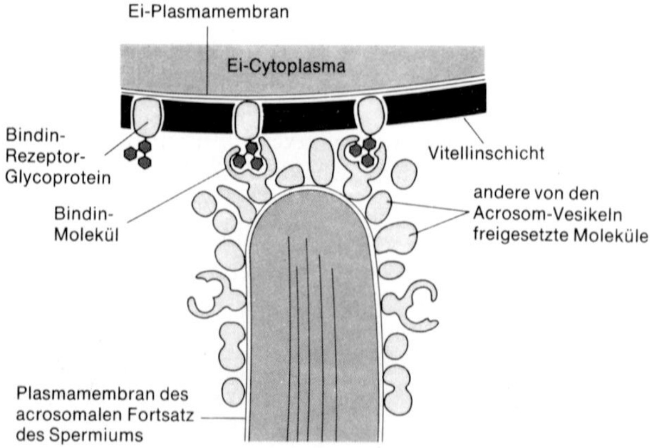

Abb. 2.9: Schematische Zeichnung der Bindinmoleküle, die die Oberfläche des acrosomalen Fortsatzes eines Seeigel-Spermiums bedecken. Von diesen Proteinen nimmt man an, daß sie sich an eine spezifische Oligosaccharid-Sequenz eines Glykoproteins in der Vitellinschicht des Eies binden.

Reihe von weiteren Vorgängen, die schließlich zum Eindringen des Spermienkopfes in das Ei führen. Man nennt solche »Schloß-Moleküle«, die den Zellkontakt vermitteln, auch Lektine (lat. *legere*: lesen), also Moleküle, die eine molekulare Schrift lesen können. Wir haben den Namen »Cell-Adhäsions-Lektine« (CAL) dafür eingeführt.[9] Sie scheinen ganz allgemein die hochspezifischen Zell-Zell-Kontakte zu vermitteln.

Gewebebildung – Zelloberflächen rasten ein wie LEGO-Steine[10, 11]

Es ist seit langem bekannt, daß Zelloberflächen durch bestimmte Zuckergruppen (Glykoproteine) charakterisiert sind, die für bestimmte Zellarten typisch sind. Das beste Beispiel hierfür sind die blutgruppenspezifischen Substanzen: Die roten Blutkörperchen der verschiedenen Gruppen (A, B oder 0) unterscheiden sich dadurch, daß an ihren Oberflächen verschiedene, meist seltene Zucker vorhanden sind. Die Struktur dieser Zuckerreste ist genetisch streng vorprogrammiert, kann also demnach nicht ganz unwichtig sein. Dennoch war es bisher völlig unklar, warum alle Zellen solche komplexen Zuckerstrukturen (Glykoproteine) besitzen.

Wir haben vor etwa zwei Jahren gefunden, daß es auf Zellen höherer Organismen beziehungsweise auf deren Membranen zuckerbindende Proteine gibt, die den jeweiligen Zuckerresten exakt entsprechen. Diese zuckerbindenden Proteine, die bisher nur in Pflanzen bekannt waren, heißen Lektine. Das Vorkommen von Lektinen in der Zellmembran höherer Zellen ermöglicht nun eine völlig neue Interpretation der Glykoprotein-Muster.

Glykoprotein-Muster sind gewebespezifisch. Durch Untersuchung verschiedener Gewebearten (Leber, Lunge, Bauchspeicheldrüse, Knochenmark) konnten wir zeigen, daß die entsprechenden Lektine ebenso gewebespezifisch sind. Wir konnten ferner zeigen, daß die Zell-Zell-Verbindungen durch Glykoprotein-Lektin-Wechselwirkung vermittelt wird. Damit ergibt sich ein völlig neues Bild für den Mechanismus der Wechselwirkung zwischen Zellen: Glykoproteine auf der einen Seite passen sich in die Lektine auf der anderen Seite ein, wie Schlüssel in ein Schloß (Abb. 2.10, oben); auf diese Weise hängen sich Zellen zusammen, wahrscheinlich über viele Glykoprotein-Lektin-Wechselwirkungen, die sich »einknipsen« wie LEGO-Steine. So erklärt sich die spezifische Gewebebildung.

Krebsmetastasen – das Einrasten von falschen Zellen

Normalerweise kann Gewebe nur dort wachsen, wo es hingehört, eben wegen jener spezifischen Zell-Zell-Kontakte über das Zucker-Lektin-Muster. Es zeigt sich nun, daß Krebszellen ein spezifisches, verändertes Lektinmuster besitzen. Sie tragen an ihrer Oberfläche Schlösser, zu denen Schlüssel aus anderen Gewebearten passen.[12, 13] Die Anwendung dieses Befundes auf die Tumorforschung ergibt nun die folgenden Möglichkeiten beziehungsweise die Fragen, die weiterer Forschung bedürfen:

1. *Gibt es tumorspezifische Lektine beziehungweise Lektinmuster?*

Jedes Gewebe, jede Zellgruppe scheint ihr spezifisches Lektinmuster zu besitzen. Die Frage ist, ob bestimmte Tumorarten genau definierte Lektinmuster aufweisen. Diese Frage kann nach unseren vorläufigen Befunden schon jetzt mit »ja« beantwortet werden. Das Lektinmuster einer bestimmten Tumorart unterscheidet sich grundsätzlich von dem des Muttergewebes, in dem dieser Tumor auftritt, und es ist typisch für die betreffende Art von Tumoren.

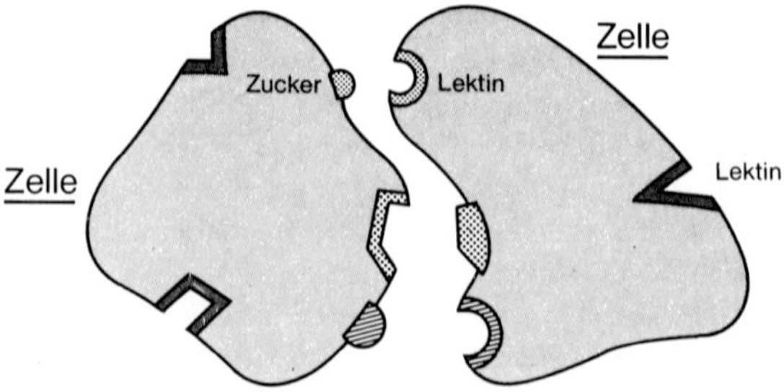

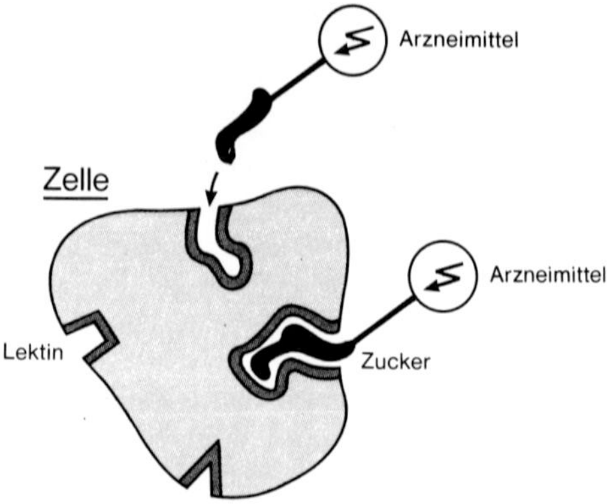

Abb. 2.10, oben: Schematische Darstellung der spezifischen Zell-Zell-Kontakte über Zucker-Lektin-Bindung. Jede Zelle hat an ihrer Oberfläche herausstehende Zuckerreste (die Schlüssel oder Knöpfchen), die fest und spezifisch in die Lektine (Schlösser, Vertiefungen) einrasten können; unten: Mögliche Chemotherapie über Lektine. Die Arzneimittel werden mit denjenigen Zuckern versehen, für die die Zellen die spezifischen Lektine tragen. So lassen sich die Arzneimittel an bestimmte Zellen »adressieren«.

2. *Kann man die tumorspezifischen Lektine für die histologische Charakterisierung benutzen?*

Die charakteristischen Tumorlektine sind als zuckerbindende Proteine geeignet, die betreffenden Tumorzellen spezifisch anzufärben. Zu diesem Zwecke muß man den zu benützenden Farbstoff in irgendeiner Weise mit dem betreffenden Zucker verbinden, für den das Lektin spezifisch ist. Das geschieht über die sogenannten Neoglykoproteine, das sind Proteine, die sowohl mit Farbstoff als auch mit Zucker gekoppelt sind. Durch diese Markierungssubstanz erstellen wir einen Katalog für Lektine verschiedener Zuckerspezifität, womit die unterschiedlich klinisch bedeutsamen Tumore charakterisiert werden können. Diese Arbeit erfolgt in Zusammenarbeit mit pathologischen Instituten. Dadurch hoffen wir die diagnostischen Möglichkeiten so zu erweitern, daß eine Differentialdiagnose zwischen Tumoren verschiedener Art und verschiedenen Malignitätsgraden möglich wird.

3. *Kann man die tumorspezifischen Lektine für zytostatische Therapie verwenden?*

Nach dem gleichen Prinzip wie bei der Anfärbung könnte man Zytostatika an die Tumorzellen spezifisch heranführen (Paul-Ehrlich-Prinzip). Ein inerter Träger wird chemisch so präpariert, daß er neben der spezifischen Zuckerfunktion für das Lektin der Tumorzelle noch ein Zytostatikum oder Therapeutikum enthält, das in oder an der Zelle beim Abbau des Trägers freigesetzt wird. Wir hoffen, durch dieses »Drug targeting« die Therapie verbessern zu können, indem Träger eingesetzt werden, die in erster Linie von Tumorzellen aufgenommen werden. Dies könnte die nachteiligen Nebenwirkungen der zytostatischen Chemotherapie reduzieren (Abb. 2.10, unten).

4. *Kann man die Metastasierung beeinflussen?*

Es liegen erste Ergebnisse vor, daß auch die Bildung von Metastasen durch Glykoprotein-Lektin-Wechselwirkungen bedingt sein kann. Wenn dieser Vorgang des »Vor-Anker-Gehens« der Krebszelle bei der Metastasenbildung tatsächlich über eine solche Zucker-Lektin-Wechselwirkung erfolgt, könnte man in diesen Vorgang therapeutisch eingreifen, indem die Tumorlektine (Schlösser) durch Neoglykoproteine (Nachschlüssel) blockiert werden.

Nichtlinearität der Zell-Zell-Kontakte – ein Hauch von Chaos

Molekulare Oberflächen von der in Abbildung 2.8 oder in Abbildung 2.10 gezeigten Art sind geometrisch außerordentlich komplex. Das trifft genauso zu für die entsprechenden Gegenkontakte auf seiten der Lektine. Da anzunehmen ist, daß sich bei den Zell-Zell-Kontakten die Zellen nicht nur an einer Stelle berühren, sondern mehrere, vielleicht sogar viele Schlüssel-Schloß-Kontakte (Zucker-Lektin-Bindungen) einrasten müssen, um einen spezifischen Kontakt herzustellen, wird die Geometrie dieses Vorganges noch viel komplexer. Normalerweise kann eine Oberfläche als zweidimensional betrachtet werden. Bei unregelmäßigen molekularen Strukturen, Festkörperoberflächen oder Landschaftsprofilen ist dies jedoch nicht der Fall. Solche Strukturen haben fraktale (= gebrochene) Dimensionen. Hierüber wird im einzelnen in Kapitel 5 zu sprechen sein. Die Abweichung von der Ganzzahligkeit der Dimension ist dabei ein Maß für das »Chaos« bei dem betreffenden physikalischen Ereignis. Der Kontakt zwischen Zellen dürfte mindestens 2,2–, eher sogar 2,5–dimensional sein, enthält also starke chaotische Elemente, die die Präzision des dynamischen Einrastens überhaupt erst ermöglichen.[14]

Mutation – vom Gewinn durch Fehler

Wir empfinden das Leben als konstant, da wir es in kurzen Zeiträumen betrachten: Wir sind von den gleichen Pflanzen und Tieren umgeben. In jedem Frühjahr sprießen die Anemonen aus dem Boden, im Mai fliegen die Maikäfer, und im Herbst fallen die Äpfel vom Baum. Die Erbmerkmale alles Lebendigen sind, wie wir gehört haben, in der DNS des Zellkerns festgelegt, in jenem gigantischen Informationsband, das beim Menschen etwa 10^{10} Basenpaare enthält. Bei jeder Zellteilung müssen diese sämtlichen Basenpaare fehlerfrei kopiert und an die nächste Zellgeneration weitergegeben werden. Das ist eine unvorstellbar komplizierte Präzisionsleistung, die kaum möglich erscheint.
Tatsächlich ist ein so genauer, stets fehlerfreier Kopiervorgang auch nicht durchführbar, weder in der Natur noch für den Biochemiker. Ein einziger Fehler kann aber schon zu einem totalen Verlust der Wirksamkeit des betreffenden Gens führen. Das System der Nukleinsäuren und

Erbanlagen müßte dann einen Informationszusammenbruch erleiden, beziehungsweise würde sich gar nicht erst bilden. Es hat sich aber gebildet und ist konstant. Wie kann man das erklären?
Das führt zunächst zu der weiteren Frage: Wie konstant ist Leben wirklich? Wir haben schon mehrfach über Evolution gesprochen. Sie besteht in einer schrittweisen Veränderung von Erbanlagen, wobei der Einzelschritt dieser Änderung eine Mutation, eine Veränderung einer einzigen Base in der Kette der Nukleinsäure ist. Als Elementarereignis der Evolution kann also die Mutation, gekoppelt mit der Genduplikation angesehen werden. Ohne Mutation gäbe es keine Evolution. Dieses Ereignis wird dann im Selektionsmechanismus dazu benützt, die geeigneten Mutanten durch Selektion herauszufiltern, die ungeeigneten dagegen durch negative Selektion auszuscheiden. Evolution ist also der spezifische Filterungsprozeß des durch die Vielzahl von Mutationen bereitstehenden Spektrums der Möglichkeiten – ein Filterungsprozeß im Hinblick auf eine bestimmte vorteilhafte Eigenschaft oder Fähigkeit, die das Überleben in der betreffenden Überlebensnische verbessert.
Mutationen, das heißt funktionelle Veränderungen der Nukleinsäure können auf vielerlei Weise entstehen und entstehen auch ständig in allen Organismen. Eine »innere« Ursache für Mutationen ist, wie schon gesagt, die doch nur begrenzte Genauigkeit des Kopiervorganges bei der Zellteilung. Dabei können falsche Basen eingebaut werden, zum Beispiel ein Adenin (A) statt eines Guanins (G) (vgl. Abb. 1.16). Das hat zur Folge, daß auch die nachfolgenden Kopien die falsche Sequenz enthalten. Es gibt aber auch zahlreiche »äußere« Ursachen. Energiereiche Strahlen (Gammastrahlen, Röntgenstrahlen, Höhenstrahlen) zerschlagen einzelne Bausteine der Nukleinsäure, UV-Strahlen verkleben Thymidinreste (T) im Nukleinsäurestrang. Viele Chemikalien verändern die Bausteine der Nukleinsäure. So wandeln etwa die einfachen Chemikalien Nitrit oder Bisulfit das Cytidin in Thymidin um. Durch alkylierende Reagenzien wird besonders das Guanin aus der Kette herausgeworfen. Deshalb erscheint es geradezu wunderbar, daß das Leben dennoch so konstant ist in einer Welt mit den unvollkommenen Kopiermechanismen der DNS, den zahlreichen Strahlen, die auch ohne Kernenergie an jedem Badestrand auf uns niederprasseln und mit den zahlreichen Chemikalien, denen die Menschheit auch in einer natürlichen Umgebung ständig ausgesetzt ist. Erklärungsbedürftig sind eigentlich nicht die Mutationen, sie stellen sich leicht genug von selber ein. Erklärungsbedürftig sind die

Stabilität der Gene und die Tatsache, daß sich nicht mehr Mutationen ereignen, als wir tatsächlich beobachten.
Die Mutationsrate wird deshalb so niedrig gehalten, und das Leben kann sich nur deshalb konstant erhalten, weil die DNS ständig repariert wird. Wie wir in Kapitel 1 gesehen haben, ist die genetische Information in den beiden Strängen der Nukleinsäure doppelt angelegt. Wenn also in einem Strang ein Fehler, eine Mutation auftritt, kann eine »Reparaturkolonne« diese Unregelmäßigkeit sehr rasch erkennen. Und eine solche Reparaturkolonne gibt es tatsächlich. Ständig laufen an dem Doppelstrang der DNS Reparaturenzyme entlang, die die Richtigkeit der Doppelhelix prüfen. Jede Unstimmigkeit in der Basenpaarung zeigt sich nämlich an einer Verschiebung der Geometrie des Doppelstranges, und diese wird von der Reparaturkolonne sofort erkannt, und daraufhin wird die Fehlstelle ausgewechselt. Solche Reparaturenzyme sind insbesondere während und nach der DNS-Verdoppelung (Replikation) wirksam. Sie kontrollieren die Nukleinsäure aber auch in den Zwischenzeiten vor oder nach der Replikation.
Wie hoch ist nun die tatsächliche Fehler- beziehungsweise Mutationsrate? Sie hängt stark vom jeweiligen Organismus, der Länge seines Genoms und der Zellteilungsrate ab. Bei dem primitiven Bakteriophagen Qß mit einer Genomlänge von 3400 Basen, der bei der Replikation keinen Reparaturmechanismus besitzt, tritt etwa bei jeder viertausendsten Base ein Fehler auf. So genau sind vermutlich einfache Replikasen ohne Reparaturmechanismus. Für das menschliche Genom wäre dies eine Katastrophe. In der menschlichen Keimbahn mit der Genomlänge von 10^{10} Basenpaaren treten pro Jahr nur fünfzehn Basenpaaraustausche auf. Eine unvorstellbare Präzisionsarbeit! Das ist eine Genauigkeit von $10^9:1$! Übertragen auf die Präzision der Herstellung eines mechanischen Werkstückes hieße das, daß man zum Beispiel die Antriebswelle einer Großturbine von 10 m Länge auf 1/100 μ (1 μ = 1/1000 mm), also auf 1/100 000 mm genau bearbeiten müßte.
Mit Hilfe der modernen Sequenzierungsmethoden hat man an einigen Schlüsselproteinen die Austauschgeschwindigkeiten für Aminosäuresequenzen im Laufe der Evolution gemessen.[15]
In der folgenden Tabelle sind die sogenannten spezifischen Evolutionszeiten in Millionen Jahren angegeben, zum Beispiel besagt die Zahl 6,1 für Hämoglobin, daß es im Durchschnitt 6,1 Millionen Jahre dauerte, bis in der Evolution eine der 100 Aminosäuren im Hämoglobin ausge-

Beobachtete Austauschgeschwindigkeiten für die Aminosäuresequenzen verschiedener Proteine in der Evolution

Protein	spezifische Evolutionszeit* in Millionen Jahren
Fibrinopeptid	1,2
Hämoglobin	6,1
Cytochrom c	21
Histon H4	600

* Die spezifische Evolutionszeit ist definiert als die Zeit, die durchschnittlich ablief, bis ein unschädlicher Aminosäureaustausch pro 100 Aminosäuren Kettenlänge in dem genannten Protein auftrat.

tauscht wurde. Hierbei konnten nur solche Austausche berücksichtigt werden, die nicht »ausgestorben« sind, das heißt Änderungen in der Hämoglobinstruktur, die neutral oder vorteilhaft waren. Immerhin besagt diese Zahl, daß die Familie der Primaten, also Menschen und Affen, praktisch das gleiche Hämoglobin besitzt. Noch viel größer ist die Konstanz bei den Histonen. Das sind Proteine, mit deren Hilfe die DNS höherer Organismen verpackt wird. Sie haben eine spezifische Evolutionszeit von 600 Millionen Jahren, das heißt, alle Wirbeltiere haben die gleichen Histone, denn Wirbeltiere gibt es erst seit etwa 500 Millionen Jahren.

Die lebende Materie ist also im wesentlichen aus den gleichen Bausteinen aufgebaut. Durch nur wenige mutative Änderungen von einigen Schlüsselproteinen entsteht die Vielfalt der Arten. Die lebende Welt ist darum stabiler, als wir es vom äußeren Anschein her annehmen würden. Sie ist sogar von einer geradezu unfaßbaren Konstanz. Aber eben die geringen, in der Mutation auftretenden Abweichungen, die statistischen Fehler, sind die Voraussetzung für die Evolution. Wir werden später noch sehen, daß es nicht nur in der Biologie sich selbstorganisierende, evolvierende Systeme gibt.

Wesentliche Impulse zur Erforschung evolvierender Systeme sind von einer Preisfrage der Schwedischen Akademie im Jahre 1889 ausgegangen. Sie lautete: Wie stabil ist unser Planetensystem? Die Frage erstreckte sich damit zunächst auf die Stabilität evolvierender mechanischer Systeme. Ich nenne sie die »Schwedische Akademiefrage«. Wir werden auf sie noch in Kapitel 6 zurückkommen. Eine ähnlich fruchtbare und weitreichende

Fragestellung wie die für die Astronomie ist für die Biologie die folgende: Wie stabil ist unser genetisches System? So wie die erste Frage letztlich zum Verständnis der Ursachen von mechanischer Formenbildung (Kap. 6) geführt hat, so führt die letztere, die ich die »Göttinger Akademiefrage«* nennen möchte, zum Verständnis des Mechanismus der biochemischen Formenbildung.[16] Was auf den ersten Blick als Fehler erscheint, nämlich die Mutation infolge eines Kopierfehlers oder der chemischen Instabilität der Nukleinsäure, ist letztlich ein Gewinn an Flexibilität und Anpassungsfähigkeit, ja es befähigt das genetische System überhaupt erst zur Evolution: Gewinn durch Fehler.

* »Göttinger Akademiefrage« deshalb, weil zwei Mitglieder der Göttinger Akademie der Wissenschaften (Manfred Eigen und Friedrich Cramer) ihre wissenschaftliche Arbeit der letzten zehn Jahre der Beantwortung dieser Frage gewidmet haben.

Hans Magnus Enzensberger

Blindenschrift

lochstreifen flattern vom himmel
es schneit elektronen-braille
aus allen wolken
fallen digitale propheten

mit verbundenen augen
tastet belsazer
die flimmernde wand ab:
mit händen zu greifen

immer dasselbe programm:
meneh tekel
meneh meneh tekel
meneh tekel

gezeichnet:
unleserlich

nimm die binde ab
könig mensch und lies
unter der blinden schrift
deinen eigenen namen

3. Gene, Genkarten, Gentherapie – ein Komplexitätsproblem

Dialog zwischen Johann Wolfgang von Goethe und Charles Darwin über die Evolution, das Natürliche und das Göttliche[1]

DARWIN: Sie haben ja, verehrter Herr Geheimrat, *ein Gesetz der Kompensation oder des Gleichgewichts des Wachstums aufgestellt, demzufolge die Natur gezwungen ist, auf der einen Seite sparsam zu sein, um auf der andern geben zu können,* wie Sie sagen. Dieses Gesetz betrachte ich als eine wichtige Grundlage für meine Theorie.

GOETHE: Vielen Dank, Hochwürden. Ja, ich prägte die Begriffspaare von »*Macht und Schranken*«, von »*Willkür und Gesetz*«, von »*Freiheit und Maß*«, von »*beweglicher Ordnung*«. Sie würden es heute vielleicht »Potentiale und Randbedingungen«, »statistische Schwankungen und Naturgesetze«, »Zufall und Notwendigkeit«, kurz »Evolution« nennen.

DARWIN: Ganz recht, Herr Geheimrat, ich glaube mit meiner Theorie den Mechanismus der Evolution aufgedeckt zu haben, der etwa so funktioniert: *Da viel mehr Einzelwesen jeder Art geboren werden, als leben können, und da infolgedessen der Kampf ums Dasein dauernd besteht, so muß jedes Wesen, das irgendwie vorteilhaft von den anderen abweicht, unter denselben komplizierten und oft sehr wechselnden Lebensbedingungen bessere Aussicht für das Fortbestehen haben und also von der Natur zur Zucht ausgewählt werden. Nach dem Prinzip der Vererbung hat dann jede durch Zuchtwahl entstandene Varietät die Neigung, ihre neue veränderte Form fortzupflanzen.*

In Übereinstimmung mit der Theorie der natürlichen Zuchtwahl muß eine unendliche Zahl von Zwischenformen gelebt haben, die in allmählichen Übergängen die Arten der Gruppen verbanden, wie es ganz ähnlich bei den Varietäten der Fall ist; man könnte deshalb fragen, warum wir diese Bindeglieder nicht finden. Und warum bilden ferner nicht alle Lebewesen ein unentwirrbares Chaos? Hinsichtlich der heute lebenden Formen müssen wir im Auge behalten, daß wir (seltene Fälle ausgenommen) kein Recht haben, unmittelbare Bindeglieder zwischen ihnen zu erwarten, sondern nur solche, die zwischen einer noch lebenden und einer ausgestorbenen Form vermitteln.

GOETHE: Ich habe ja, wie Sie wissen, Verehrtester, nach solchen Bindegliedern gesucht, nicht ganz ohne Erfolg, wie ich mir schmeicheln darf, denn 1784 fand ich bei meinen ausgiebigen anatomischen Studien den Zwischenkieferknochen – leider eine in Ihrer Generation weitgehend vergessene Entdeckung.

DARWIN (hastig dazwischen): Oh, nicht bei mir, lieber Herr von Goethe, ich habe Sie in meinem Hauptwerk mehrfach ausdrücklich zitiert.

GOETHE: Gut, gut; *ich weiß es wohl zu schätzen, daß ich schon seit einiger Zeit vom Auslande her angeregt wurde, die Naturwissenschaften wieder aufzunehmen. Das liebe Deutschland hat etwas ganz eigentlich Wunderliches in seiner Art; ich habe redlich aufgepaßt, ob bei den nun seit drei Jahren eingeleiteten und durchgeführten Versammlungen der Naturforscher und Ärzte mich auch nur etwas berühre, anrühre, anrege, mich, der ich seit fünfzig Jahren leidenschaftlich den Naturbetrachtungen ergeben bin; es ist mir aber, außer gewissen Einzelheiten, die mir aber eigentlich doch auch nur Kenntnis gaben, nichts zu Teil geworden, keine neue Forderung ist an mich gelangt, keine neue Gabe ward mir angeboten.*

Aber ich will mich in meinem Alter nicht beklagen, schon gar nicht bei Ihnen, Hochwürden. Lassen Sie mich auf eine Schwierigkeit bei der Akzeptanz Ihrer Theorie zu sprechen kommen. *Es ist dem Menschen natürlich, sich als das Ziel der Schöpfung zu betrachten und alle übrigen Dinge nur in bezug auf sich und insofern sie ihm dienen und nützen. Er bemächtiget sich der vegetabilischen und animalischen Welt, und indem er andere Geschöpfe als passende Nahrung verschlingt, erkennet er seinen Gott und preiset dessen Güte, die so väterlich für ihn sorget. Der Kuh nimmt er die Milch, der Biene den Honig, dem Schaf die Wolle, und indem er den Dingen einen ihm nützlichen Zweck gibt, glaubt er auch, daß sie dazu sind geschaffen worden. Ja er kann sich nicht denken, daß nicht auch das kleinste Kraut für ihn da sei, und wenn er dessen Nutzen noch gegenwärtig nicht erkannt hat, so glaubt er doch, daß solches sich künftig ihm gewiß entdecken werde.*

Und wie der Mensch nun im allgemeinen denkt, so denkt er auch im besonderen, und er unterläßt nicht, seine gewohnte Ansicht aus dem Leben auch in die Wissenschaft zu tragen und auch bei den einzelnen Teilen eines organischen Wesens nach deren Zweck und Nutzen zu fragen.

Dies mag auch eine Weile gehen, und er mag auch in der Wissenschaft eine Weile damit durchkommen; allein gar bald wird er auf Erscheinungen stoßen, wo er mit einer so kleinen Ansicht nicht ausreicht und wo er, ohne höheren Halt, sich in lauter Widersprüche verwickelt. Solche Nützlichkeitslehrer sagen wohl: der Ochse habe Hörner, um sich damit zu wehren. Nun frage ich aber: warum hat das Schaf keine? und wenn es welche hat, warum sind sie ihm um die Ohren gewickelt, so daß sie ihm zu nichts dienen? Etwas anderes aber ist es, wenn ich sage: der Ochse wehrt sich mit seinen Hörnern, weil er sie hat.

Die Frage nach dem Zweck, die Frage Warum? ist durchaus nicht wissenschaftlich. Etwas weiter aber kommt man mit der Frage Wie? Denn wenn ich frage: wie hat der Ochse Hörner? so führet mich das auf die Betrachtung seiner Organisation und belehret mich zugleich, warum der Löwe keine Hörner hat und haben kann.

So hat der Mensch in seinem Schädel zwei unausgefüllte hohle Stellen. Die Frage Warum? würde hier nicht weit reichen, wogegen aber die Frage Wie? mich belehret, daß diese Höhlen Reste des tierischen Schädels sind, die sich bei solchen geringeren Organisationen in stärkerem Maße befinden und die sich beim Menschen, trotz seiner Höhe, noch nicht ganz verloren haben.

Noch eine andere Verständnisschwierigkeit gibt es bei der Popularisierung Ihrer Theorie: *Der Begriff vom Entstehen ist uns ganz und gar versagt; daher wir, wenn wir etwas werden sehen, denken, daß es schon dagewesen sei.*

DARWIN: Wie gründlich Sie sich mit meinen Gedanken beschäftigt haben, hochverehrter Herr Geheimrat! *Da die natürliche Zuchtwahl nur durch Häufung kleiner aufeinanderfolgender günstiger Abänderungen wirkt, so kann sie keine großen oder plötzlichen Modifikationen hervorrufen. Daher die Regel: »Natura non facit saltum«, die sich mit jeder neuen Erfahrung zu befestigen scheint und nach meiner Theorie auch durchaus verständlich ist. Wir erkennen, warum in der Natur dasselbe Ziel auf unendlich verschiedenen Wegen erreicht wird, denn jede einmal erworbene Eigentümlichkeit wird lange Zeit hindurch vererbt und die in mannigfaltiger Weise abgeänderten Organe müssen ein und demselben Zwecke dienstbar gemacht werden. Kurzum wir erkennen, warum die Natur so verschwenderisch ist in Abänderungen und so geizig in Neuerungen. Warum dies aber ein Gesetz der Natur sein solle, wenn alle Arten unabhängig erschaffen wären, vermöchte niemand zu sagen.* Alle Arten passen in einen gemeinsamen Stammbaum, der nicht nur symbolisch, sondern realhistorisch zu verstehen ist, als ein in sich geschlossenes System.

GOETHE: Das ist mir zu mechanisch, Hochwürden. *Die Natur hat kein System, sie hat, sie ist Leben und Folge aus einem unbekannten Zentrum zu einer nicht erkennbaren Grenze. – Allein was sie im Ganzen versagt, gestattet sie desto williger im Einzelnen. Jedes besondere Naturwesen beschreibt, außer dem großen*

Kreislauf alles Lebens, an dem es teilhat, noch eine engere, ihm eigentümliche Bahn, und das Charakteristische derselben, welches sich, aller Abweichungen ungeachtet, in einem Umlaufe wie in dem andern durch die fortgesetzte Reihe der Geschlechter ausspricht, dies beharrlich Wiederkehrende im Wechsel der Erscheinungen, bezeichnet die Art. Aus innigster Überzeugung behaupte ich fest: gleicher Art ist, was gleiches Stammes ist. Es ist unmöglich, daß eine Art aus der andern hervorgehe; denn nichts unterbricht den Zusammenhang des nacheinander Folgenden in der Natur; gesondert besteht allein das ursprünglich nebeneinander Gestellte.

DARWIN (beiseite): Oh Gott, teutonische Schwärmerei! (laut) Verehrtester Herr von Goethe, *welche Grenzen können einer Macht gezogen sein, die während langer Zeiten aufs strengste die ganze Konstitution, den Bau und die Lebensgewohnheiten der Geschöpfe prüft, das Gute begünstigt und das Schlechte ausmerzt? Ich sehe nichts, was diese Macht verhindern könnte, langsam und wunderbar eine jede Form ihren verwickelten Lebensverhältnissen anzupassen. Die Theorie der natürlichen Zuchtwahl scheint mir, selbst wenn wir uns auf sie beschränken, die größte Wahrscheinlichkeit für sich zu haben.*

GOETHE (kalt): *Das Einfache durch das Zusammengesetzte, das Leichte durch das Schwierige erklären zu wollen ist ein Unheil, das in dem ganzen Körper der Wissenschaft verteilt ist, von den Einsichtigen wohl anerkannt, aber nicht überall eingestanden.*

DARWIN: Der Mechanismus meiner Theorie, den wir im einzelnen natürlich noch nicht kennen, mag kompliziert sein. Aber die Theorie ist doch einfach, Herr Geheimrat. Freilich gibt es in Stammbäumen Verzweigungspunkte, wo Entwicklungen auseinanderlaufen, Fulgurationen. So nur entsteht ja Neues. *Ein Körnchen in der Waagschale entscheidet mitunter, welche Individuen weiterleben und welche sterben sollen, welche Varietät oder Art an Zahl wachsen und welche abnehmen und schließlich vollkommen aussterben soll. Da die Individuen derselben Art immer am meisten miteinander in Wettbewerb treten, so ist gewöhnlich auch zwischen ihnen der Kampf am heftigsten. Fast ebenso heftig entbrennt er zwischen den Varietäten derselben Art und sodann zwischen den Arten derselben Gattung. Anderseits wird der Kampf oft auch nachdrücklich sein zwischen Wesen, die auf der Stufenleiter der Natur weit auseinanderstehen. Der geringste Vorteil, den einzelne Individuen zu irgendeiner Lebens- oder Jahreszeit vor ihren Mitbewerbern voraushaben, oder die geringste bessere Anpassung an die physikalischen Bedingungen der Umgebung kann früher oder später das Gleichgewicht stören.* Evolution ist eben kein Gleichgewichtssystem.

Wie viele Generationen ein solcher Artenübergang dauert, können wir jetzt noch nicht sagen. Mit Ihrer großartigen Entdeckung des Os intermaxillare haben Sie doch selbst diesen Weg vorgezeichnet (Goethe nickt versöhnt, beifällig).

Organe in rudimentärem Zustande beweisen deutlich, daß sie ein früherer Stammvater noch völlig entwickelt besaß, was in manchen Fällen eine ungeheure Menge von Abänderungen bei den Nachkommen voraussetzt. In ganzen Klassen sind verschiedene Gebilde nach demselben Grundplan geformt, und auf einer sehr frühen Entwicklungsstufe gleichen die Embryonen einander vollkommen. Ich kann deshalb nicht daran zweifeln, daß die Theorie der Abstammung mit Modifikationen alle Glieder derselben großen Klasse oder desselben großen Reiches umfaßt. Ich glaube, daß die Tiere von höchstens vier oder fünf Vorfahren abstammen, die Pflanzen von derselben oder einer noch kleineren Anzahl.

Die Analogie würde mich noch einen Schritt weiter führen, nämlich zu der Annahme, daß alle Tiere und Pflanzen von einer einzigen Urform abstammen. Aber die Analogie ist als Führerin unzuverlässig. Trotzdem haben alle lebenden Wesen sehr vieles gemeinsam in ihrer chemischen Zusammensetzung, ihrem Zellenbau, ihren Wachstumsgesetzen und ihrer Empfindlichkeit gegen schädliche Einflüsse. Wir sehen dies sogar an der scheinbar geringfügigen Tatsache, daß dasselbe Gift auf Pflanzen und Tiere oft gleichartig wirkt oder daß das von einer Gallwespe abgesonderte Gift monströse Wucherungen an der wilden Rose wie an der Eiche hervorbringt. Daraus muß man doch schließen, daß die grundsätzlichen biochemischen Vorgänge vom Ursprung des Lebens an dieselben sind. Sie haben doch seinerzeit selbst über die »Urpflanze« geschrieben, was ich gleichfalls sehr bewundere, lieber Herr von Goethe.

GOETHE (jetzt ganz jovial aufgeräumt in alten Briefen blätternd): Freilich, schon 1787 schrieb ich aus Italien an meine Weimarer Freundin: *». . . daß ich dem Geheimniß der Pflanzenzeugung und Organisation ganz nahe bin . . . Die Urpflanze wird das wunderlichste Geschöpf von der Welt über welches mich die Natur selbst beneiden soll. Mit diesem Modell und dem Schlüssel kann man alsdann noch Pflanzen ins Unendliche erfinden, . . . dasselbe Gesetz wird sich auf alles übrige Lebendige anwenden lassen.«*

Vor den Urphänomenen, wenn sie unseren Sinnen enthüllt erscheinen, fühlen wir eine Art von Scheu, bis zur Angst. Die sinnlichen Menschen retten sich ins Erstaunen.

Wenn ein Wissen reif ist, Wissenschaft zu werden, so muß notwendig eine Krise entstehen; denn es wird die Differenz offenbar zwischen denen, die das Einzelne trennen und getrennt darstellen, und solchen, die das Allgemeine im Auge haben und gern das Besondere an- und einfügen möchten. So geht es wohl vielen, die zum ersten Male mit Ihrer Theorie der Evolution konfrontiert werden. So auch mir; verzeihen Sie bitte meine leichte Verstimmung von vorhin, Hochwürden!

DARWIN (lebhaft, fast sich vergessend): Never mind, Verehrtester, so geht es doch zu im wissenschaftlichen Diskurs.

Es ist kaum anzunehmen, daß eine falsche Theorie so ausgezeichnet die verschiedenen angeführten Tatsachen zu erklären vermöchte wie die Theorie der natürlichen Zuchtwahl. Man hat behauptet, meine Art der Beweisführung sei unklar. Allein ich verwende die gleiche Methode, die bei der Beurteilung der gewöhnlichen Lebenserscheinungen benutzt und oft von den größten Naturforschern angewandt worden ist. Auf dieselbe Weise gelangte Newton zu der Theorie von der Wellenbewegung des Lichts.

GOETHE (zuckt getroffen zusammen, dann heftig): Bitte, Hochwürden, Sie sind Biologe; *lassen Sie Newton im Grabe ruhen: Von seiner Optik müssen Sie gar nichts wissen. Es ist gar zu dumm, und man glaubt nicht, welchen Schaden es einem guten Kopfe tut, wenn er sich mit etwas Dummem befaßt. Bekümmern Sie sich nicht um die Newtonianer, lassen Sie sich mit meiner reinen Lehre begnügen und Sie werden gut dabei stehen.*

DARWIN (betreten, einsehend, daß er einen schweren Fehler gemacht hat): Verzeihen Sie, hochverehrter Herr Geheimrat, es ist mir so rausgerutscht, aber ich weiß wohl um die großen Verdienste Ihrer Farbenlehre und will auch mich nicht auf das Gebiet der Physik vorwagen. Wenn Sie mich nur noch eine Minute anhören wollen, so will ich Ihnen *noch einige Argumente entkräften, die gegen meine Theorie vorgebracht wurden. Es ist kein begründeter Einwurf: Die Wissenschaft habe bisher kein Licht über das viel höhere Problem vom Wesen oder vom Ursprung des Lebens verbreitet. Wer kennt denn das Wesen der Anziehungskraft oder der Schwerkraft? Niemand zögert die aus dem unbekannten Element der Anziehung hergeleiteten Resultate anzuerkennen, obwohl einst Newton von Leibniz beschuldigt wurde, er habe »geheime Eigenschaften und Wunder in die Philosophie eingeführt«.*

Ich sehe auch keinen vernünftigen Grund, warum die in diesem Werke entwickelten Ansichten irgendwie religiöse Gefühle verletzen sollten. Um zu zeigen, wie vorübergehend solche Befürchtungen sind, brauche ich wohl nur an die größte Entdeckung zu erinnern, die je einem Menschen gelungen ist, an Newtons Gravitationsgesetz, das Leibniz angriff, weil es »die natürliche Religion erschüttere und die geoffenbarte verleugne«. Ein berühmter geistlicher Schriftsteller schrieb mir, er habe »allmählich einsehen gelernt, daß es ebenso erhaben sei, von der Gottheit zu glauben, sie habe nur wenige der Fortentwicklung zu anderen Formen fähige Ursprungstypen erschaffen, als anzunehmen, sie habe immer neue Schöpfungsakte ins Werk setzen müssen, um die durch die Wirkung ihrer Gesetze verursachten Lücken auszufüllen«.

GOETHE: Sehr recht haben Sie, Hochwürden. *Man muß das Naturwissenschaftliche, das Menschliche und das Göttliche klar scheiden. Und doch wirken die drei Bereiche unseres Wesens in schöner Weise aufeinander und miteinander. Ohne meine Bemühungen in den Naturwissenschaften hätte ich die Menschen nie kennengelernt, wie sie sind. In allen anderen Dingen kann man dem reinen Anschauen und Denken, den Irrtümern der Sinne wie des Verstandes, den Charakterschwächen und -stärken nicht so nachkommen; es ist alles mehr oder weniger biegsam und schwankend und läßt alles mehr oder weniger mit sich handeln; aber die Natur versteht gar keinen Spaß, sie ist immer wahr, immer ernst, immer strenge, sie hat immer recht, und die Fehler und Irrtümer sind immer des Menschen. Den Unzulänglichen verschmäht sie, und nur dem Zulänglichen, Wahren und Reinen ergibt sie sich und offenbart ihm ihre Geheimnisse.*

Der Verstand reicht zu ihr nicht hinauf, der Mensch muß fähig sein, sich zur höchsten Vernunft erheben zu können, um an die Gottheit zu rühren, die sich in Urphänomenen, physischen wie sittlichen, offenbaret, hinter denen sie sich hält und die von ihr ausgehen.

(Darwin wird unruhig, hält sich aber zurück.)

Die Gottheit aber ist wirksam im Lebendigen, aber nicht im Toten; sie ist im Werdenden und sich Verwandelnden, aber nicht im Gewordenen und Erstarrten.

Wie glauben Sie, Mister Darwin, wird sich Ihre Theorie weiter entwikkeln, was für Perspektiven sehen sie?

DARWIN: *In einer fernen Zukunft sehe ich ein weites Feld für noch bedeutsamere Forschungen. Die Psychologie wird sicher auf der geschaffenen Grundlage weiterbauen: daß jedes geistige Vermögen und jede Fähigkeit nur allmählich und stufenweise erlangt werden kann. Licht wird auch fallen auf den Menschen und seine Geschichte.*

Die anderen, allgemeineren Zweige der Naturgeschichte werden bedeutend an Interesse gewinnen. Die von den Naturforschern gebrauchten Begriffe Verwandtschaft, Einheit der Grundform, Elternschaft, Morphologie, Anpassungsmerkmale, rudimentäre und abortierte Organe usw. werden aufhören, bildlich zu sein, und volle Bedeutung erlangen. Wenn wir vielmehr die Tiere und Pflanzen als etwas ansehen, das eine lange Geschichte hat, und in jedem zusammengesetzten Gebilde oder in jedem Instinkt das Gesamtergebnis vieler für seinen Besitzer nützlicher Abänderungen erblicken, in derselben Weise etwa, wie eine bedeutende mechanische Erfindung das Gesamtergebnis von Arbeit, Erfahrung und Verstand, vielleicht gar der Fehler einzelner Arbeiter ist – wenn wir in solcher Weise die Lebewesen betrachten, so wird das Studium der Naturwissenschaft wesentlich fesselnder sein.

Ein großes, fast noch unbetretenes Feld wird sich den Untersuchungen der Ursachen und Gesetze der Variation, der Wechselbeziehungen, der Wirkungen des Gebrauchs und des Nichtgebrauchs, der direkten Einflüsse äußerer Bedingungen usw. erschließen. Das Studium der Haustiere und Kulturpflanzen wird gewaltig im Werte steigen. Eine vom Menschen gezüchtete neue Varietät wird mehr bedeuten und lehrreicher sein als die Vermehrung der Unzahl bereits verzeichneter Arten durch eine neue. Unsere Klassifikation wird soweit wie möglich eine genealogische werden und dann in Wahrheit einen wirklichen sogenannten »Schöpfungsplan« darstellen.

GOETHE: Ich meinte mit meiner Frage nach den Perspektiven eigentlich mehr die praktische Seite, den tätigen Nutzen für die Menschheit. *Was uns die nächsten Jahre bringen werden, ist durchaus nicht vorherzusagen; doch ich fürchte, wir kommen so bald nicht zur Ruhe. Es ist der Welt nicht gegeben, sich zu bescheiden, den Großen nicht, daß kein Mißbrauch der Gewalt stattfinde, und der Masse nicht, daß sie in Erwartung allmählicher Verbesserungen mit einem mäßigen Zustande sich benüge. Könnte man die Menschheit vollkommen machen, so wäre auch ein vollkommener Zustand denkbar; so aber wird es ewig herüber- und hinüberschwanken, der eine Teil wird leiden, während der andere sich wohl befindet, Egoismus und Neid werden als böse Dämonen immer ihr Spiel treiben.*

DARWIN (beiseite): Typical German »Weltschmerz«! (dann laut) Den praktischen Nutzen etwa in der Pflanzen- und Tierzüchtung, der sich aus meiner Evolutionstheorie ergeben wird, vermag ich nicht abzuschätzen. Wie Sie wissen, züchte ich Rosen. Aber das ist mein privates Hobby. Mein Interesse an der Entstehung der Arten ist rein wissenschaftlich. *Es ist wahrlich etwas Erhabenes um die Auffassung, daß der Schöpfer den Keim alles Lebens, das uns umgibt, nur wenigen oder gar nur einer einzigen Form eingehaucht hat und daß, während sich unsere Erde nach den Gesetzen der Schwerkraft im Kreise bewegt, aus einem so schlichten Anfang eine unendliche Zahl der schönsten und wunderbarsten Formen entstand und noch weiter entsteht.*

GOETHE: Nur der Keim des Lebens vom Schöpfer? Das ist mir wieder zu mechanistisch, Hochwürden. *Und überhaupt, was ist es und was soll es? Gott hat sich nach den bekannten imaginierten sechs Schöpfungstagen keineswegs zur*

Ruhe begeben, vielmehr ist er noch fortwährend wirksam wie am ersten. Diese plumpe Welt aus einfachen Elementen zusammenzusetzen und sie jahraus, jahrein in den Strahlen der Sonne rollen zu lassen, hätte ihm sicher wenig Spaß gemacht, wenn er nicht den Plan gehabt hätte, sich auf dieser materiellen Unterlage eine Pflanzschule für eine Welt von Geistern zu gründen. So ist er nun fortwährend in höheren Naturen wirksam, um die geringeren heranzuziehen.
Nun, ich bin ein alter Mann von fast 83 Jahren.* Mein lieber Mister Darwin, Sie sind genau sechzig Jahre jünger als ich. Da ist es wohl kein Wunder, wenn wir die Bedeutung unserer Wissenschaft verschieden einschätzen.
Leben Sie wohl! (Darwin verbeugt sich und geht.)

Gene kann man zerlegen und wieder zusammensetzen

Gene sind die kleinsten materiellen Einheiten der Vererbung, sie sind – wir wir schon gesehen haben – die Atome der Vererbung. Das heißt allerdings nicht, daß wir Gene nicht weiter zerlegen könnten. Bekanntlich bestehen sie aus einer Folge von Nukleinsäurebausteinen, die man mit Hilfe von chemischen Reagenzien auseinanderzuschneiden vermag. Die »atomare« Eigenschaft besteht also nur im Hinblick auf das biologische Phänomen Vererbung, nicht jedoch in bezug auf die chemische Unterstrukturierung, die Zusammensetzung aus Einzelbausteinen, die wiederum aus Kohlenstoff-, Wasserstoff-, Stickstoff-, Sauerstoff- und Phosphoratomen bestehen. Auch die Atomtheorie der Elemente gilt ja unverändert, obwohl man heute weiß, daß der Atomkern aus Bausteinen zusammengesetzt ist.
Es ist ohne weiteres möglich, Nukleinsäure auf chemischem Wege in die einzelnen Bausteine zu zerlegen, durch Spaltung mit Wasser eine sogenannte Hydrolyse zu erreichen. Die rein chemische Hydrolyse bedeutet aber zunächst ein ziemlich wahlloses Zerschlagen des langen Molekülstranges. Um die Struktur der Nukleinsäure ermitteln zu können, muß man den langen molekularen Faden an ganz spezifischen und relativ wenigen Stellen schneiden können. Dies ist möglich mit Hilfe der

* Die Sätze des vorhergehenden Absatzes wurden elf Tage vor Goethes Tod von Eckermann aufgezeichnet.

sogenannten Restriktionsenzyme.[2] Diese Enzyme sind für bestimmte Sequenzen in der Nukleinsäurekette spezifisch und schneiden infolgedessen nur an denjenigen Stellen, wo diese Sequenzen vorhanden sind. In Abbildung 3.1 ist eine Nukleinsäure mit zahlreichen solchen Schnittstellen dargestellt.

Diese zirkuläre Nukleinsäure, ein sogenanntes Plasmid, wird benützt, um Gene in Bakterien einzuschleusen. An den zahlreichen auf dem Außenring bezeichneten Stellen kann man in bestimmter Weise schnei-

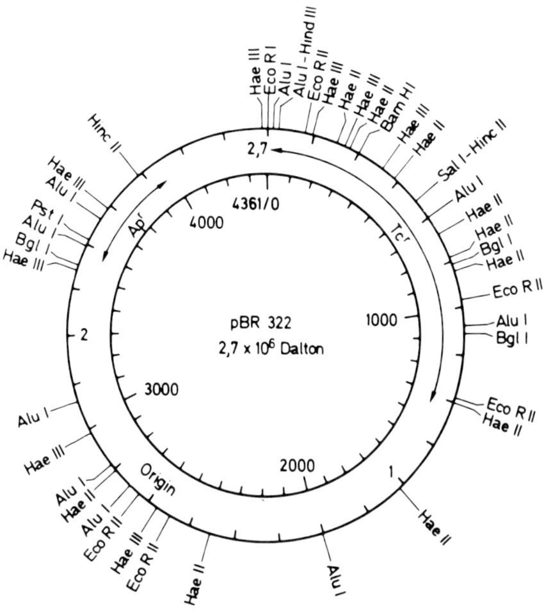

Abb. 3.1: Die Restriktionsgenkarte des bekanntesten Plasmids: pBR 322. BR sind die Anfangsbuchstaben der Namen der beiden Plasmid-Konstrukteure: Bolivar und Rodriguez. Auf dem äußeren Kreis sind die Schnittstellen für die Restriktionsenzyme angegeben. Der innere Kreis gibt die Zahl der Basenpaare (bp) an, wobei die Zählung von der Eco R1-Schnittstelle aus erfolgt. Zwischen den beiden Kreisen ist die Lage der Genorte für die Ampicillin- und Tetrazyklin-Resistenz-Gene (Ap^r und Tc^r) sowie der Startpunkt der Replikation (Origin) angegeben. Schnittstellen sind hier mit römischen Ziffern bezeichnet.

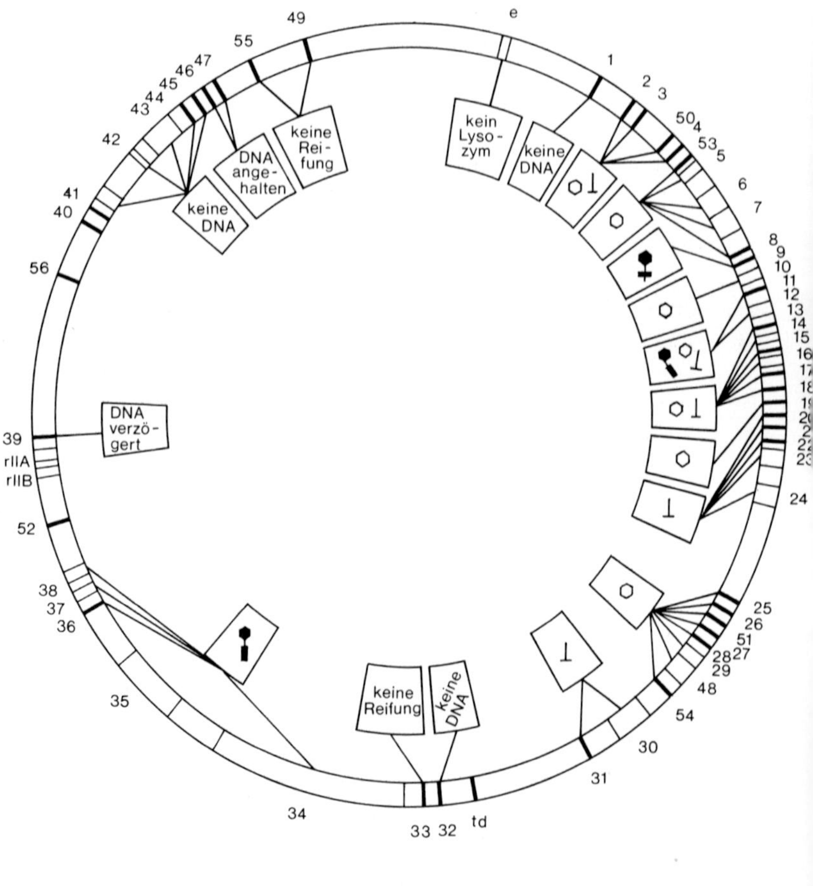

Abb. 3.2: Funktionale Genkarte des Bakteriophagen T4. Die Zahlen beziehen sich auf 56 Gene, in denen bedingte Letalmutationen lokalisierbar waren. Die Bezeichnungen in den Kästchen geben die Funktion der jeweiligen Gene an, also etwa: keine DNA = bei dieser Mutation fällt die DNS-Synthese aus. Die einzelnen Kästchen zeigen an, welche Änderung in dem von dieser Nukleinsäure codierten Organismus auftritt, wenn an dieser Stelle die Nukleinsäure verändert wird.

den und zwischen die offenen Enden ein fremdes Gen einsetzen. Dabei hat man es in der Hand, durch Auswahl des entsprechenden Restriktionsenzyms die Nukleinsäure des Plasmids in bestimmter Weise zu schneiden. Solche Nukleinsäurestücke, die in Bakterien oder höheren Organismen selbständig vermehrt werden, nennt man Plasmide oder Vektoren (von lat. *vehere*: fortbewegen), weil sie als Vehikel oder Vektoren für andere Gene dienen. Durch spezifisches Schneiden von diesen und vielen anderen bakteriellen und höheren Genen kann man die Gene auf der Nukleinsäure lokalisieren und eine »Genkarte« anlegen. Die Genkarte eines sehr einfachen Organismus, des Bakteriophagen T4, ist in Abbildung 3.2 gezeigt.
Mit Hilfe solcher Plasmide lassen sich also Gene in Zellen einschmuggeln und in diesen Zellen vermehren. Unter geeigneten Bedingungen werden diese Gene dann auch in das eigentliche Genom des betreffenden Organismus eingebaut. Man kann also Gene und Gengruppen zerlegen und wieder zusammensetzen. Die Techniken hierfür sind verfügbar und können von jedem Chemie- oder Biologiestudenten erlernt werden.

Gene kann man lesen

Nach einem ähnlichen Verfahren läßt sich durch eine chemische Abbaumethode (Kettenabbruch oder spezifische Kettenspaltung) und durch radioaktive Markierung die Reihenfolge (Sequenz) der Nukleinsäurebausteine ermitteln.[4, 5] Die Kette wird nach jedem Glied je einmal geschnitten und das Ende spezifisch markiert. Die einzelnen Ketten werden dann im elektrischen Feld nach der Länge geordnet. Mit einiger Übung kann man daraus direkt die Sequenz ablesen (Abb. 3.3[6]). Das ist freilich leichter mit einem kurzen Satz gesagt, als in der Wirklichkeit des Laboratoriums getan. Es erfordert theoretische Kenntnisse und bestimmte praktische Fähigkeiten, die eingeübt werden müssen wie die handwerklichen Fähigkeiten eines Uhrmachers oder Diamantenschleifers. An der in Abbildung 3.4 gezeigten Sequenz haben vier Mitarbeiter des Max-Planck-Instituts für experimentelle Medizin etwa ein Jahr gearbeitet.
Einzelne Restriktionsfragmente von längeren Genen lassen sich sequenzieren. In einer Art Puzzlespiel muß man dann aus den einzeln ermittelten Sequenzen die Gesamt-Reihenfolge der Nukleinsäure rekonstruieren.

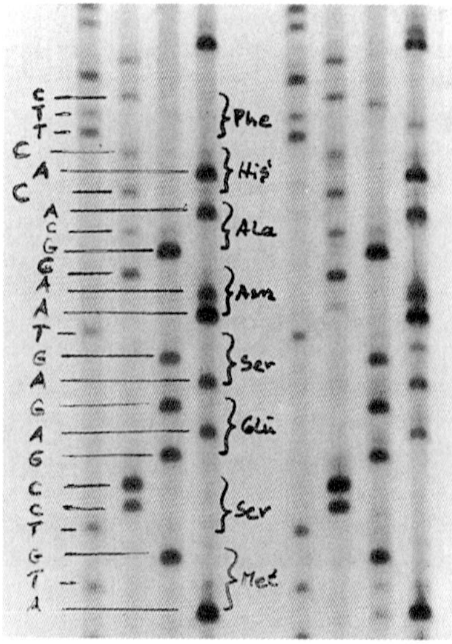

Abb. 3.3: Sequenzierungsgel eines Teilstückes der Isoleucyl-tRNS-Synthetase nach der Methode von F. Sanger.[5] Dies ist der Anfang des codierenden Teiles, nämlich die Aminosäuren 1 bis 8 (vgl. Abb. 3.4) beziehungsweise die Nukleotide 1 bis 24.[6]

Das längste bisher sequenzierte Nukleinsäurestück ist der Bakteriophage Lambda mit 46 000 Kettengliedern. Die Methode ist inzwischen so ausgereift und genau, daß bei einer unabhängigen Parallelbestimmung in zwei verschiedenen Laboratorien nur ein Fehler gefunden wurde, der dann geklärt werden konnte.

In Abbildung 3.4 ist ein Teil der Sequenz der Isoleucyl-tRNS-Synthetase gezeigt, also desjenigen Enzymproteins, das Isoleucin in alle Proteine einbaut und dabei das in Kapitel 2, S. 59, dargestellte Korrekturlesen durchführt[7]. Das Gesamtmolekül hat 3826 Basenpaare. Die Sequenz soll von links nach rechts Zeile für Zeile gelesen werden wie ein normaler Text. Oben ist die DNS-Sequenz angegeben, die ermittelt wurde, darunter die entsprechende Proteinsequenz, die sich nach dem genetischen Code eindeutig daraus ergibt. Die eigentlich codierende Sequenz beginnt nach 300 Basen. Die Information des gesamten menschlichen Genoms würde in dieser Schreibweise eine Bibliothek mit 500 000 Seiten oder tausend Bände mit je 500 Seiten füllen. An ihrer Entschlüsselung wird zur Zeit weltweit gearbeitet.

```
-300 CCCAACTCGGGTGCTACGGGAGGTGGAGAAGATACAGGTCCAACAGTGGAAGAGTTGATTGATTATTCTTCTATA
-225 AGTGTTCTATTTAGCTACTTTTTATGTTTAACCTTTTATACGATGGCGGGTAATCTATCCATGATGACGAAAAAT
-150 TTTTTTTTTTTTTGTTTCCGCAGCACGCAAGAAATCTCGAAACAATGATGACTCTTAAGCATGAAAAATATCATT
 -75 TTGCGCTTTAAACTAGATTGATGTTACTCGACTTCCTACAACCTTTAGCCAAAAGCTTCAAAAAACCAAGGAAAT

  +1 ATGTCCGAGAGTAACGCACACTTCTCATTTCCAAAGGAGGAAGAAAAAGTTCTATCTCTTTGGGATGAAATAGAT
   1 MetSerGluSerAsnAlaHisPheSerPheProLysGluGluGluLysValLeuSerLeuTrpAspGluIleAsp

 +76 GCCTTTCATACTTCATTAGAATTAACAAAAGACAAACCGGAGTTTTCCTTCTTCGATGGGCCTCCATTTGCCACC
  26 AlaPheHisThrSerLeuGluLeuThrLysAspLysProGluPheSerPhePheAspGlyProProPheAlaThr
-.-.-.-.-.-.-.-.-.-.-.-.-.-.-.-.-.-.-.-.-.-.-.-.-.-.-.-.-.-.-.-.-.-.-.-.-.-.-.-

+3001 AAGAAGTGTGGTTTGGAAGCCACCGACGATGTTTTAGTGGAGTACGAATTAGTTAAAGATACTATCGACTTTGAA
 1001 LysLysCysGlyLeuGluAlaThrAspAspValLeuValGluTyrGluLeuValLysAspThrIleAspPheGlu

+3076 GCCATTGTCAAAGAACATTTTGATATGTTAAGCAAGACCTGTAGATCCGACATTGCCAAATATGACGGCTCAAAG
 1026 AlaIleValLysGluHisPheAspMetLeuSerLysThrCysArgSerAspIleAlaLysTyrAspGlySerLys

+3151 ACAGACCCAATTGGTGATGAAGAACAATCTATTAATGACACCATTTTCAAATTAAAAGTGTTCAAATTATGAAAA
 1051 ThrAspProIleGlyAspGluGluGlnSerIleAsnAspThrIlePheLysLeuLysValPheLysLeu***

+3226 CAACTCATATAAATACGTACAAATTTTTCTCTACTCGAAGTGATATAGATGTATATGTGTAAGTTTACGTTTAAG
+3301 ATTAGAGTCATGTAATGCTAACTGTCTCCACCGATAATGTTGTATAATACCCGTGAAATCATAGCACATGATATA
+3376 TCATCACCCGGAGGCCGGTTATTTTCGGCGGCGGCAAAAATATTTGGTATAATTATGGAAATACAAAAAGGGGAA
+3451 CCATTAAAGGTTGAGGAGGGGATTGATAAGAGAATCTAATAATTGTAAAGTTGAGAAAATCATAATAAAAATAAT
+3526 TACTAGAGACATGAAGTCTAC
```

Abb. 3.4.: Nukleinsäure- und Aminosäuresequenz der Isoleucyl-tRNA-Synthetase. Oben etwa die ersten 450 Buchstaben und unten die letzten 526 von insgesamt 3826 Basenpaaren der Sequenz. Die codierende Sequenz reicht von Nukleotid 1 bis 3222.

Gene kann man im Reagenzglas vollkommen künstlich herstellen

Die chemische Grundstruktur der Nukleinsäure ist bekannt. Die Sequenz einzelner spezifischer Nukleinsäuren kann »gelesen« werden. Damit ist auch die Möglichkeit gegeben, die einzelnen Bausteine zu einem Makromolekül künstlich, rein chemisch ohne Zuhilfenahme von Mikroorganismen oder Enzymen, zusammenzusetzen. Das ist zwar ein äußerst komplexes Problem, das mit der Kettenlänge des zu synthetisierenden Gens exponentiell in seiner Schwierigkeit zunimmt. Es scheint aber im Prinzip lösbar und das um so eher, als man, wie schon geschildert, Genteile, auch wenn sie kürzer sind als das eigentliche Gen, ausschneiden und wieder einsetzen kann. Man muß also nicht das gesamte Gen synthetisieren, sondern nur einen bestimmten Teil, nämlich den, den man ändern will. Für die chemische Synthese von Genbausteinen zum

Einbau in mutierte Gene, als Gensonden oder zum Übertragen von neuen Eigenschaften sind in den letzten Jahren eine Reihe von Verfahren entwickelt worden[8]. Diese Verfahren sind zum Teil so gut automatisiert, daß man mit Hilfe einer programmierten Maschine über Nacht ein beliebiges Genstück synthetisieren lassen kann. Rein chemisch können wir kurze Nukleinsäureketten, Oligonukleotide von etwa 150 Kettengliedern, synthetisieren. Diese lassen sich dann leicht mit Hilfe von zelleigenen Enzymen zusammenknüpfen, so daß man im Prinzip beliebig lange Nukleinsäuren synthetisch erhalten kann. Meistens ist es aber gar nicht notwendig, sehr lange künstliche Nukleinsäure herzustellen, um Gene zu verändern. Ein einziger veränderter Baustein stellt ja bereits eine Mutation dar. Wenn er in eine Zelle eingeschleust wird und sich dort vermehrt, ist die veränderte Erbeigenschaft (Mutation) damit übertragen. Freilich kann man auch längere Genstücke einsetzen. Dem Zusammenkoppeln verschiedenartiger Nukleinsäurestücke, seien sie natürlich oder künstlich, sind theoretisch keine Grenzen gesetzt. In der praktischen Durchführung kann das Problem beliebig komplex werden.

Gene kann man verändern und wieder in den Organismus zurückgeben

Aus dem bisher Gesagten geht hervor, daß man Gene spezifisch herausschneiden, verändern und wieder einsetzen kann. Wenn man also ein Gen und dessen Sequenz und Funktion so genau kennt, daß man weiß, welche der Funktionen mit einer gezielten Mutation verändert wird, ist es technisch möglich, Gene herzustellen, die für bestimmte, vorher nicht vorhandene Proteine codieren. Auf diese Weise gelang es zum Beispiel, menschliches Insulin oder das menschliche Wachstumshormon Somatostatin in Colibakterien herzustellen (siehe Tabelle S. 92).
Das Schema der zielgerichteten Mutation ist in Abbildung 3.5 gezeigt.
Man kann also Gene beliebig verändern. Allerdings ist es wegen der Komplexität der Struktur und Funktion der Genprodukte, das heißt der Proteine, oft nicht möglich, vorauszusagen, welchen Effekt die Genveränderung schließlich haben wird.

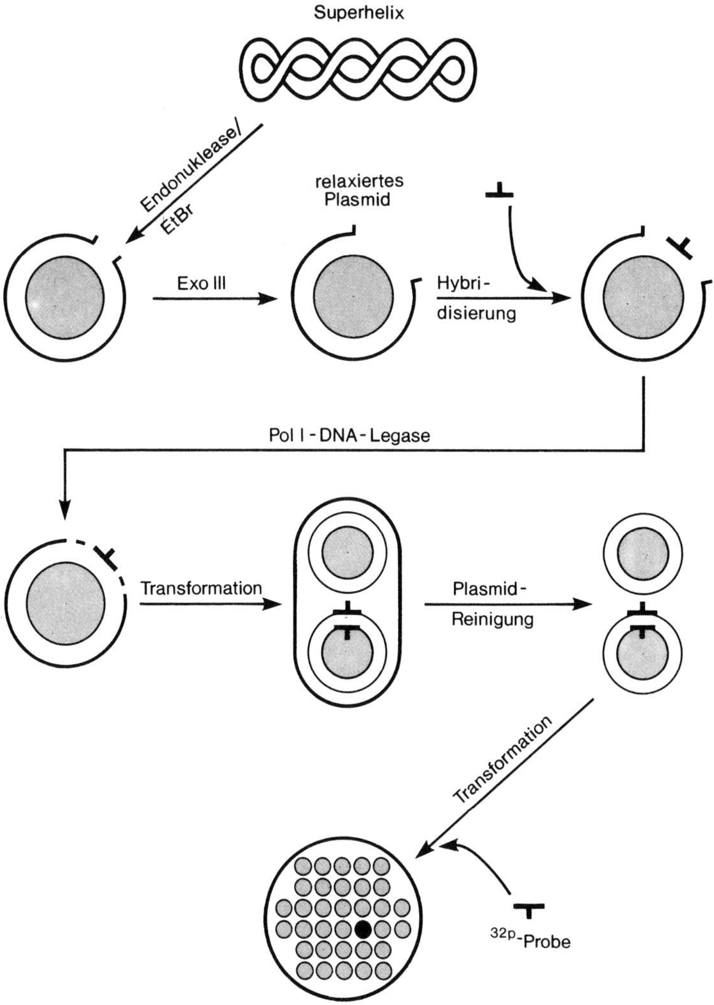

Abb. 3.5: Spezifische Mutagenese durch ein verändertes Oligonukleotid. Das künstliche Nukleinsäurestück wird durch Hybridisierung in das Plasmid eingesetzt und dieses dann biologisch vermehrt.

Übersicht über einige bisher in Bakterien produzierte Humanproteine

Protein	Funktion
Insulin	reguliert den Zuckerstoffwechsel
Wachstumshormon	fördert das Wachstum
Interferon	Virostatikum
Parathormon	reguliert den Calcium-Stoffwechsel
Somatostatin	reguliert die Produktion von Wachstumshormonen
Relaxin	entspannt den Uterus
β-Endorphin	stillt Schmerzen
Faktor VIII	reguliert die Blutgerinnung
Urokinase	löst Blutpfropfen
Superoxid-Dismutase	hemmt Entzündungsprozesse
Hepatitis-β-Antigen	Vakzin gegen Hepatitis
Tumor-Nekrose-Faktor	inhibiert das Wachstum von Tumorzellen

Gentechnologie – Was ist technisch möglich? – Ein Positiv- und Negativkatalog

Wenn im folgenden die Möglichkeiten der Gentechnologie diskutiert werden, dann geschieht das auch im Hinblick auf absehbare oder mögliche Erweiterungen des bisher Machbaren. In vielen Fällen läßt sich absehen, was man in zehn oder zwanzig Jahren können wird, obwohl die Entwicklung sich gegenwärtig überstürzt. Man kann aber auch abschätzen, was niemals möglich sein wird.

Veränderte Funktionen – neue Enzyme

Wir haben oben gesehen, daß die Enzyme, die Genprodukte, verändert werden können, daß ihnen maßgeschneidert neue Funktionen gegeben werden können. So kann man – ein recht einfaches Beispiel – eiweißabbauende Enzyme (Proteasen) so konstruieren, daß sie hitzebeständig werden und dadurch als Zusatz von Waschmitteln die mit Eiweiß verschmutzte Wäsche bei hohen Temperaturen reinigen, indem die zugesetzten hitzestabilen Proteasen das Eiweiß abbauen. Wie man vom Eierkochen weiß, gerinnen Proteine (Eiweiß) bei 50 bis 60 Grad und werden unwirksam.

In vielen schon seit Jahrtausenden bekannten biologischen Prozessen wie der Bierbrauerei oder der Käseherstellung werden Mikroorganismen oder deren Enzyme verwendet. Diese wird man in Zukunft wesentlich spezifischer und gezielter einsetzen können. Dadurch wird eine Verfeinerung der herkömmlichen Biotechnologie möglich.

Proteinproduktion

Schon das Beispiel des Wachstumshormons Somatostatin zeigt, daß man schwierig herzustellende oder nur in geringen Mengen erhältliche Proteine, meistens Hormone, auf dem Umweg über die künstlichen Gene, die in Colibakterien oder Hefe eingeschleust werden, in diesen Mikroorganismen in Massenkulturen produzieren kann. So erzeugtes Insulin oder Somatostatin ist, obwohl in Mikroorganismen hergestellt, *menschliches* Insulin oder Somatostatin. Die physikalischen Eigenschaften und die biologischen Wirkungen sind nicht unterscheidbar. Humaninsulin – bereits heute ein technisches Großprodukt – wird zu überwiegendem Teil auf gentechnologischem Wege gewonnen. Dies stellt eine Erleichterung und Verfeinerung pharmazeutisch-industrieller Möglichkeiten dar, ist aber vielleicht nichts grundsätzlich Neues. Anders ist das bei der Herstellung bestimmter Impfstoffe gegen Viren. Manche Viren, etwa das der Hepatitis B, haben so wenig eigene Eiweißstoffe (Proteine), daß der menschliche Organismus nicht in der Lage ist, Abwehrstoffe (Antikörper) gegen die Proteine dieser Viren zu erzeugen. Deshalb wurde ein für die Virusproteincodierung verantwortlicher DNS-Abschnitt des Virus in Colibakterien geklont.* Die Colibakterien erzeugten nun das Virusprotein. Dieses künstliche Virusprotein wurde dann zur Immunisierung verwendet.

* Klonen: ein Gen beziehungsweise einen DNS-Abschnitt in einen Klon von Mikroorganismen so hineinpflanzen, daß alle Organismen dieser Kultur einheitlich dieses Gen tragen.

Auf dem Gebiet der körpereigenen sogenannten endogenen Proteinhormone findet zur Zeit eine stürmische Entwicklung statt. Die meisten übergreifenden, steuernden Hormone, die zum überwiegenden Teil in der Hypophyse (Hirnanhangdrüse) produziert werden und nur in ganz geringen Mengen vorkommen, sind Proteine von großem pharmazeutischem Interesse. Der einzige Weg, solche Hormonproteine in vernünftiger Menge zu erhalten, dürfte die gentechnologische Methode sein. Solche Proteinhormone scheinen im gesamten Zentralnervensystem eine Rolle zu spielen, so bei der Schmerzempfindung (Endorphine), aber möglicherweise auch bei der Weiterleitung elektrischer Impulse. Ohne gentechnologische Methoden könnte weder die Grundlagenforschung noch die Anwendung in der Pharmakologie hier weiterkommen.

Neue Mikroorganismen

Ein Colibakterium, das man durch gentechnologische Methoden dazu zwingt, Wachstumshormon zu produzieren, ist ein Mikroorganismus mit neuen Eigenschaften und – je nach dem Ausmaß dieser neuen Eigenschaften – vielleicht sogar ein gänzlich neuer Mikroorganismus. Das läßt sich in zwei Richtungen ausnützen: Entweder kann man aus dem Mikroorganismus bestimmte (schlechte) Gene entfernen, oder man kann ihm neue gewünschte Gene zusätzlich einfügen. Pathogene Bakterien sind in der Regel deswegen schädlich (pathogen), weil sie bestimmte Giftstoffe, Toxine, erzeugen, die schon in kleinsten Mengen schwere Schädigungen des menschlichen Körpers hervorrufen, zum Beispiel das Diphterietoxin, das Choleratoxin, das Toxin von Botulinus (Fleischvergiftung) und viele andere. Im Prinzip ist es möglich, die Gene für die Erzeugung dieser Giftstoffe aus den Bakterien herauszunehmen. Solche Bakterien sind dann nicht mehr gefährlich, können aber zur Immunisierung benützt werden. Das ist die im Prinzip schon lang bekannte Methode der Immunisierung mit »abgeschwächten Stämmen«, die man aber jetzt viel gezielter und spezifischer erreichen kann.

Außerordentlich wichtig wird die Konstruktion neuer Mikroorganismen für die Abfallbeseitigung. Bereits heute wird der größte Teil der Abwässer mit Hilfe von Mikroorganismen geklärt und gereinigt. Solche Mikroorganismen ernähren sich von Faulschlamm und zersetzen oder verbrennen diesen schließlich auf stillem Wege, wenn die Klärbecken richtig belüftet werden. Die Abwasseraufbereitung ist im wesentlichen schon

jetzt eine mikrobiologische Kunst. Aber es gibt gewisse Stoffe, auf die sich noch keine Bakterien spezialisiert haben, so etwa die chlorhaltigen Kohlenwasserstoffe, Polyäthylen, Erdöl, Asphaltschlamm und manches andere. Hier versucht man zur Zeit gezielt, bestimmten Mikroorganismen – meistens Pseudomonas-Arten – die genetischen Fähigkeiten zum Zersetzen komplizierter, nicht natürlicher Stoffe beizubringen.
Diese Methode könnte Nachteile haben, obwohl sich bisher solche Nachteile noch nicht gezeigt haben. Erdölfressende Bakterien könnten Öltanks oder mindestens Schmierstellen und geölte Maschinenlager als Nahrungsplätze auswählen, wenn nicht gar Ölquellen auszehren. Plastikfressende Bakterien könnten Konstruktionselemente von Häusern, PVC-Fußböden, Autokarosserien »anknabbern«. Gift produzierende Bakterien könnten in die Umwelt gelangen und diese vergiften. Ja, man könnte sich theoretisch vorstellen, daß etwa hormonproduzierende Colibakterien in den menschlichen Darm gelangen und dort eine Überproduktion von Hormonen beginnen. Wäre dies etwa für insulinerzeugende Bakterien möglich, so könnte das eine gewaltige Insulinproduktion und, falls das Hormon in die Blutbahn gelangte, schließlich einen Insulinschock auslösen.
Man greift mit all diesen technologischen Entwicklungen in komplizierte Gleichgewichte der Natur ein und muß sich bei jedem Schritt darüber im klaren sein, welche Auswirkung das auf das betreffende Ökosystem, zum Beispiel das des menschlichen Darms, haben kann. Deshalb gibt es bei der Konstruktion neuer Mikroorganismen eng gefaßte gesetzliche Vorschriften. Alle Experimente in dieser Richtung müssen dem Bundesgesundheitsamt angezeigt und von diesem genehmigt werden.
Die etwa fünfzehnjährige Erfahrung mit genetisch manipulierten Mikroorganismen hat ergeben, daß jede Änderung der Genzusammensetzung eines Bakteriums dieses gegenüber dem Wildtyp so entscheidend benachteiligt, daß es »in freier Wildbahn« keine Überlebenschancen hat. So sind zum Beispiel Colibakterien so sehr auf ihre spezifische Lebens- und Überlebensfunktion getrimmt und ökonomisch angepaßt, daß bereits die Produktion von 10 Prozent Insulin, das ja für Colibakterien Ballast ist, eine unerträgliche Belastung darstellt. Ein solcher Stamm kann nur unter künstlichen Laborbedingungen existieren und ist im menschlichen Darm nicht überlebensfähig. Das Leben in »freier Außenluft« ist für diese Bakterien ebenso tödlich wie das Umherspazieren eines Astronauten auf dem Mond ohne Raumanzug.

Dennoch darf weder diese Erfahrung beruhigen, noch der Forscher sein Gewissen damit beschwichtigen, der juristischen Meldepflicht genügt zu haben. Jeder Vorstoß in wissenschaftliches Neuland ist ein Umweltrisiko. Auch die Entdeckung der Röntgenstrahlen, des Penicillins, die Entwicklung des Verbrennungsmotors, der Fernsehröhre, des Winterweizens, der Satellitenkommunikation bergen Risiken für die menschliche Gesellschaft. Der Forscher ist dazu berufen, solche Gefahren als erster zu erkennen und davor zu warnen.

Neue Pflanzen

Die Züchtung neuer, ertragreicherer, widerstandsfähiger, kurzum besserer Pflanzensorten gehört zu den Anfängen menschlicher Kultur. Tatsächlich leitet sich das Wort Kultur vom lateinischen *colere* (Ackerbau treiben) ab. Was bisher durch Kreuzen und Züchten über viele Pflanzengenerationen durch Zufall und nachträgliche Auswahl des Züchters geschieht, läßt sich mit den neuen gentechnologischen Methoden gezielt auf ein Merkmal hin erreichen. Man versucht mit gentechnologischen Methoden die klassischen Züchtungsziele auf einfachere und schnellere Weise anzusteuern, also höheren Ertrag, Winterfestigkeit, Resistenz gegen Schädlinge, geringeren Wasserbedarf für den Anbau in ariden Zonen, Lagerfähigkeit usw. zu erreichen.

Die neuen gentechnologischen Methoden sind aber grundsätzlich anderer Natur als die bisherigen Züchtungsmethoden. Sie sind artüberschreitend: Man kann ein Gen – also die Anweisung zur Herstellung eines neuen Proteins – aus einer völlig fremden Art in die betreffende Spezies einbringen. Im Prinzip könnte man also auch Weizenpflanzen dazu bringen, Proteine zu erzeugen, die im Hühnerei oder im Rind vorkommen. Freilich ist das Problem hier ungleich komplexer als in Bakterien. Pflanzen sind im Vergleich zu Einzellern viel höher spezialisiert. Eine genetische Eigenschaft wie etwa Winterfestigkeit ist sicherlich nicht auf ein Gen und nicht einmal auf nur wenige Gene beschränkt. Man müßte darum gleichzeitig viele Gene ändern. Das heißt: Auch hier begegnen wir der Eigenschaft komplexer Netzwerksysteme, die nicht mit monokausalen Techniken zu verändern, allenfalls aber zu zerstören sind.

Ein wichtiges Problem, an dem heute in vielen Laboratorien der Welt gearbeitet wird, ist die Konstruktion – den Ausdruck Züchtung möchte ich dafür nicht mehr gebrauchen – von Kulturpflanzen, die sich ihren

Stickstoff aus der Luft selbst assimilieren können. Bekanntlich benötigen die meisten Kulturpflanzen Stickstoffdüngung, da sie den für den Aufbau ihrer Proteine und Nukleinsäuren nötigen Stickstoff nicht selbst aus der Luft gewinnen können. Das ist nur einigen Arten möglich, etwa den Leguminosen, die an ihrer Wurzel eine Symbiose mit stickstoffassimilierenden Mikroorganismen eingegangen sind. Diese siedeln sich an den Wurzeln an, die kleine Geschwüre (Knöllchen) bilden, die in diesem Fall der Pflanze nützlich sind, da in ihnen die Bakterien für den Stickstoffnachschub sorgen. Die Enzymkette, die diese Stickstofferzeugung katalysiert, ist bekannt. Die Enzyme werden durch einen Satz von Genen codiert, den sogenannten »nif-Genen« (von *nitrogen fixation*). Zur Zeit versucht man, Weizen- oder Maispflanzen mit diesen Genen »anzureichern«. Gelingt das, dann wären sie in der Tat unabhängig von Stickstoffdüngung.

Hier liegen gewaltige Möglichkeiten, aber auch Gefahren, wie sie freilich prinzipiell in jeder neuen technischen Entwicklung stecken. In diesem wie in anderen Fällen sind sie nur besonders gravierend wegen des atemberaubenden Tempos der technischen Entwicklung. Die Umwandlung Mitteleuropas vom Urwald zum Kulturland hat etwa 6000 Jahre gedauert, vom Beginn der Jungsteinzeit bis ins späte Mittelalter. Diese gewaltige ökologische Umweltveränderung wurde kulturell verkraftet, weil sich die Menschen über viele Generationen an die bäuerliche Kultur anpassen konnten. Aber wieviel Zeit werden wir haben, uns den gentechnologischen Veränderungen unserer Umwelt anzupassen?

Ich will damit nicht sagen, daß diese neuen Methoden schlecht seien. Für eine immer näher zusammenrückende und ständig wachsende, zum Teil heute schon hungernde Weltbevölkerung sind solche Methoden wahrscheinlich notwendig und nützlich. Sie sind zunächst scheinbar wertneutral. Ethisch relevant ist aber, was wir damit machen. Deswegen muß in jedem Stadium solcher Entwicklungen eine Technologiefolgeabschätzung parallel zu den ersten Anwendungen stattfinden.

Neue Tiere

Je näher wir auf der Evolutionsleiter dem Menschen kommen, desto aufregender und bedenkenswerter wird die Situation für uns. Gleichzeitig nimmt die Komplexität in ungeahnter Weise zu. Alle Anwendungen der Gentechnologie bei Tieren setzen voraus, daß man »genetische

Operationen« im Eizellenstadium, also kurz nach der Befruchtung, vornimmt; denn nur so kann man den gesamten Genbestand und alle zukünftigen Zellen in einheitlicher Weise ändern. Das erfordert eine extrakorporale Befruchtung, die heute bei Tieren kein Problem mehr ist. Wenn eine Genveränderung in einem Mehrzellstadium sich ereignet, so wird das hinzukommende Gen nur in einer oder einigen Zellen des zum Beispiel aus hundert Zellen bestehenden embryonalen Organismus vorhanden sein und dementsprechend im künftigen erwachsenen Organismus nur in bestimmten Bereichen des Körpers sich auswirken. Das heißt, daß die entsprechenden Proteine nicht überall, jedoch möglicherweise in einigen wesentlichen Zellgruppen hergestellt werden, etwa im Knochenmark, im Zentralnervensystem, im Bindegewebe. Ein so eingeschleustes Gen kann also durchaus seine Wirkung entfalten. Es muß jedoch nicht unbedingt weiter vererbt werden. Das hängt dann davon ab, ob die im erwachsenen Organismus gebildeten Keimzellen von einem Gewebe abstammen, das dieses neue Gen enthält.

Einzelne Gewebe- oder Körperteile einer solchen Chimäre* (Abb. 3.6) haben gewissermaßen verschiedene Eltern.

Abbildung 3.7 zeigt eine Ziege, die auf diese Weise durch Verschmelzen von Embryonalzellen der Ziege und des Schafes entstanden ist – das »Ziegenschaf«. Es ist eine Art Aufpfropfung im frühesten Embryonalstadium, die in späteren Stadien nur in Ausnahmefällen und nicht mit völliger Integration möglich ist, zum Beispiel bei der Organtransplantation.

Sind solche Grenzüberschreitungen ethisch erlaubt? Wir dürfen Tiere schlachten und aus medizinischen Gründen mit Tieren nach ernsthafter Abwägung der Verantwortungen experimentieren. Kreuzungen zwischen Tierarten werden seit alters her betrieben. So ist das Maultier eine solche Kreuzung. Es entsteht zwar durch natürliche Zeugung, kann aber trotzdem als Chimäre bezeichnet werden. Ich sehe daher keinen Grund, genetische Experimente und Züchtungsversuche mit Tieren als ethisch fragwürdig anzusehen.

---

* Chimäre: antikes Fabelwesen mit Löwenkopf, Ziegenleib und Drachenschwanz. In der Genetik ein artenüberschreitendes, gepfropftes Mischwesen.

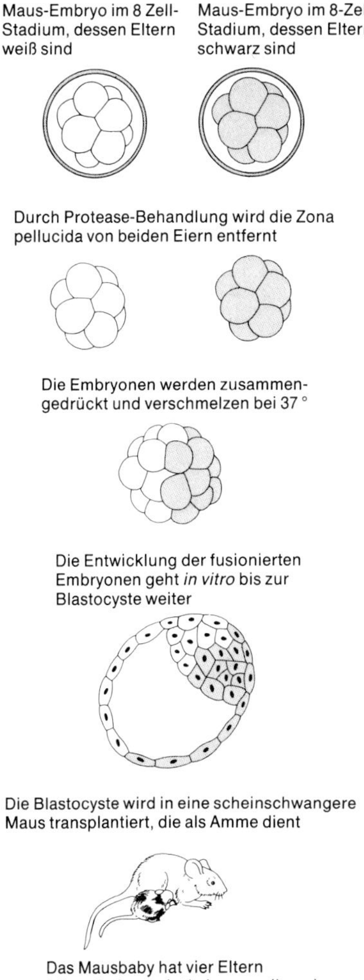

Abb. 3.6: Eine Methode, chimärische Mäuse zu erzeugen, bei der zwei Morulae mit verschiedenen Genen für die Haarfarbe kombiniert werden (Embryo im Stadium von etwa acht Zellen).

Abb. 3.7.: Das Ziegenschaf.

Gentherapie – Was ist beim Menschen medizinisch möglich?

Genanalyse

Voraussetzung für jede Gentherapie ist eine Diagnose. Seit langem verfügt man über diagnostische Möglichkeiten zur Feststellung von bestimmten Erbkrankheiten, etwa der Bluterkrankheit, der Phenylketonurie (einer Stoffwechselkrankheit, bei der sich giftige Stoffe im Körper ansammeln, was zu Schwachsinn oder zum Tod führt), dem Tay-Sachs-Syndrom und anderen. Die Tabelle auf Seite 101 führt eine Reihe solcher biochemisch genau definierter Krankheiten auf.
Man kennt etwa 400 Erbkrankheiten, die auf Einzelgendefekten beruhen und etwa 2000, die auf Multigendefekten beruhen. Diese Krankheiten lassen sich medizinisch diagnostizieren, nachdem sie wirklich aufgetreten sind. Als Vorbereitung auf eine eventuelle Gentherapie müßte eine solche Diagnose aber genauer sein: Sie müßte den Ort des betreffenden Gens

Biochemisch definierte Erbkrankheiten

Name der Krankheit	Pathologische Veränderung	Folge
Sichelzellenanämie	falsche Aminosäure im Hämoglobin	mangelnde Sauerstoffversorgung, früher Tod
Phenylketonurie	Fehlen eines Enzyms zum Abbau von Phenylalanin	Schwachsinn
Chorea Huntington	Störung der Bewegungskoordination	erblicher Veits-Tanz
Duchêne-Muskelschwäche	Muskeldystrophie, fehlerhafte Ausbildung der motorischen Endplatten	totale Lähmung
Hämophilie B (Bluterkrankheit)	Ausfall eines Blutgerinnungsfaktors	tödliches Verbluten
Cystische Fibrose	Wachstumshormoninsuffizienz, mangelnde Fähigkeit zur Erzeugung von Somastatin	Zwergwuchs

ermitteln und die Sequenz des Gens kennen. Hierfür zeichnen sich bereits Methoden ab, oder solche Analysen sind sogar schon möglich. Durch eine neuartige Technik, das sogenannte *Chromosome walking* (Entlangspazieren an einem Chromosom) kann man mit Hilfe synthetischer Oligonukleotide das Gen auf dem Chromosom finden, herausschneiden, analysieren und einwandfrei diagnostizieren.[9] Das ist im Prinzip mit jeder Körperzelle möglich, auch mit einer Hautzelle des erwachsenen Menschen, an dem die Genanalyse vorgenommen werden soll.

Was hat das für Folgen? Zunächst wird die körperliche Transparenz des Menschen ungleich größer als bisher. Man kann damit nicht nur Krankheiten diagnostizieren, sondern auch genetische Dispositionen zu Krankheiten. Man kann Erkrankungswahrscheinlichkeiten abschätzen. Die *positiven* Folgen scheinen also klar. Man könnte Vorsorge treffen, sich entsprechend ernähren. Die *negativen* Folgen sind aber auch nicht zu übersehen. Aufgrund einer erkannten Erbkrankheit könnten vor der eigentlichen Erkrankung die Betroffenen aus Krankenversicherungen ausgesteuert werden. Betriebe könnten bei Einstellungsuntersuchungen die Gesundheitsrisiken eines künftigen Mitarbeiters leichter abschätzen, eventuell negativ beurteilen oder die Eignung für einen bestimmten Arbeitsplatz einschränken. Solche diagnostischen Möglichkeiten müssen mit dem Persönlichkeitsschutz und den Grundrechten im Einklang bleiben. Um ein Beispiel zu geben: Dürfte einem Menschen der Eintritt in eine Lebensversicherung verweigert werden, wenn er es ablehnt, seine Gene analysieren zu lassen?

Besondere Bedeutung gewinnen gendiagnostische Methoden bei der genetischen Diagnose des Embryos im Mutterleib, der sogenannten Amniocentese. Mit wenigen embryonalen Zellen, die im Fruchtwasser schwimmen und durch eine Punktion entnommen werden können, läßt sich eine Chromosomenanalyse und künftig wohl auch eine vollständige Genanalyse des Embryos durchführen und damit sein künftiges Lebensschicksal abschätzen. Darf man daraus medizinische Handlungen ableiten? Was ist eine medizinische Indikation zum Schwangerschaftsabbruch? Das Vorliegen eines schweren Mongolismus mit sehr niedriger Lebenserwartung und völligem Schwachsinn? Bluterkrankheit mit einem künftigen Leben unter großen Gefahren, mit teuren Medikamenten, aber sonst völlig normal? Albinismus (rote Augen und Fehlen der Hautpigmente), mit der Gefährdung durch Sonnenbrand und Hautkrebs? Oder einfach das Fehlen des X-Chromosoms, einer der häufigsten genetischen Defekte, der bei der Hälfte aller Menschen auftritt und zum Verlust des weiblichen Geschlechtes führt; Männer sind bekanntlich heterozygote Minus-Mutanten in bezug auf Teile des X-Chromosoms, sie sind genetisch defekt. Nur Frauen tragen die volle Erbinformation von Homo sapiens (vgl. Kap. 1).

Die Möglichkeiten pränataler Diagnostik gestatten es im Prinzip, ein Kind des gewünschten Geschlechts zu bekommen, wenn die Eltern bereit sind, den Embryo mit dem weniger erwünschten Geschlecht »abzutreiben«. In einigen ostasiatischen Ländern scheinen solche Praktiken schon um sich zu greifen. Weibliche Embryonen werden nach Chromosomenanalyse dort bevorzugt abgetrieben, weil die Geburt von Söhnen noch immer mehr gilt als die von Töchtern. Nach dem, was im noch Folgenden über die Persönlichkeitsrechte eines Embryos gesagt wird (s. S. 104f.), besteht zwischen der (modernen) Abtreibung aufgrund einer ungünstigen pränatalen genetischen Diagnose und dem Aussetzen von unerwünschten oder mißgebildeten Neugeborenen im Walde oder

im Gebirge für eine zivilisierte, aufgeklärte Menschheit, die universal die Menschenrechte proklamiert, kein ethischer Unterschied.
Die verbesserten diagnostischen Möglichkeiten und die daraus sich zwangsläufig ergebenden medizinischen Handlungen führen bereits jetzt zu schwierigsten ethischen Problemen. Eingriffe in das Netzwerk des Lebendigen durch das »Lebewesen Mensch« können keinen Freibrief erhalten.

Genimplantation

Bei Vorliegen von Erbkrankheiten fehlt ein bestimmter Stoff. Ein bestimmtes Enzym kann vom Körper nicht hergestellt werden, da die genetische Information dafür fehlt. Es fehlt sozusagen ein biochemisches Organ. Kann man durch eine »Organtransplantation« diesen Schaden beheben? Diese Möglichkeit zeichnet sich ab. Als Beispiel will ich hier die Sichelzellen-Anämie besprechen. Sie beruht auf einem Fehler im blutbildenden System. Die roten Blutkörperchen haben eine abnorme, sichelförmige Gestalt und können ihre Funktion, den Sauerstofftransport, nicht richtig erfüllen. Die mangelnde Sauerstoffversorgung empfindlicher Gewebe führt zu körperlichen Störungen und frühem Tod.
Die Vorläufer der roten Blutkörperchen werden im Knochenmark hergestellt. Wenn es gelänge, einem Sichelzellen-Kranken fremdes Knochenmark einzupflanzen, das nicht abgestoßen wird, so wäre dieser geheilt – geheilt zwar nicht von seiner Erbkrankheit, denn diese würde er weiter vererben, aber doch geheilt als Person für seine eigene Lebenszeit. Man müßte das »erbkranke« Knochenmark entfernen und dafür gesundes Knochenmark einer anderen Person einsetzen. Sofern dieses anwächst und sich normal weitervermehrt, wäre der Patient geheilt. Genetisch gesehen wären zwar dann die roten Blutkörperchen, die in seinem Blutstrom schwimmen, fremde Blutkörperchen, denn sie sind nach einem Programm erzeugt, welches von außen hereingebracht wurde. Das ändert aber nichts daran, daß ein solcher Mensch geheilt wäre. Freilich ist noch kein wirklicher Erfolg auf diesem Gebiet zu verzeichnen. An den medizinischen Möglichkeiten ist aber kaum zu zweifeln.

Gentherapie ist ein Eingriff in die Persönlichkeitsrechte des künftigen Menschen

Änderung oder Austausch eines Gens hat zur Voraussetzung, daß die Nukleinsäure des künftigen Organismus herauspräpariert, chemisch verändert und wieder eingesetzt wird. Das ist bis jetzt bei Mäusen möglich. Was bei Mäusen geht, könnte prinzipiell auch bei Menschen gemacht werden. Das mag zynisch klingen, aber es stimmt, soweit es das Technische anbelangt. Voraussetzung ist allerdings, daß man die Eizelle ins Reagenzglas bekommt, um an ihr arbeiten zu können. Nun scheint zwar die extrakorporale Befruchtung heute von der öffentlichen Meinung und von den Gerichten weitgehend akzeptiert zu sein. Ich halte extrakorporale Befruchtung aber für einen monströsen Auswuchs des »Machertums« und werde später dazu noch Stellung nehmen.

Angenommen, man sieht in bestimmten, begrenzten Fällen, zum Beispiel bei schweren Erbkrankheiten, die ethischen Voraussetzungen für Veränderungen menschlicher Gene als gegeben an, dann wird das in den nächsten Dekaden auch technisch möglich werden. Nukleinsäure kann aus Zellen ausgeschleust und wieder eingeschleust werden. Sie ist chemisch genügend widerstandsfähig, so daß man mit dem isolierten Kettenmolekül arbeiten kann. Die Instrumente sind vorhanden, um definierte Stücke aus der Nukleinsäure herauszuschneiden (die Restriktionsenzyme, s. S. 85). Man kann entsprechend reparierte Genstücke einsetzen und wieder zusammenschweißen. Man wird also an den menschlichen Genen bald das Gleiche vornehmen können wie an Bakterienzellen.

Die ethische Frage bleibt aber: Ist uns das erlaubt? Diskutieren wir das an einem konkreten Beispiel: Eine Familie ist durch die Bluterkrankheit gefährdet wie etwa die europäischen Herrscherhäuser Anfang dieses Jahrhunderts. Weibliche Nachkommen können die Bluterkrankheit phänotypisch nicht bekommen. Sie sind also persönlich nicht gefährdet, obwohl sie ihre Nachkommen gefährden. Bei den männlichen Nachkommen beträgt die Wahrscheinlichkeit der Erkrankung 50 Prozent, ist also sehr hoch. Nehmen wir an, es ließe sich an einer bereits befruchteten Eizelle feststellen, ob diese männlich ist. Im Prinzip ist das heute schon möglich. Bei einer Gefährdung von 50 Prozent könnte es gerechtfertigt erscheinen, einen Genaustausch auf Verdacht vorzunehmen. Die befruchtete Eizelle wird dann in ihrer Entwicklung angehalten, was durch Kühlen möglich ist. Die Nukleinsäure des krankhaften Gens wird entnommen und durch Hybridisierung die krankhafte Stelle ausgewechselt. Die reparierte Nukleinsäure wird wieder eingeschleust, in den Zellkern eingesetzt, die Zelle zum Weiterwachsen und Teilen gebracht und schließlich wieder in den mütterlichen Organismus zurückversetzt. Dort wird das Kind ausgetragen. Wenn diese Operation erfolgreich war, ist das Kind geheilt. Ich möchte betonen, daß das zwar heute noch nicht möglich ist, aber durchaus keine Utopie darstellt.

Darf man so etwas machen? In einer Zeit, in der sogar die Tötung eines Embryos durch Abtreibung, das heißt die völlige und endgültige Beraubung seiner Persönlichkeitsrechte akzeptiert wird, sehe ich kein eindeutiges ethisches Argument gegen eine solche Gentherapie, auch wenn sie mit Risiken wie Absterben oder Mißbildung des Embryos verbunden ist. Das ist schließlich bei jeder Operation der Fall. Der Eingriff wird ja in diesem Falle in der Hoffnung vorgenommen, die Lebenschancen – und das heißt auch die Persönlichkeitsrechte und Entfaltungsmöglichkeiten – des künftigen Lebewesens zu verbessern. Wenn diese Hoffnung berechtigt und die Erwartung begründet sind, muß man eine solche Operation sogar durchführen. Alles andere wäre eine Vernachlässigung der ärztlichen Fürsorgepflicht.

Aber sofort muß ich mir selbst widersprechen. Nicht selten stößt man immer dann, wenn man eine Entwicklung bis zu ihren extremen Paradoxien weiterführt und dabei kritisch weiterdenkt, aus den entstehenden Paradoxien auf Fehler im ursprünglichen Ansatz. Der Blick auf die Extreme schärft den Blick für die Voraussetzungen. Man kann nicht so argumentieren: Genetische Veränderung des menschlichen Embryos ist erlaubt, weil sogar Tötung erlaubt ist. Nein, genau umgekehrt ist zu argumentieren. Wir sehen durch die Verfeinerung der wissenschaftlichen Möglichkeiten, daß die Eigenschaften der künftigen und zu schützenden Persönlichkeit bereits im Embryo in ihren Elementen vollständig ausgebildet sind. Nicht nur die Fähigkeit (oder Unfähigkeit) zur Blutgerinnung, sondern alle anderen Fähigkeiten sind in ihren Elementen vorhanden: Atmen, Sehen, Hören, Fühlen, Denken und Bewußtsein. Der Embryo ist in molekularer, gentechnologischer Vergrößerung gar kein Embryo, sondern ist die Persönlichkeit – nur gleichsam schlafend in einem neunmonatigen Heilschlaf.

Der Embryo ist, obwohl seine körperliche Gestalt noch nicht voll ausgeprägt ist, bereits das gesamte Ensemble seiner künftigen persönlichen Eigenschaften, definiert durch seine Gene. An diesem Ensemble darf man nichts verändern, ohne die nicht nur virtuellen, sondern realen Personalrechte des Menschen zu verletzen. Denn die »molekulare« Vergrößerung zeigt uns ohne jeden Zweifel, daß hier alles schon vorhanden ist. In früheren Zeiten, die in ihrer biologischen Erkenntnis noch nicht so weit fortgeschritten waren, durfte man vielleicht den Embryo als ein Klümpchen Fleisch betrachten, ungeordnet, seelenlos, zufällig, aus dem sich erst allmählich, etwa unter dem Einfluß des Mutterleibes oder der Erziehung, die Persönlichkeit entwickelte. Das ist falsch. Die Persönlichkeit ist vom Stadium der befruchteten Eizelle an nicht nur angelegt, sondern real vorhanden. Aufgrund der wissenschaftlichen Sacherkenntnis muß man zu diesem Standpunkt kommen. Daraus folgt freilich erst recht, daß jede Art von Schwangerschaftsunterbrechung, die ja die Tötung dieser bereits vorhandenen Persönlichkeit zum Ziele hat, ethisch verwerflich ist. Und es folgt daraus auch, daß jede genetische Manipulation an den Keimzellen oder am Embryo genauso unmoralisch ist wie ein erzwungener medizinischer Eingriff an einem mündigen Menschen während des Schlafes oder in tiefer Betäubung.

Grenzen der Gentherapie – Verführung durch das Machbare[10–15]

Viele, ja die meisten und insbesondere die für den Menschen bedeutsamen genetischen Merkmale stammen nicht von einem einzelnen Gen. Sie sind Multigeneffekte. Durch Zusammenwirken mehrerer Gene und durch das gezielte Abstimmen der einzelnen Genwirkungen werden die höheren Eigenschaften eines Lebewesens in äußerst komplexer, vernetzter Weise bestimmt. Die Gesamtheit der Gene, das Genom, ist ein fundamental komplexes Netzwerk (vgl. auch Kap. 9).[16] Das Ausfallen eines Gens kann, muß aber nicht einen bestimmten Effekt haben. Es kann zu höherer Ordnung oder zum Chaos führen. Das System der Gene ist ein fein ausreguliertes Ungleichgewicht zahlreicher Genwirkungen, in welchem sich eine kausale Folgeabschätzung unmöglich vornehmen läßt. Das, was wir als Erbkrankheiten erkennen, sind nur die simpelsten, meist durch ein einziges Gen hervorgerufenen Ausfälle. Wenn man etwa daran dächte, positive Eigenschaften wie Intelligenz, Musikalität, Sprachbegabung »gentechnologisch« zu erzeugen, würde man sehr bald vor unlösbaren Problemen stehen.

Warum extrakorporale Befruchtung?

Bis Ende des Jahres 1987 sind auf der ganzen Welt etwa 6000 Kinder geboren worden, die in extrakorporaler Befruchtung gezeugt wurden und ohne diesen künstlichen Weg nicht hätten entstehen können. 6000 Kinder mit einem ungeheuren Aufwand an medizinischer Forschung, ärztlicher Leistung und klinischer Pflege. Und wie viele Kinder sind in der gleichen Zeit abgetrieben worden? 600 000 oder 6 Millionen oder 60 Millionen? Ich fürchte, die westliche Zivilisation ist schon beim Retortenbaby der Verführung durch das Machbare erlegen. Freilich ist es für das einzelne Elternpaar eine Härte, auf natürlichem Wege keine Kinder bekommen zu können. Aber warum dann nicht Adoption von Kindern, auch aus der Dritten Welt? Sollten wir nicht über die traditionelle Idee vom »eigenen Blut« allmählich hinauskommen in einer Welt, die immer mehr zusammenwächst? Wer die Entbindungskliniken im tropischen Brasilien gesehen hat, wo die Findelkinder nur abgeholt zu werden brauchen, wird den Wunsch nach dem durch extrakorporale Befruchtung gezeugten eigenen Fleisch und Blut zumindest als zivilisatorische Übersteigerung empfinden. Ich meine, daß heute ein Umdenken von unserem traditionellen, bäuerlich bestimmten »Erbdenken« hin zu einer mehr kosmopolitischen Verhaltensweise notwendig ist. Mir scheint in dem Wunsche nach einem eigenen »Retortenbaby« viel rassistischer Egoismus zu stecken, Reste eines biologistischen Denkens, das noch aus unseligen Zeiten stammt und sich jetzt paart mit dem Anspruchsdenken unserer Wohlstandsgesellschaft.

Gene und Geschäft

Kommen wir noch einmal zurück auf die molekulare Gentechnologie und ihre industrielle Anwendung. Es ist in den letzten Jahrzehnten üblich geworden, die Kosten für Forschung dadurch zu rechtfertigen, daß man ihren gesellschaftlichen Nutzen hervorhebt, der auch im Rückfluß des Geldes in Form von Produkten und Export-Überschüssen bestehen kann. Der Versuch der kommerziellen Rechtfertigung kann aber auch leicht ins Gegenteil umschlagen. Den Grundlagenforschern, von denen man einen unmittelbaren wirtschaftlichen Nutzen erwartet, wird dann angelastet, daß ihre Forschung ja noch keinen Pfennig erbracht habe. In der gentechnologischen Forschung mit ihrer engen Verflechtung von

Grundlagenforschung und Anwendung kann eine solche Situation besonders leicht eintreten. Welch eine pervertierte Auffassung von Grundlagenforschung!
Die Gentechnologie hat aber leider schon besondere kapitalistische Blüten getrieben. Es gibt eine ganze Reihe Firmen, in denen Forscher, die mit öffentlichen Geldern besoldet werden und ihre Laboratorien unterhalten, ihre Forschungsergebnisse »nebenberuflich« auswerten. Das ist eine gefährliche Versuchung der »Verfilzung«. Nur eine schonungslos kritische Offenlegung kann hier die Prostitution der Wissenschaft verhindern.
Selbstverständlich darf auch die Grundlagenforschung nicht im Elfenbeinturm operieren. Sie wird auch in Zukunft mit anwendungsorientierten Gruppen, meist Industriefirmen, zusammenarbeiten. Dagegen ist nichts einzuwenden. Die Blüte der organischen Chemie zwischen 1880 und 1920 ist aus dieser Zusammenarbeit entstanden, die, auch das läßt sich historisch belegen, die Freiheit von Forschung und Lehre nie beeinträchtigt hat. Die Geltung der Grundlagenforschung war so unantastbar, daß die Forscher niemals ihre wissenschaftliche Freiheit aufgaben. Das ist heute anders. Manche Forscher schielen nach dem Geld (oder müssen sie danach schielen?). Das wird von Firmen beziehungsweise von unserem kommerziellen System ausgenutzt. Mir graust bei dem Gedanken, daß klonierte Gene, Erbeigenschaften in der Flasche, verkauft werden können. Schöpfung an der Börse! Wäre das nicht der totale Sieg eines nur noch profitorientierten Systems, das auch die Wissenschaften in eine widernatürliche Sackgasse laufen ließe?
Die Wissenschaft droht aber nicht nur in kommerzieller Hinsicht verdorben zu werden. Forscher haben ihre Wissenschaft in diesem Jahrhundert immer häufiger an die Mächtigen verraten, und zwar in Ost und West, also kann die Versuchung hierzu nicht nur im kapitalistischen oder sozialistischen System begründet sein. Spätestens seit dem Zweiten Weltkrieg ist klar, daß wissenschaftliche Forschung immer mehr auch politische Aspekte hat: Radar, Raketen, Düsenantrieb, Kernenergie, Penicillin, Computer und Raumfahrt sind auch militärisch nutzbare Erfindungen, sind in den letzten Jahrzehnten eine öffentliche Aufgabe geworden, wofür in so kurzer Zeit weder geeignete, genügend transparente Organisationsformen, noch international verbindliche ethische Normen gefunden wurden.
So hinkt der Wissenschaftler, als Hephaistos hoch geschätzt und viel

geschmäht, als unheimlicher Außenseiter durch die Zeit.[17] Brecht hat es in seinem »Leben des Galilei« beschrieben. Schon Archimedes hat für den Tyrannen von Syrakus Kriegsmaschinen gebaut. Ein berühmter deutscher Gelehrter und Nobelpreisträger hat im Ersten Weltkrieg den Gaskrieg organisiert. Napalm wurde von einem Harvard-Professor erfunden und im Hofe des chemischen Instituts der Universität ausprobiert. Ungezählte Forscher waren für die Kriegsforschung tätig und sind es noch heute. Viele, auch dem Forscher selber harmlos erscheinende Forschungsresultate können für militärische Zwecke, für Totalitarismus und Terror eingesetzt werden. Könnte die Wissenschaft, die im 18. Jahrhundert auszog, um der Menschheit Fortschritt und Glück zu bescheren, an ein unerwartetes furchtbares Ende gelangen?

Nicht alles ist Biologie – Biologie ist nicht alles[18, 19]

Verhältnis von biologischer und geistiger Information – ein Rechenexempel

Wie wichtig können Gentechnologie und Genetic Engineering überhaupt werden? Die genetische Information eines menschlichen Zellkerns enthält 10^9 bits, die in den verschiedenen Genen eingraviert sind. Andererseits produziert der menschliche Geist jährlich etwa 10^{18} bits an Information, die in Reden, Bibliotheken, Zeitschriften oder Tonbändern niedergelegt sind. Pro Jahr produzieren wir also eine Milliarde mal mehr Information und geben sie an die nächste Generation weiter, als wir durch unsere Erbanlagen speichern können. Und selbst wenn davon nur ein Prozent »wichtig« wäre, bliebe die geistige Information noch zehn Millionen mal reichhaltiger als die genetische. Das heißt schlicht: die geistige Evolution hat der biologischen den Rang abgelaufen; letztere ist für uns zu Ende. Sie ist unwichtig geworden, völlig vernachlässigbar im Vergleich zur Entfaltung des menschlichen Geistes. Ist es überhaupt sinnvoll, am biologischen Teil unserer Existenz, den Genen, zu manipulieren, da uns doch die Vielfalt der intelligenten technischen Möglichkeiten zur Verfügung steht? Niemand wird auf die Idee kommen, das Gen für Zuckerkrankheit zu reparieren. Es ist viel besser und einfacher, die Insulintherapie zu erfinden. Niemand wird das Gen für Kurzsichtigkeit reparieren wollen, es ist besser und einfacher, Brillen oder Kontaktlinsen zu tragen. Homo sapiens ist in vieler Hinsicht eine Mangelmutante, zum Beispiel in bezug auf Vitamine. Aber wir haben es doch gelernt, uns *vernünftig* zu ernähren, so daß wir keinen Skorbut bekommen.

Wir Menschen des wissenschaftlichen Zeitalters sind aber zugleich geblendet durch die Erfolge der Wissenschaft und glauben, die Lösung der meisten Schwierigkeiten müsse technisch-manipulativ möglich sein. Dieser Wissenschaftsglaube ist ein Irrtum und sehr gefährlich. Er führt zu Überschätzung der Wissenschaft auf der einen und zu ihrer Verteufelung auf der anderen Seite. Statt dessen sollten wir uns auf die Kräfte unseres Geistes, unsere Urteilskraft und Moral besinnen und nicht alles auf technologisch orientierte Wissenschaft abschieben.

Freilich: Unsere Erbanlagen, die genetische Information zusammen mit dem »Apparat« der Proteinbiosynthese, sind ein notwendiges, ja sogar ein wunderbares Instrumentarium. Aber wir sollten bei seiner Faszination nicht stehenbleiben; denn wir sind mehr, viel mehr als unsere Biologie: Eine Klaviersonate von Mozart braucht zwar Noten und einen Konzertflügel, um zu Gehör gebracht zu werden, aber sie ist doch unendlich viel mehr als die Spielinformation und das Instrument, auf dem die Töne hervorgebracht werden: Sie war im Kopf des Komponisten und ist nun, unendlich wiederholbar und doch niemals völlig gleich, in Kopf und Finger des Pianisten!

Hierzu will ich Mozart selbst als Zeugen aufrufen, der bekanntlich seine meisten Kompositionen im Kopfe schuf, sie sich auch so »vorspielte« und dann erst später niederschrieb, während er sich zum Beispiel mit seinen Freunden unterhielt. Eine Symphonie oder ein Klavierkonzert waren für ihn fertig und konnten im ganzen vor ihm »erscheinen«, bevor sie in Noten festgehalten und durch ein Instrument vermittelt worden waren: »Etwa auf Reisen im Wagen, oder nach guter Mahlzeit, beim Spazieren und in der Nacht, wenn ich nicht schlafen kann, da kommen mir die Gedanken stromweis und am besten. Die mir nun gefallen, die behalte ich im Kopf und summe sie wohl auch für mich hin, wie mir andere wenigstens gesagt haben. Halt ich das nun fest, so kömmt mir bald eins nach dem andern bei, wozu ein Brocken zu brauchen wär, um eine Pastete daraus zu machen, nach Kontrapunkt, nach Klang der verschiedenen Instrumente usw. Das erhitzt die Seele, wenn ich nämlich nicht gestört werde; da wird es immer größer und ich breite es immer weiter und heller aus, und das Ding wird im Kopf wahrlich fast fertig, wenn es auch lang ist, so daß ich's hernach mit einem Blick gleichsam wie ein schönes Bild oder einen hübschen Menschen im Geist übersehe, und es auch gar nicht nacheinander, wie es hernach kommen muß, in der Einbildung höre, sondern wie gleich alles zusammen. Das ist ein Schmaus! Alles, das Finden und Machen geht in mir nun nur in einem schönen starken Traum vor. Aber das Überhören, so alles zusammen, ist doch das Beste.«[20]

Welche Reaktionen gibt es auf die Herausforderungen der modernen Wissenschaft?

Reaktion I: Romantischer Kahlschlag

Das große Unbehagen, die Technikkritik gerade in modernen Industriestaaten, die Angst vor der Zukunft des Fortschritts, der Blick auf die Grenzen des Wachstums sind berechtigt und notwendig. Wir müssen uns Rechenschaft ablegen. Aber darf daraus ein »Rückzug in die Steinzeit« werden? Manche der antitechnologischen Ideologien und Aktionen kommen einem romantischen Kahlschlag gleich. Ungeprüft wird jeder technische Fortschritt verworfen und bekämpft, auf der anderen Seite aber fröhlich harmlos benützt. Unser immenser Wohlstand und der Pluralismus unserer Gesellschaft ermöglichen neue Formen der Askese, des einfachen Lebens. Aber wir müssen uns darüber im klaren sein, daß diejenigen, die sich in sympathischer Weise neue Lebens- und Gemeinschaftsformen suchen, im Grunde Nutznießer unseres Wohlstands sind, sie gebrauchen die Infrastruktur eines hohen Lebensstandards. Die neu entstandenen Alternativen haben eine wichtige und notwendige Funktion in unserer vom Wohlstand überschäumenden Gesellschaft: zu mahnen, zu warnen, das Leben wieder auf wesentliche Werte und menschliche Maße zurückzuführen. Unsere seelisch immer mehr verarmende Gesellschaft, die kaum mehr Gemeinschaftsformen kennt, weil alle Strukturen, so auch die Familie, zerbrechen, ohne daß Neues an ihre Stelle tritt, ist nach Alternativen auf der Suche. Diese Suchenden sind eine Alternative, aber wir werden unser Leben nicht ganz nach ihren Vorstellungen einrichten können. Ich sehe in einer romantischen Wendung auch Gefahren. Der Verlust von Religiosität und das Ende der bisherigen Formen menschlicher Solidarität in Dorfgemeinschaft, Sippe, Nationalstaat, ohne daß bisher wirklich neue Formen der Solidarität gefunden wurden, erzeugen ein Vakuum, in welchem »Grün« leicht zum Religionsersatz werden kann. Dann kann es auch dazu kommen, daß der hilflose Zauberlehrling nach dem großen Meister, dem Guru, dem

starken Führer ruft. Politische Irrationalität ist auch hierzulande immer in Gefahr, in Dogmatik und Gewalt zu enden.
Technikkritik entbindet auch den kritischen Laien nicht von der Verpflichtung, sich um ein naturwissenschaftliches Basiswissen zu bemühen. Es gibt aber leider eine ungeheure Informationslücke zwischen Wissenschaft und Öffentlichkeit. Daran sind teilweise die Wissenschaftler selbst schuld, da sie sich aus Trägheit oder Zeitmangel, aus einem überholten elitären Selbstbewußtsein oder einfach aus Unvermögen oft scheuen, ihre Forschungsergebnisse in verständlicher Form darzustellen. Aber auch bei kritischen Laien gibt es, sehr verbreitet, eine Lernsperre, die bis zum Hochmut des Nicht-Wissen-Wollens reicht. Damit katapultiert man sich aus unserer Gegenwart hinaus und hat kein kritisches Mitspracherecht mehr! Es gibt eine gesellschaftliche Pflicht zum Lernen auch auf dem Felde der modernen Naturwissenschaften. Damit ist nicht gemeint, daß der Laie sich Expertenwissen aneignen soll, er kann und muß sich auch beraten lassen. Aber genauso wie man für politisches und öffentliches Handeln und Reden seit der Antike über ein Basiswissen in der Geschichte verfügen muß – ohne Historiker zu sein –, so braucht man heutzutage das Basiswissen in Naturwissenschaft und Technik – ohne Forscher zu sein. Wir brauchen eine aufgeklärte Öffentlichkeit, um unsere Zukunft bewältigen zu können.

Reaktion 2: Reaktion
Die reaktionäre Antwort auf die anstehenden Probleme lautet: Wissenschaft ist ein sich selbst regulierendes System, bei dem durch Angebot und Nachfrage, durch internationale Konkurrenz der Ideen und Experimente, durch eine natürliche Interaktion von Wissenschaft und Gesellschaft in der Regel das Optimale herauskommt. Obwohl spätestens seit Jürgen Habermas[21] veraltet, ist dieses Modell von Wissenschaft in vielen Köpfen immer noch das gängige. Theoretisch ist dieser Vulgärpositivismus längst überwunden, aber unsere Denkstrukturen hinken noch hinterher. Das Modell eines darwinistisch evolvierenden Systems, das sich selbst optimiert, paßt nicht auf die Wissenschaft. Wissenschaft würde dann rasch in die Hände von Technokraten fallen. Ein hilfloses passives Akzeptieren des technokratischen Machertums ist immer eine gefährliche und leider nicht ganz unwahrscheinliche Entwicklung als Antwort auf die von Wissenschaft und Technik ausgelösten und weithin ungelösten, eher noch wachsenden Probleme.

Reaktion 3: Utopie der Mitte

Einen »Bildersturm« gegen Technik, Biotechnik und Genforschung kann und darf es nicht geben. Andererseits wäre eine reaktionäre Hinwendung zur schrankenlosen Ausnützung von Wissenschaft katastrophal. Gibt es einen Mittelweg?

Der Mittelweg besteht darin, wach und kritisch zu bleiben und gleichzeitig Kompromisse zu suchen, sich ein möglichst umfassendes Wissen zu erarbeiten und dennoch der Verführung durch dessen schrankenlose Anwendung nicht zu erliegen, die erprobten Erfahrungen aus einem vieltausendjährigen Zusammenleben von Mensch und Natur wieder aufzunehmen und dennoch reaktionären Konservativismus zu meiden, schnellen Patentlösungen zu mißtrauen und dennoch den Mut zur Entscheidung zu behalten.[22] Der Mittelweg ist der mühsamste. Der weise Narr, der ihn vorschlägt, wird leicht zwischen sämtlichen Stühlen sitzen. Dennoch: Homo sapiens ist seit mehr als 100 000 Jahren kein nur biologisches Wesen mehr. Man kann ihn auf Biologie reduzieren, indem man das *sapiens* streicht. Nur wenn wir sehr bewußt diese Reduktion und Verkümmerung mit allen Mitteln abwehren, werden wir dem Schicksal des »biologistischen« Un-Menschen entgehen.

Wissenschaft ist – wie Kunst – in erster Linie ein Kulturgut, ein Ausdruck der menschlichen Geistestätigkeit und schöpferischen Phantasie; sie ist ein so wichtiges Kulturgut, daß ihr Schutz ins Grundgesetz aufgenommen wurde. Freilich kann man mit Wissenschaft und der aus ihr folgenden Technik Geld verdienen, Industrien aufbauen, Kapitalmärkte beeinflussen. Aber Wissenschaft selber kann und darf nicht nach den Gesetzen des Kapitalmarktes oder nach dem Nützlichkeitsprinzip *(Usura)* betrieben werden. Auch die Ergebnisse der Genforschung, unsere Einsichten in die Struktur des Lebendigen sind wichtige Teile unserer wissenschaftlichen Kultur, die nicht nach dem Usura-Prinzip vermarktet werden dürfen.

Ezra Pound[23]

Bei Usura

Bei Usura hat keiner ein Haus von gutem Werkstein
die Quadern wohlbehauen, fugenrecht,
daß die Stirnfläche sich zum Muster gliedert
Bei Usura
hat keiner ein Paradies auf seine Kirchenwand gemalt
harpes et luz
oder die Kunde, die zur Jungfrau kommt
und Strahlenkranz, der vorkragt von der Kerbe
Bei Usura
kommt keinem Mann zu Augen Gonzaga, Kind, Kegel, Konkubinen,
es ist kein Bild gedacht zu dauern, noch damit zu leben
sondern nur seinen Schnitt zu machen, rasch seinen Schnitt zu machen
bei Usura, der Sünde wider die Natur
bleibt dir dein Brot fad alleweg wie Hadern
bleibt dir dein Brot trocken Papier,
kein Weizen vom Bergacker, kein kernig Mehl,
bei Usura wird breit der Pinselstrich
bei Usura verlaufen sich die Ränder
und keiner hat Baugrund für seine Hausung.
Steinmetz gelangt nicht zum Stein
Weber nicht zu seinem Zeugbaum
BEI USURA
kommt Wolle nicht zu Markt
Schaf wirft nichts ab bei Usura

Usura (Wucher): Eine Gebühr, die für den Nießbrauch der Kaufkraft erhoben wird, ohne Rücksicht auf die Produktion, oft ohne Rücksicht auf die Möglichkeit der Produktion.

Usura ist die Räude, Usura
macht stumpf die Nadel in der Näherin Hand
legt still der Spinnerin Rocken. Pietro Lombardo
nicht aus Usuras Kraft
Duccio nicht kraft Usura
noch Pier della Francesca; Zuan Bellin' nicht kraft Usura
noch ward kraft ihrer »La Calunnia« gemalt.
Nicht kraft Usura Angelico oder Ambrogio Praedis,
Und keine Kirche von behaunem Stein, gezeichnet: *Adamo me fecit.*
Nicht kraft Usura Saint Trophime
Nicht kraft Usura Saint Hilaire
Usura setzt an den Meißel Rost
Und legt den Handwerkern das Handwerk
Nagt an des Webstuhls Werft
Kein Mensch weiß Gold zu wirken in ihr Muster;
Azur krebskrank an Usura, *cramoisi* wird nicht bestickt
Smaragd hat keinen Memling
Usura metzt das Kind im Mutterleib
Und wehrt des jungen Mannes Werben
Hat Schlagfluß in das Bett gebracht und liegt
zwischen der jungen Braut und ihrem Mann CONTRA NATURAM
Man brachte Huren nach Eleusis hin
Und setzte Leichen zum Gelag
Auf Geheiß von Usura.

4. Evolution – Stammbäume und Blitze

Dialog zwischen Georg Christoph Lichtenberg und Albert Einstein über Kausalität, Blitze und die Berechenbarkeit der Welt[1]

LICHTENBERG: *Die Frage: Soll man selbst philosophieren? muß, dünkt mich, so beantwortet werden wie die ähnliche, soll man sich selbst rasieren? Wenn mich jemand fragte, so würde ich antworten, wenn man es recht kann, ist es eine vortreffliche Sache. Ich denke immer, daß man das letztere selbst zu lernen suche, aber ja nicht die ersten Versuche an der Kehle mache.*
Aber nun zur Sache selbst: *Das einzige, was wir sicher in der Hand haben,* Herr Kollege, *ist doch die Materie und die Newtonschen Gesetze, nach denen sie sich bewegt. Also kann es für uns Physiker nur den Materialismus als Philosophie geben. Philosophieren ist natürlich eine riskante Sache und man kann sich leicht ins eigene Fleisch schneiden. Sei aufmerksam, empfinde nichts umsonst, messe und vergleiche; dieses ist das ganze Gesetz der Philosophie.*
EINSTEIN: Eine interessante Ansicht von der Rolle der Philosophie, Herr Kollege.
Was Sie »Materialismus« nennen, das ist einfach die kausale Betrachtungsweise der Dinge. Diese Betrachtungsweise antwortet immer nur auf die Frage »Warum«? aber nie auf die Frage »Wozu«? Darüber kann uns kein Nützlichkeitsprinzip und keine Zuchtwahl hinwegbringen. Wenn aber einer fragt, »Wozu sollen wir einander fördern, einander das Leben erleichtern, schöne Musik machen und feine Gedanken zu erzeugen suchen?« so wird man ihm sagen müssen: »Wenn du's nicht spürst, kann dir's niemand erklären.« Ohne dies Primäre sind wir nichts und lebten wir am besten gar nicht. Wenn einer einen Begründungsversuch machen wollte, indem er zu beweisen sucht, daß diese Dinge das Dasein der menschlichen Art erhalten und fördern helfen, so erhebt sich erst recht die Frage des »Wozu?«, und die Antwort auf »wissenschaftlicher« Grundlage wäre noch viel hoffnungsloser. Wenn man also um jeden Preis wissenschaftlich vorgehen will, so kann man versuchen, unsere Ziele auf möglichst wenige

zurückzuführen, die anderen dann daraus abzuleiten. Dies aber wird Sie kalt lassen.

LICHTENBERG: *Man muß aber doch um jeden Preis wissenschaftlich vorgehen. Es regt sich in meiner ganzen Gedanken-Ökonomie etwas, das ich noch nicht recht beschreiben kann, nämlich ein außerordentliches Mißtrauen gegen alles übrige menschliche Wissen, Mathematik und Physik ausgenommen. Wir müssen nämlich auf Ursachen und Erklärungen denken, weil ich gar kein anderes Mittel sehe, uns ohne dieses Bestreben in der Welt zu finden. Jemand kann freilich wochenlang auf die Jagd gehn und nichts schießen, aber so viel ist gewiß, wenn er zu Hause bliebe, würde er auch nichts geschossen haben und zwar mit aller Gewißheit nichts, da er doch draußen im Walde die Wahrscheinlichkeit für sich hat, so gering sie auch sein mag. Wir müssen freilich etwas ergreifen. Aber ob das nun alles so ist, wie wir glauben? Manchmal habe ich sogar geglaubt, daß die Muscheln in den Bergen gewachsen sein können. Es war aber kein positives Glauben, sondern bloß dunkles Gefühl von unsrer Unfähigkeit, oder wenigstens von der meinigen, in die Geheimnisse der Natur einzudringen.*

EINSTEIN: *Mit Ihrer pessimistischen Wertung des Erkennens bin ich nicht einverstanden. Es gehört zum Schönsten im Leben, Zusammenhänge klar zu überschauen; das könnten Sie doch nur in einer ganz trüben, nihilistischen Stimmung leugnen.*

Damit Sie mich nicht mißverstehen: zu einem Verzicht auf die strenge Kausalität möchte ich mich nicht treiben lassen, bevor man sich nicht noch ganz anders dagegen gewehrt hat als bisher. Der Gedanke, daß ein einem Strahl ausgesetztes Elektron aus freiem Entschluß den Augenblick und die Richtung wählt, in der es fortspringen will, ist mir unerträglich. Wenn schon, dann möchte ich lieber Schuster oder gar Angestellter in einer Spielbank sein als Physiker. Die Welt ein großes Roulette, eine deprimierende Vorstellung!

LICHTENBERG: Wir klauben uns aus der Fülle der Ereignisse halt einfach die Ursache-Wirkungsbeziehungen heraus, um die Welt erkennen zu können. Sonst wäre doch gar keine Erkenntnis möglich, wie Kant jetzt gerade geschrieben hat. Vielleicht ist die Realität das reinste Chaos. Unser Geist hat natürlich mit gutem Grund eine Chaos-Vermeidungsstrategie. *Man könnte den Menschen so den »Ursachen-Bär«, in Analogie zum Ameisen-Bär nennen. Es ist etwas stark gesagt. Das Ursachen-Tier wäre besser: Überall schnüffeln wir nach Ursache-Wirkungsbeziehungen herum*, weil wir uns von Kausalitäten ernähren.

EINSTEIN: *Ich weiß wohl, daß in Bezug auf das Beobachtbare keine Kausalität existiert. Daraus soll man aber nach meiner Meinung nicht folgern, daß auch die*

Theorie auf statistischen Grundgesetzen ruhen müsse. Sie glauben an den würfelnden Gott und ich an volle Gesetzlichkeit in einer Welt von etwas objektiv Seiendem, das ich auf wild spekulativem Wege zu erhaschen suche. Ich glaube fest, daß einer einen mehr realistischen Weg bzw. eine mehr greifbare Unterlage finden wird, als es mir gegeben ist. Der große anfängliche Erfolg der Quantentheorie kann mich doch nicht zum Glauben an das fundamentale Würfelspiel bringen, wenn ich auch wohl weiß, daß die jüngeren Kollegen dies als Folge der Verkalkung auslegen. Einmal wird's sich ja herausstellen, welche instinktive Haltung die richtige gewesen ist.

LICHTENBERG: *Es ist ein großer Unterschied,* Herr Collega, *zwischen etwas noch glauben und es wieder glauben. Noch glauben, daß der Mond auf die Pflanzen wirkt, verrät Dummheit und Aberglauben, aber es* wieder *glauben, zeugt von Philosophie und Nachdenken.* Verzeihen Sie, wenn ich Ihnen zu nahe trete.

EINSTEIN: Schon recht, Lichtenberg. Aber zimperlich sind Sie tatsächlich nicht.

Die Quantenmechanik ist zugegebenermaßen sehr achtung-gebietend. Aber eine innere Stimme sagt mir, daß das doch nicht der wahre Jakob ist. Die Theorie liefert viel, aber dem Geheimnis des Alten bringt sie uns kaum näher. Jedenfalls bin ich überzeugt, daß der nicht würfelt.

LICHTENBERG: *Das Beobachtbare steht doch am Anfang und daraus leitet der Physiker Gesetze ab. Aber was hilft alles Schließen aus Erfahrung? Ich leugne nicht, daß es zuweilen eintrifft. Aber fehlt es nicht auch ebenso oft? Und ist das Ganze nicht ein Glücksspiel? Alles in der Natur auf einfache Prinzipien zurückbringen wollen, heißt doch am Ende, dünkt mich, voraussetzen, daß es ein solches Principium geben müsse, und wie beweist man dies?*

EINSTEIN: *Meine physikalische Haltung kann ich Ihnen,* bester Kollege, *nicht so begründen, daß Sie sie irgendwie vernünftig finden würden. Ich kann deshalb nicht ernsthaft an den prinzipiellen Zufallscharakter der Natur glauben, weil dies mit dem Grundsatz unvereinbar ist, daß die Physik eine Wirklichkeit in Zeit und Raum darstellen soll, ohne spukhafte Fernwirkungen. Allerdings bin ich nicht fest davon überzeugt, daß es wirklich mit der Theorie eines kontinuierlichen Feldes gemacht werden kann. Aber davon bin ich überzeugt, daß man schließlich bei einer Theorie landen wird, deren gesetzmäßig verbundene Dinge nicht Wahrscheinlichkeiten, sondern gedachte Tatbestände sind. Zur Begründung dieser Überzeugung kann ich aber nicht logische Gründe, sondern nur meinen kleinen Finger als Zeugen beibringen, also keine Autorität, die außerhalb meiner Hand irgendwelchen Respekt einflößen kann.*

LICHTENBERG: *Das sind eben die Mythen der Physiker.* Sie sind verblüffend ehrlich, Kollege Einstein. So ist es nämlich tatsächlich: *Wir werden uns gewisser Vorstellungen bewußt, die nicht von uns abhängen. Wir kennen nur allein die Existenz unserer Empfindungen, Vorstellungen und Gedanken.* Es *denkt, sollte man sagen, so wie man sagt:* es *blitzt. Zu sagen cogito, ist schon zu viel, sobald man es durch »Ich denke« übersetzt. Das »Ich« anzunehmen, zu postulieren, ist praktisches Bedürfnis. Gedanke und Blitz sind, als Prozeß gesehen, einander höchst ähnlich; sie laufen über Verzweigungen und Verästelungen. An jedem Verzweigungspunkt wird eine Entscheidung gefällt. Aber wer fällt sie?* Es *denkt,* es *blitzt.* Ist das *»es«* nicht doch der würfelnde Gott? *Im übrigen: Ist es nicht höchst sonderbar, daß der Blitz der sich doch mit einer solchen Schnelligkeit bewegt, so selten oder niemals in einer graden Linie geht und sich so leicht lenken läßt. Man sieht also überhaupt daraus, daß der Zug eben nicht sehr in die Ferne geht, sondern nur von einem zum andern in eine große Nähe. Sind die Verzweigungspunkte Luftteilchen? Wie mag die Materie im unendlich Kleinen aussehen? Zum Exempel: Das Mikroskop dient doch nur dazu, uns noch mehr zu verwirren. So weit wir mit unsern Tubis reichen können, sehen wir Sonnen, um die sich wahrscheinlich Planeten drehen; daß in unserer Erde so etwas vorgeht, davon überführt uns die Magnet-Nadel. Wie wenn sich dieses noch weiter erstreckte, wenn sich in dem kleinsten Sandkörnchen ebenso Stäubchen um Stäubchen drehten, die uns so zu ruhen scheinen, wie die Fixsterne? Es könnte ein Wesen geben, dem das uns sichtbare Weltgebäude wie ein glühender Sandhaufen vorkäme. Die Milchstraße kann ein organischer Teil sein, inwiefern ließe sich die Vegetation aus diesem System erklären?*

EINSTEIN: *Es ist wohl ebenso wenig zu begreifen, als warum eine Lawine gerade mit* einem *Stäubchen losgeht und einen bestimmten Weg nimmt.*

LICHTENBERG: Mit solchen Unbestimmtheiten, grundsätzlichen Unschärfen, werden wir uns wohl abfinden müssen, Herr Einstein; *es gibt nur eine einzige grade Linie, aber eine unendliche Menge krummer, wenn sich also ein Körper bewegt, so läßt sich eine unendliche Summe gegen eins setzen, daß es eine krumme sei, und für jede Krümmung läßt sich ein Mittelpunkt angeben. Da sich eine zirkelförmige Bewegung in der Welt am längsten erhält, wie wir an den Planeten sehen, sowohl an ihren Bewegungen um die Achse als um die Sonne und Hauptplaneten, so könnte alle Bewegung in der Welt daher ihren Ursprung nehmen. Das Licht allein scheint hiervon eine Ausnahme zu machen, da es aber vermutlich schwer ist, so wird es doch gebogen.* Das gehört ja in Ihre Relativitätstheorie, Kollege Einstein.

EINSTEIN: Sie haben recht, Lichtenberg. *Die Verallgemeinerung der Gravita-*

tion ist nun endlich vom formalen Gesichtspunkt völlig überzeugend und eindeutig – wenn der Herrgott nicht einen total anderen Weg gewählt hat, von dem man sich keine Vorstellung machen kann. Die Prüfung der Theorie ist leider viel zu schwierig für mich. Der Mensch ist ja doch nur ein armes Luder!
LICHTENBERG: Sie kokettieren ein wenig mit Ihrer Physik, Verehrtester, aber das macht ja auch Ihren Charme! *Die Erklärung der Schwere, die Mutmaßung über die Entstehung der Kristalle pp habe ich wie die Offenbarung Johannis bis zur Erschöpfung durchgearbeitet und man kann davon glauben soviel man will oder kann.*
EINSTEIN: Das hat nun ausnahmsweise nichts mit »glauben« zu tun, mein Lieber. *Wenn man sich von dieser Verschwommenheit entfernen will, dann muß man eben Mathematik machen. Und selbst diese erreicht dies Ziel nur dadurch, daß sie unter dem Seziermesser der Klarheit ganz substanzlos wird. Lebendiger Inhalt und Klarheit sind Antipoden, einer räumt das Feld vor dem andern.*
LICHTENBERG: Genau das ist unser Problem, Herr Kollege. *Der Mensch ist vielleicht halb Geist und halb Materie, so wie der Polype halb Pflanze und halb Tier. Auf der Grenze liegen immer die seltsamsten Geschöpfe.*

Die Evolution der Arten – phylogenetische Stammbäume

Wir haben in Kapitel 1 gesehen, daß Leben ein dynamisches Gleichgewicht zwischen Ordnung und Zerfall ist. In Kapitel 2 wurde die Wissenschaft der Biochemie als exemplarisch für diese These im einzelnen beleuchtet, wobei die Nähe von Chaos sich als produktiv erwies. In Kapitel 3 wurde schließlich das hochkomplexe System der Gen-Wissenschaften verdeutlicht. Immer wieder hat sich dabei gezeigt, daß die heute von der modernen Biologie behandelten Systeme nichtlinear sind, sich verzweigen, Bruchstellen haben. Diese Systeme evolvieren.
Die Idee der Evolution ist durch Darwin zum erstenmal in klarer Form in die Wissenschaft eingeführt worden.[2] Er hat als erster einen Stammbaum der Arten gesehen und aufgestellt, wenn auch seinerzeit noch sehr unvollständig. Mit seiner Historisierung der Natur (vgl. Kap. 9, S. 291), mit der erstmaligen Einführung einer wirklichen Natur-Geschichte hat Darwin einen Paradigmenwechsel herbeigeführt, der eine »wissenschaftliche Revolution« im Sinne von Thomas Kuhn[3] bedeutet.
Die bis dahin statische, in sich ruhende Natur steht nur für das Auge des

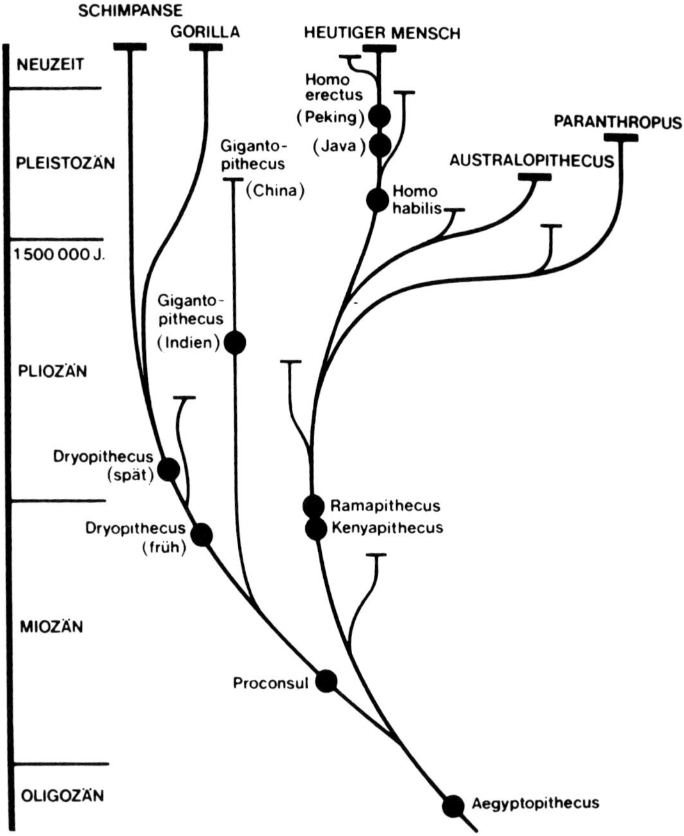

Abb. 4.1: Evolutionsstammbaum des Menschen.

kurzzeitigen Beobachters stille. In Wahrheit stellt sie einen dynamischen Prozeß dar, in dem eines sich aus dem andern entwickelt. Das System der Natur evolviert.

Die Darwinsche Theorie ist bekannt. Unter Selektionsdruck werden aus den genetischen Varianten einer Art diejenigen überleben und sich fortpflanzen, die sich der jeweiligen Umwelt am besten anpassen können, und so driften die Arten immer weiter auseinander. Die Variation der Arten geht aus von Punktmutationen in den jeweiligen Genen. Die meisten Mutationen sind unvorteilhaft und führen zu einem Aussterben der betreffenden genetischen Variante. Die wenigen vorteilhaften Änderungen pflanzen sich fort.

Darwin hatte durch Vergleich der Merkmale Verwandtschaften festgestellt, und die Paläontologen haben aus Versteinerungen weiter zurückliegende Verwandtschaften rekonstruiert. Eine biochemische Taxonomie hat solche Stammbäume in den letzten fünfzig Jahren verfeinern können. Heute ist die zuverlässigste Methode die Sequenzanalyse der Nukleinsäuren. Ein bestimmtes Gen, zum Beispiel das des Hämoglobins oder des Cytochroms c (eines der Atmungsenzyme) oder der sogenannten 5 s-RNS wird aus den verschiedensten Arten isoliert und seine Sequenz verglichen (vgl. Kap. 2 und 3). Je weiter die einzelnen Arten entwicklungsgeschichtlich voneinander entfernt sind, desto größer sind die Unterschiede in den Basensequenzen. Man kann dies direkt auszählen. Abbildung 4.1 zeigt zunächst den Evolutionsstammbaum des Menschen, den gemeinsamen Evolutionsstammbaum der Primaten in klassischer Darstellungsweise.

In Abbildung 4.2 ist dem gegenübergestellt der Stammbaum höherer Lebewesen anhand der Basenunterschiede des Gens für das Enzym Cytochrom c. Man kann zum Beispiel daraus sehen, daß zwischen den heutigen Affen und den Menschen nur ein Unterschied von einem Nukleotid besteht (0,8 + 0,2 = 1), ein Abstand der nicht anders ist als der zwischen Pferd und Esel (0,9 + 0,1 = 1).[5]

Auf gleiche Weise läßt sich der Evolutionsstammbaum der gesamten Tier-, Pflanzen- und Bakterienwelt ableiten anhand der 5 s-RNS, einer Nukleinsäure, die bei der Biosynthese der Proteine eine wichtige Rolle spielt und in allen Lebewesen, vom primitivsten bis zum Menschen, vorhanden ist.[4] Der Zusammenhang der Arten läßt sich heute nicht nur qualitativ, sondern auch quantitativ an der Zahl der veränderten Basenpaare direkt ablesen. Danach kann an der Gültigkeit der Darwinschen

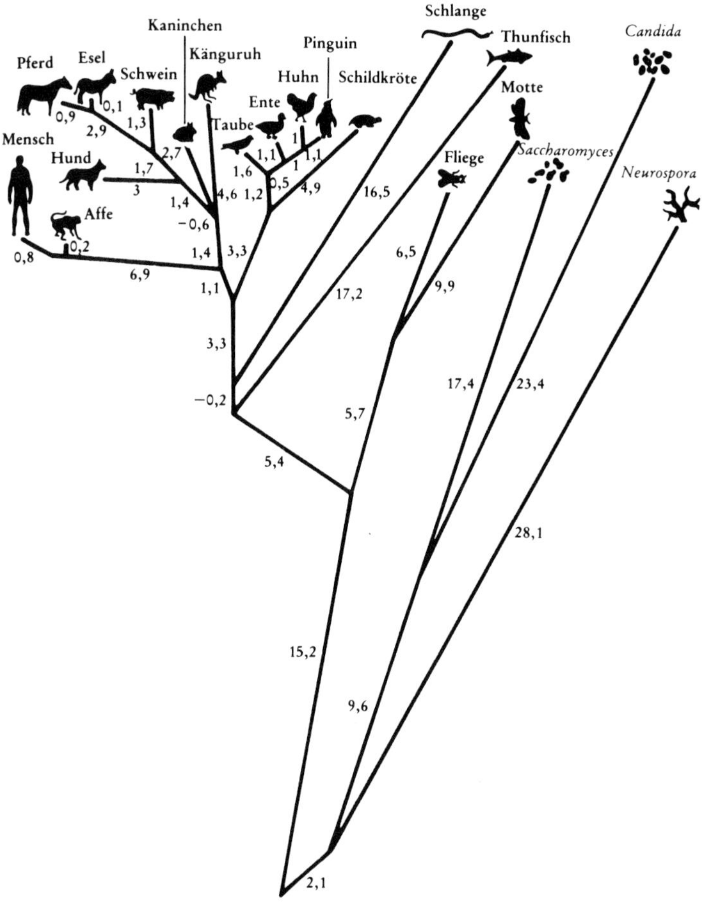

Abb. 4.2: Rekonstruktion des phylogenetischen Stammbaums des Cytochroms c auf der Basis vergleichender Sequenzanalysen. An den einzelnen Ästen ist jeweils die minimale Zahl von Nukleotidsubstitutionen in der DNS der Gene angegeben, mit der sich die empirisch ermittelten Unterschiede in der Aminosäuresequenz des Cytochroms c erklären lassen. Der hieraus resultierende Evolutionsbaum des Cytochroms c stimmt bis auf geringfügige Abweichungen mit dem makroskopischen Evolutionsbaum überein, wie er aufgrund paläontologischer Befunde rekonstruiert wird.[5]

Beschreibung der evolvierenden Natur also kein Zweifel mehr bestehen. Aber ist die Zahl der Basenpaare das einzig mögliche Kriterium? Sind Mensch und Affe wirklich als Spezies so nahe beieinander wie Pferd und Esel? Gibt es nicht auch noch andere Kriterien als die in der Molekularbiologie ablesbaren?

Wenden wir uns zunächst der Frage zu: Was bestimmt die Richtung der Evolution, nach welchen Kriterien verzweigen sich Stammbäume? Die Darwinsche Theorie löst vitalistische, teleologische Schöpfungstheorien endgültig ab, obwohl das Darwin selbst zunächst nicht voraussah, und stellt ein operationelles Schema aus Zufall und Notwendigkeit vor.[6] Durch einzelne Punktmutationen oder, wie wir heute wissen, durch Übertragung von größeren Genstücken mit Hilfe von Plasmiden, das sogenannte »Exon Shuffling«,[7] entsteht eine mehr oder weniger große genetische Variationsbreite, aus der dann die Selektion erfolgt (vgl. Kap. 3). So gesehen, geschieht an jedem Verzweigungspunkt ein irreversibler Schritt. Das Genom ändert sich; die neuen Eigenschaften passen sich in die Umwelt ein und behaupten dort ihren neuen Platz, aus dem sie nicht mehr herausspringen können, aber wenn sie sich nicht in die Umwelt einpassen, geht das Lebewesen unter. Jeder Verzweigungspunkt der Evolution ist also ein Sprung. Evolution, die, von außen betrachtet, ein kontinuierliches System des Lebendigen darstellt und gerade deshalb auch von Darwin entdeckt werden konnte, ist in ihrem tatsächlichen Mechanismus diskontinuierlich im physikalischen und mathematischen Sinne. Sie findet in einer irreversiblen Zeitskala statt. Dies ist ein tief einschneidender physikalischer Paradigmenwechsel. Newton hatte die Zeit als skalare Meßgröße im Prinzip als reversibel angenommen: Wurfbahnen, sogenannte Trajektorien, sind wiederholbar, Pendel schwingen hin und her, die Planeten bewegen sich periodisch. Für Newton sind irreversible Fälle Sonderfälle, die, zumindest im Rahmen der Physik des 18. Jahrhunderts, nicht behandelt werden können. Nun stellt sich seit Darwin heraus, daß die realistischen Fälle, die unser Leben und unsere Existenz betreffen, irreversibel sind. Demnach ist die Newtonsche Physik ein Sonderfall. Das wurde zunächst nicht zur Kenntnis genommen. Der Positivismus negierte diese unbequeme, ja ungemütliche Erfahrung. Etwa ab 1890 greift Ludwig Boltzmann den Gedanken der Irreversibilität auf (vgl. Kap. 8), aber erst mit Lars Onsager und Ilja Prigogine wird er allgemeines Gedankengut. Darüber wird noch genauer zu sprechen sein.

Molekulare Evolution – Eigens Theorie der Hyperzyklen[7]

Vor der Evolution der Arten vom primitiven Einzeller an – mit der sich Darwin ausschließlich befaßte – muß eine »molekulare Evolution« von einfachen, ungeordneten Molekülen hin zur Zellstruktur vor sich gegangen sein. Zwischen der Entwicklung vom Urknall über die galaktischen Systeme, über die Planetensysteme, über die wüste und leere Erde bis hin zur ersten lebenden Zelle sind die »Missing Links« noch nicht gefunden. Sie werden wohl auch niemals gefunden werden, jedenfalls nicht im Sinne der klassischen Paläontologie. Man kann aber trotzdem auf zweierlei Weise dem Problem der Entstehung des Lebens näherkommen: Einmal durch experimentelle Nachahmung der damals herrschenden Bedingungen und zum andern durch theoretische Überlegungen und Rückschlüsse aus den jetzt vorhandenen molekularen Strukturen.
In vielen inzwischen schon klassisch gewordenen Versuchen konnte bewiesen werden, daß diejenigen Substanzen, aus denen lebendige Strukturen zusammengesetzt sind, also Aminosäuren und Nukleotide, in der Natur im Prinzip spontan unter entsprechenden Bedingungen entstehen können. Wenn man annimmt, daß es vor etwa drei Milliarden Jahren eine Art »Ursuppe« gab, also Pfützen, in denen eine Menge organischer Substanzen gelöst waren: Blausäure, Aldehyde, Amine, einfache Heterozyklen usw., dann könnten unter dem Einfluß elektrischer Entladungen oder vulkanischer Erscheinungen chemische Reaktionen stattgefunden haben, in denen diese organischen Substanzen spontan die einfachen Aminosäuren oder Basen der Nukleinsäuren bilden. Versuche, die diese Urbedingungen auf der Erdoberfläche nachahmen, sind in vielen Laboratorien der Welt gemacht worden. Dabei hat man die entscheidenden Aminosäuren, zum Beispiel Glycin und Alanin, und die entsprechenden Nukleoside Adenosin oder Guanosin gefunden. Manche dieser organischen Verbindungen kommen auch in Meteoriten vor. Zyanide und Kohlenstoffradikale sind spektroskopisch im Weltraum nachgewiesen worden. Im Prinzip gibt es eine »spontane organische Chemie« in unbelebten Systemen. Es fragt sich nur, wie aus diesen unbelebten Systemen sich selbst reproduzierende und selektierende Molekülgruppen und schließlich Lebewesen entstehen können.
Wir haben in Kapitel 1 bereits gesehen, daß man bei der Entstehung des Lebens nicht den ungesteuerten Zufall als einzige Erklärung heranziehen

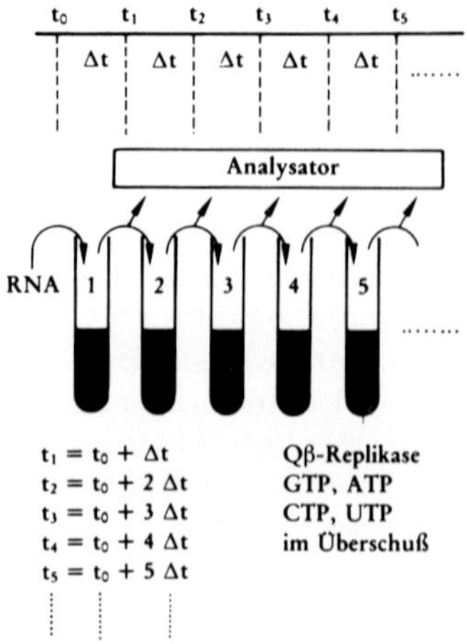

Abb. 4.3: »Serial-transfer« Experimente zur Replikation viraler RNS. Die Technik ist schematisch gezeigt (links). RNS, insbesondere RNS von einfachen Bakteriophagen wie Qß oder MS2, repliziert sich in einem Medium, das das Enzym Qß-Replikase sowie die vier Nukleosidtriphosphate GTP, ATP, CTP und UTP im Überschuß enthält. Nach einiger Zeit (Δt) wird eine Stichprobe aus dem Reagenzglas entnommen. Ein Teil wird analysiert, ein Teil wird in neues Medium transferiert. Diese Prozedur wird regelmäßig nach weiteren Zeitintervallen Δt wiederholt. Unten zeigen wir schematisch den typischen Verlauf einer solchen Versuchsreihe. Die Geschwindigkeit der RNS-Synthese nimmt sprunghaft zu, bis sie schließlich nach bis zu hundert Überimpfungen einen Optimalwert erreicht.[9]

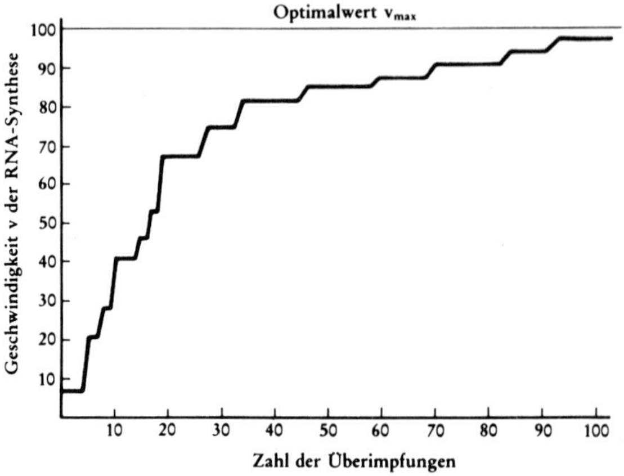

darf. Die Entwicklung des Lebens auf der Erde ist viel schneller gegangen, als daß sie auf einfachen statistischen Schwankungen beruhen könnte. Vielmehr muß von Anfang an ein Selektionsmechanismus wirksam gewesen sein, der die »richtigen« Moleküle ausgewählt und ihnen das »Weiterleben« ermöglicht hat. Da es eine Bewertungsskala für »falsch« und »richtig«, zum Beispiel in bezug auf Schnellerfliegen, bessere Tarnfarbe, Anlocken von Bienen usw. noch nicht gab, so kann es damals nur ein einziges Kriterium der Selektion gegeben haben: die schnellere Selbstreproduktion eines Makromoleküls, das Information enthält. Versuche zur Selbstreproduktion von Makromolekülen, die den damaligen Bedingungen entsprechen könnten, kann man heute machen und zwar mit Hilfe des Bakteriophagen Qß und seiner Replikase, das heißt also mit demjenigen Enzym, welches diesen Phagen kopiert.[8, 9]
Unter Bedingungen des in Abbildung 4.3 gezeigten Experiments bildet sich nach etwa hundert Generationen eine codierende RNS heraus, die ungefähr fünfzehnmal schneller repliziert wird als die ursprüngliche RNS. Hier hat das System »von selbst« eine Selektion vorgenommen, so daß eine immer schneller replizierende RNS entstand. Die so entstandene RNS hat aber auch Nachteile. Sie hat ihre Sequenz verändert, sie ist kürzer geworden und sie hat die Fähigkeit verloren, Bakterienzellen zu infizieren. Das System ist also nur in bezug auf die *eine* Eigenschaft »schneller replizieren« verbessert worden. Es bleibt ein einseitiges, künstliches Experiment. Doch das Modellexperiment zeigt das Prinzip: In einem replizierenden System kann ohne äußeres Zutun unter bestimmten Randbedingungen eine molekulare Selektion stattfinden.[10]
Der Mechanismus der Selbstorganisation von Molekülen läßt sich nach Manfred Eigen in einer gänzlich neuartigen Theorie beschreiben, der Theorie des Hyperzyklus.[7] Alle biochemischen Reaktionen sind enzymatische Reaktionen, sie werden durch Enzyme katalysiert. Mehrere Enzyme können dabei zu katalytischen Zyklen zusammengeschlossen sein, wie wir das in Kapitel 2 beim Zitronensäurezyklus gesehen haben. Schematisch ist in Abbildung 4.4 ein solcher katalytischer Zyklus wiedergegeben. Er stellt ein höheres Organisationsniveau der Katalyse dar. Die einzelnen Enzyme des Zyklus E_1 bis E n sind Katalysatoren. Die Produkte der jeweiligen Katalysen sind Katalysatoren für die nächste Reaktion. Ein katalytischer Hyperzyklus (Abb. 4.5) besteht wiederum aus einer Zusammenschaltung von mehreren katalytischen Zyklen, die jeweils zwei Funktionen erfüllen müssen, nämlich: erstens müssen sie

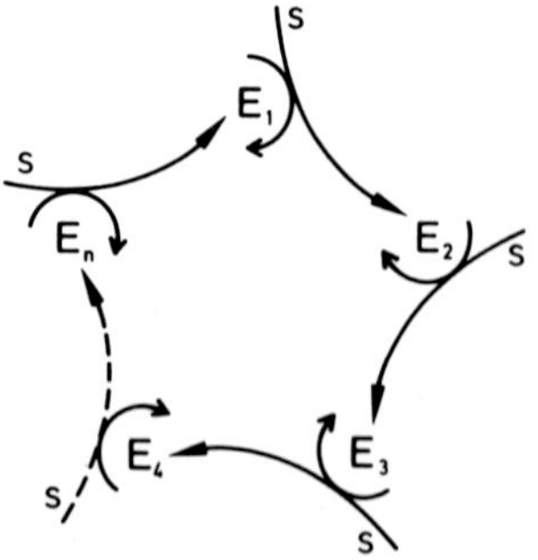

Abb. 4.4: Katalytischer Zyklus, in dem mehrere Enzyme zusammengeschaltet sind, so daß ein kontinuierlicher Stoffwechsel erfolgen kann. Ein detailliertes Beispiel ist der Zitronensäurezyklus, der in Abbildung 1.12 dargestellt ist. Ein katalytischer Zyklus führt definitionsgemäß in sich zurück und kann demnach als Autokatalysator bezeichnet werden.

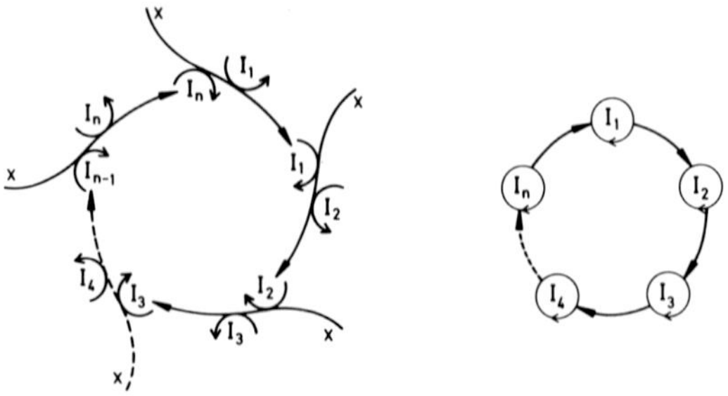

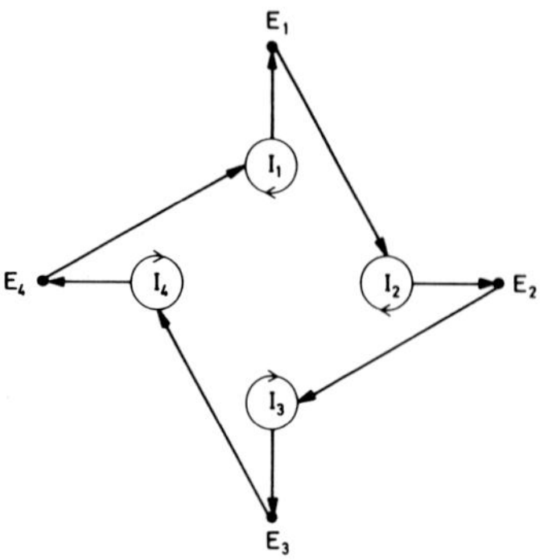

Abb. 4.5, oben: Katalytischer Hyperzyklus. I ist eine selbstinstruktive Einheit (angezeigt durch den kleinen Pfeil), die durch die Reproduktion des folgenden Zyklus unterstützt wird, (angezeigt durch den großen Pfeil); unten: Der Informationsträger I enthält die Information für seine eigene Reproduktion und außerdem Information für die Übersetzung eines zweiten Typs von Zwischenprodukt mit optimalen funktionalen Eigenschaften, in der Regel eines Enzyms. Dieses vom Informationsträger erzeugte Enzym unterstützt die Tätigkeit des folgenden Informationsträgers.

in der Lage sein, sich selbst zu reproduzieren, und zweitens müssen die von ihnen erzeugten Produkte den darauffolgenden Zyklus unterstützen.

Das ist genauer dargestellt in Abbildung 4.5. Die Informationsträger I haben zwei Arten von Instruktionen, eine für ihre eigene Reproduktion und die andere für die Übertragung in einen zweiten Typ von Zwischenprodukt, welches die Funktion des nächsten katalytischen Zyklus unterstützt. In einem solchen System sind verschiedene Randbedingungen zu beachten.

1. Das System muß einerseits seine Information behalten und unverändert weitergeben können. Die Information, etwa für die Sequenz einer Nukleinsäure, darf nicht rasch aussterben. Andererseits muß die Information veränderbar sein, das System muß lernen können. In der Sprache der Nukleinsäure bedeutet Veränderung eine Mutation, ein Austausch eines Nukleinsäure-Bausteins, das heißt: die Reihenfolge der Nukleinsäure-Bausteine muß sich verändern können. Beide Forderungen müssen erfüllt sein: Konstanz und Veränderbarkeit. Zwischen ihnen muß ein Kompromiß gefunden werden, und der ist für die einzelnen Lebewesen je nach Evolutionshöhe, Länge des Genoms oder Einflüssen der Umgebung sehr verschieden. Wir haben das in Kapitel 3 bereits diskutiert. Der Phage Qß mit seinem kurzen Informationsträger von 3500 Basen kann sich besonders rasch verändern. Die Genauigkeit der Qß-Replikase beträgt etwa ein Fehler in 3500, das heißt pro Kopiervorgang der RNS findet ein Austausch statt, der die Basis für die Evolution der Eigenschaften darstellt. Als eine Faustregel kann man annehmen, daß pro Kopiervorgang des gesamten Genoms etwa ein Fehler entsteht. Beim Menschen also wäre die Genauigkeit des Kopierens der DNS ein Fehler in 10^9 bis 10^{10} Basenpaaren.

2. Ein evolvierendes System darf, wenn es evolutionsfähig bleiben soll, nicht in eine Sackgasse geraten, in ein Energieminimum, in ein Loch oder Tal, aus dem es nicht wieder herausfindet. Evolution ist ja dadurch charakterisiert, daß sie immer weiter geht. Die einzelnen Spezies dürfen trotz selbständiger Entwicklung nicht vollkommen voneinander abgekoppelt werden. Evolution ist ein interaktives Netzwerk und ist offensichtlich immer ein Netzwerk gewesen, sonst bestünde die lebendige Welt aus lauter Sackgassen, das heißt aus fossilen, ausgestorbenen oder zum Aussterben verurteilten Tieren an den jeweiligen Enden von abstrusen Entwicklungen, also etwa aus Sauriern oder Riesenhirschen mit

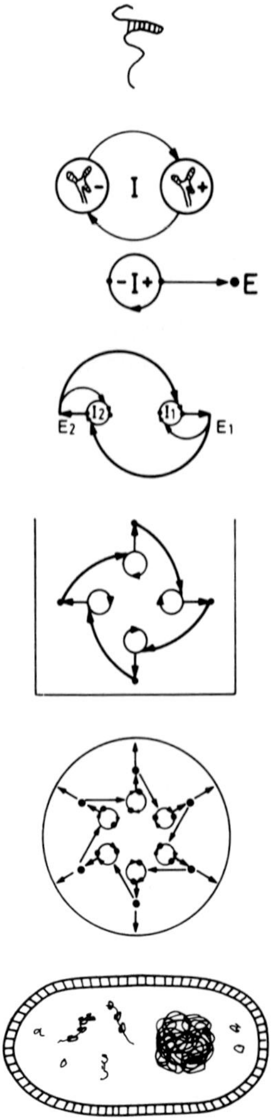

Guanosin- und Cytidin (GC)-reiche quasi Species von DNS oder RNS.

Zuordnung der Codons; Translationsprodukte reich an Glycin und Alanin.

Hyperzyklische Fixierung des GC-Leserahmen-Codes. Zuordnung von Glycin, Alanin, Asparagin und Valin; primitive Replikasen.

Evolution der hyperzyklischen Organisation. RNY Code, Replicasen, Synthetasen, Vorläufer von Ribosomen, Evolution des genetischen Code, räumliche Kompartimentisierung.

Völlig kompartimentisierte Hyperzyklen. Adaptierte Replikations- und Translationsenzyme. Evolution von metabolischen und Kontrollfunktionen, Operon-Struktur. RNS entspricht in der Länge den gegenwärtigen RNS-Viren.

Protozelle. Integriertes Genom, das aus DNS besteht, verfeinerte Enzyme, Kontrollmechanismen für das Ablesen. Weitere Darwinsche Evolution ermöglicht Diversifikation.

Abb. 4.6: Hypothetisches Schema der Evolution vom einzelnen Makromolekül bis zur integrierten Zellstruktur nach der Theorie der Hyperzyklen.[7]

absonderlichen Geweihen – also aus Lebewesen, deren Entwicklungsreihen sich nicht mehr fortsetzen können, weil sie nicht mehr Teil des interaktiven Netzwerks Evolution sind.
Die Eigensche Theorie der Hyperzyklen trägt diesem Tatbestand Rechnung und ist wohl derzeit die beste Beschreibung des Mechanismus der molekularen Evolution. Auf den umfangreichen biochemischen Teil und den bestechend schönen mathematischen Teil dieser Theorie kann hier nicht näher eingegangen werden. Hierzu sei auf die Monographie von Manfred Eigen und Peter Schuster[7] verwiesen.
In Abbildung 4.6 ist das Schema der Evolution vom einfachen Makromolekül bis zur integrierten Zellstruktur noch einmal zusammengefaßt, so wie es sich nach der Theorie der Hyperzyklen darstellt.
Diese Theorie ist für das Verständnis des Mechanismus der Evolution vergleichsweise dasselbe wie die Quantenmechanik für die Physik der Elementarvorgänge. Die Heisenbergsche Quantenmechanik ist eine allgemeine Methode und Darstellungsform zur Beschreibung physikalischer Elementarvorgänge, die dem statistischen Charakter und der Unschärfe dieser Prozesse Rechnung trägt. Der Eigensche Hyperzyklus ist eine allgemeine mathematische Formulierung aller möglichen evolvierenden Systeme, die dem rückgekoppelten Charakter der Evolution Rechnung trägt. Die Quantenmechanik ist eine mathematische Beschreibungsmethode und nicht »*die* Erklärung der Physik«. Im gleichen Sinne ist die Hyperzyklentheorie eine mathematische Beschreibungsmethode und nicht »*die* Erklärung der Evolution«.

Evolutionäre Erkenntnistheorie – Was können wir wissen?

Die Vorderseite und die Rückseite des Spiegels

Wenn in der Evolution Lebewesen entstanden sind, so müssen auch deren Organe in der Evolution entstanden sein. Das muß dann auch für die Sinnesorgane gelten. Was wir hören, sehen, fühlen können, das hat sich im Laufe der Evolution für höhere Lebewesen als zweckmäßig herausgestellt. Die Sinnesorgane der höheren Lebewesen haben als Empfänger für Lichtwellen eines bestimmten Spektrums, das Auge, für Schallwellen das Ohr, für mechanischen Druck und Wärmeunterschiede das Gefühl und für bestimmte Chemikalien den Geschmack und Geruch. Mit Hilfe der

fünf Sinne nehmen wir die Welt wahr. Aufgrund der Sinneseindrücke bildet sich uns ein Bild der Welt. Die Welt spiegelt sich in uns.
Dagegen können wir zum Beispiel unmittelbar keine Radiowellen empfangen und in Sinneseindrücke umsetzen. Dazu brauchen wir die erst im 20. Jahrhundert konstruierten Empfangsgeräte. Wir können auch keine magnetischen Felder spüren (was offenbar Zugvögel und Brieftauben können), dazu mußte im 14. Jahrhundert der Kompaß erfunden werden. Fast alle Lebewesen machen von den gleichen grundsätzlichen physikalischen Übertragungsmöglichkeiten Gebrauch, indem sie das Licht, den Schall oder Umweltchemikalien durch ihre Sinnesorgane analysieren. Bei den einen ist der optische Apparat mehr entwickelt (Raubvögel), bei den anderen der Geruchssinn oder das chemische Erspüren (Bakterien, Insekten, Hunde). Es scheint sich aber etwa das gleiche Muster für alle Lebewesen als zweckmäßig erwiesen zu haben, so daß sie sehr ähnliche Decodierungswerkzeuge für ihre Umwelt besitzen. In diesem Sinne sind die Sinnesorgane fast so universal wie der genetische Code.
Auch die Bedingungen einer möglichen Erkenntnis hängen mit den menschlichen Sinnesorganen zusammen. Auch sie sind nicht beliebig, sondern durch die sinnlichen Möglichkeiten begrenzt, allerdings durch unsere Denkfähigkeit offensichtlich stark erweitert. Nicht nur bestimmte Erkenntnismuster, sondern auch Verhaltensmuster sind genetisch festgelegt. Das hat die Verhaltensphysiologie der letzten Jahrzehnte besonders durch Erich von Holst und Konrad Lorenz erwiesen.[11] Da wir aufgrund unserer Evolutionsgeschichte in unseren Erkenntnismöglichkeiten eingeschränkt beziehungsweise programmiert sind, müssen die vorgegebenen Bedingungen unserer Erkenntnis untersucht werden. Das hat Kant in seiner Transzendentalphilosophie in einer für die Moderne grundlegenden Weise getan. Die philosophische Grundlegung in der »Kritik der reinen Vernunft« dürfte auch heute noch gelten. Das Werk ist allerdings nicht leicht zu lesen. Deswegen hat Kant eine Einführung dazu geschrieben, die auch der Laie verstehen kann. Die »Prolegomena zu einer jeden künftigen Metaphysik, die als Wissenschaft wird auftreten können«, beginnen mit dem Satz: »Wenn man eine Erkenntnis als Wissenschaft darstellen will, so muß man zuvor das Unterscheidende, was sie mit keiner anderen gemein hat und was ihr also eigentümlich ist, genau bestimmen können; widrigenfalls die Grenzen aller Wissenschaften ineinanderlaufen und keine derselben ihrer Natur nach gründlich abgehandelt werden kann«.[12]

In der Verhaltensforschung hat Konrad Lorenz das Unterscheidende genau bestimmt und auch die Bedingtheit und Abhängigkeit menschlichen Verhaltens von den biologischen Voraussetzungen aufgezeigt. Lorenz hat damit einige der Kantschen philosophischen Bedingungen und Bedingtheiten des Erkennens (eben die Transzendentalphilosophie) zusätzlich sinnesphysiologisch und stammesgeschichtlich begründet und so die »Rückseite des Spiegels« unserer Sinnesorgane erforscht.

Ideologisierung des Evolutionsbegriffes: Evolutionismus

Darwins Theorie von der Entstehung der Arten ist der paradigmatische Versuch einer Erklärung der Vielfalt des Lebens auf naturgeschichtlicher Grundlage. Zum Leben – und das heißt auch zur Evolution – gehören aber auch Sinnesempfindungen, Verhalten und schließlich menschliches Denken. Das ist einer der Gründe, weshalb in einer positivistischen Denkweise der Evolutionsbegriff ideologisiert zu werden droht. Das heißt: Aus dem ursprünglich naturwissenschaftlich-pragmatischen Erklärungsmodell wird eine Weltanschauung, der Evolutionismus. Wie weit reicht eine evolutionäre Erkenntnistheorie?
Selbstverständlich gibt es nach den wissenschaftlichen Einsichten der Verhaltensphysiologen in der Evolution erworbene Erkenntnis[13, 14, 15], die manche unserer menschlichen Eigenschaften und Verhaltensweisen als ererbte Verhaltensreflexe ohne moralischen Wert entlarven, so den bekannten »Lebensrettungsreflex« des Pavianmännchens, den Konrad Lorenz aufzeigt und der eigentlich die Lebensrettungsmedaille entwerten könnte. Wollte man aber das sittliche Verhalten beim Menschen rein biologisch begründen, mit einer evolutionären Verhaltens- und Erkenntnistheorie, dann hieße das das Wesen und die Personalität des Menschen, die Einmaligkeit des Individuums samt seiner Menschwürde leugnen! Es hieße auch, die menschliche Freiheit samt der Verantwortung für die Bändigung seiner Affekte und Emotionen in Frage zu stellen. Der positivistische Evolutionismus übersieht völlig, daß wir Menschen nur noch über *Reste* vererbten Instinktverhaltens verfügen, als die ersten »Freigelassenen der Schöpfung« (Herder) aber »Geist« mitbekommen haben, der uns eine kulturelle Evolution ermöglicht, die auch im Hinblick auf Moral und Ethik noch im Gange ist (vgl. Kap. 9). Wir können uns die Medaille darum noch verdienen.
Immer wieder werden die Voraussetzungen naturwissenschaftlichen

Forschens vergessen. Durch wissenschaftliches Forschen kann man keine sittlichen Werte und keinen Sinn des Daseins begründen. Freilich spielen dabei die ererbten Sinnesorgane, Verhaltensgene, Hormone als Grundmuster, als Matrix eine wichtige Rolle, wie ich das schon in Kapitel 3 beschrieben habe. Aber den Menschen darauf reduzieren zu wollen, hieße, ihn entmenschlichen.

Menschliche Persönlichkeit, das selbstverantwortliche Individuum, sittliche Werte können in einer Weltanschauung des Evolutionismus weder als »Durchgangsstadium« (Carsten Bresch, Kap. 7, Anm. 10) noch als »Krone der Schöpfung« am Schluß erscheinen, weil sie von Anfang an bei wissenschaftlichen Betrachtungen ausgeschlossen sind. In einem Gleichungssystem, in dem zum Beispiel die Größe b nicht in der Ausgangsgleichung vorhanden ist, sondern nur a, c, d, e, f ... x, y und so weiter, kann die Größe b niemals im Schlußresultat erscheinen, auch wenn man noch so komplizierte Rechenoperationen anstellt.

Es ist freilich niemandem benommen, nach seinem Geschmack das großartige System der Evolution wegen seiner gedanklichen Ordnung und Stringenz als erschöpfende Welterklärung zu betrachten, sich daran festzuhalten, den Sinn des eigenen Lebens daraus abzuleiten, so wie das manche Menschen beim »gestirnten Himmel« ähnlich empfinden mögen. Aber schon Kant spricht vom »gestirnten Himmel über Dir *und* dem moralischen Gesetz in Dir ...«! Das moralische Gesetz muß also als spezifisches Humanum hinzukommen, was allerdings über seine kulturevolutive Herkunft noch nichts aussagt.

Eine Weltanschauung mit Verlust dieses »Humanum« gehört zu den tödlichen Gefahren für die Menschheit. In der Biologie Selbstzweck zu sehen, sie zu verabsolutieren, heißt doch, die Mechanismen der Evolution auf alle Bereiche des menschlichen Lebens ausdehnen, heißt: Recht des Stärkeren, Sozialdarwinismus, genetische Totalmanipulation, letzten Endes Rassismus und Ausrottung des vermeintlich Minderwertigen.

Stammbäume mit Rückkopplung zur Feinsteuerung

Evolvierende Systeme mit Verstärkung und Rückkopplungskontrolle, wie sie die Eigenschen Hyperzyklen darstellen, sind bei der Steuerung aller Lebensprozesse beteiligt, ja, sie stellen ein Prinzip des Lebendigen dar. Im folgenden sollen einige Beispiele aus der Biologie gebracht werden.

Die Ontogenese von Nematoden

Der Nematode Caenorhabditis elegans ist ein etwa ein Millimeter langer Wurm, der aus nur 1000 Körperzellen besteht.[16] Seine Anatomie ist Zelle für Zelle genau bekannt, auch die Funktion der einzelnen Zellen. So gibt es 95 Muskelzellen, die längs des Körpers angeordnet sind, 102 Zellen im Nervensystem und 143, die die Keimdrüsen bilden. Auch der Stammbaum all dieser Zellen, ausgehend von der befruchteten Eizelle, ist bekannt. Nach einem genau festgelegten Schema (Abb. 4.7) bildet sich der Organismus durch Zellteilung, wobei Rückkopplungen durch Nachbarschaftseffekte den Prozeß steuern und kontrollieren. Es ist ein irreversibler, diskontinuierlicher Stammbaumprozeß. An jedem Verzweigungspunkt entsteht etwas Neues, hier eine neue Zellenart.

Die Blutgerinnung

Bei der Blutgerinnung sind die Gefäßwand, die Blutplättchen und die im Plasma und extravasaler Flüssigkeit vorhandenen Blutgerinnungsfaktoren beteiligt. Durch ein raffiniert kontrolliertes hierarchisches System wird die Blutgerinnung gesteuert. Die Steuerung muß deshalb so fein und genau sein, weil das Blut nur unter ganz speziellen Bedingungen der Verletzung gerinnen darf, andernfalls würden sich Thromben (Gerinnsel) in den Adern bilden, die zu Thrombose und womöglich zur Embolie führen könnten. Andererseits müssen Verletzungen und Wunden sofort geschlossen werden, sonst droht ein Verbluten. Das dynamische System der Blutgerinnung bewegt sich also auf dem schmalen Grat zwischen Thrombosegefahr und Gefahr des Verblutens. Wiederum ist eine solche Gratwanderung nur durch eine Feinsteuerung möglich in einem komplizierten System aufeinander einwirkender und sich gegenseitig kontrollierender Enzymkaskaden, das in Abbildung 4.8 wiedergegeben ist.

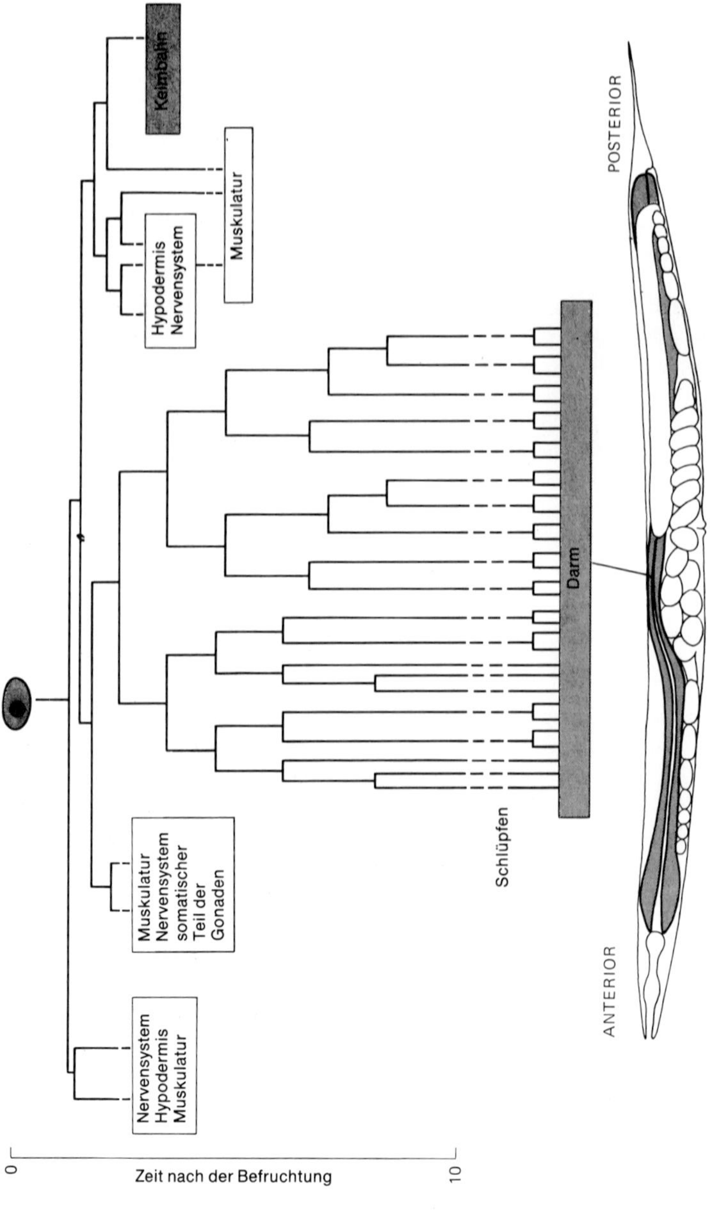

Abb. 4.7: Stammbaum der Zellen, die den Darm von Caenorhabditis elegans bilden. Das Ei (oben) ist im gleichen Maßstab wie das adulte Tier (unten) gezeichnet.

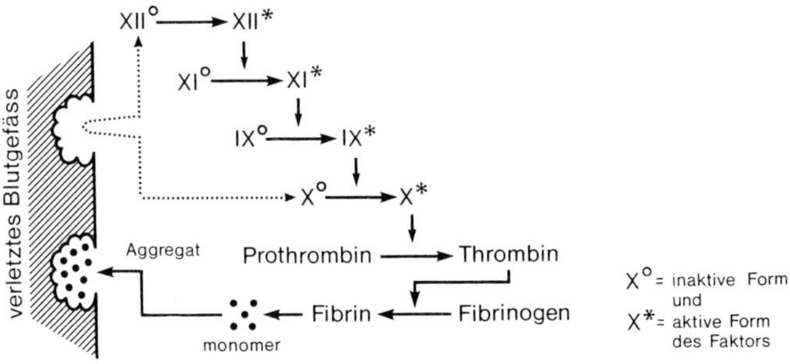

Abb. 4.8: Schema der Blutgerinnungskaskade. Der letzte Schritt ist die Umwandlung von Fibrinogen in Fibrin.

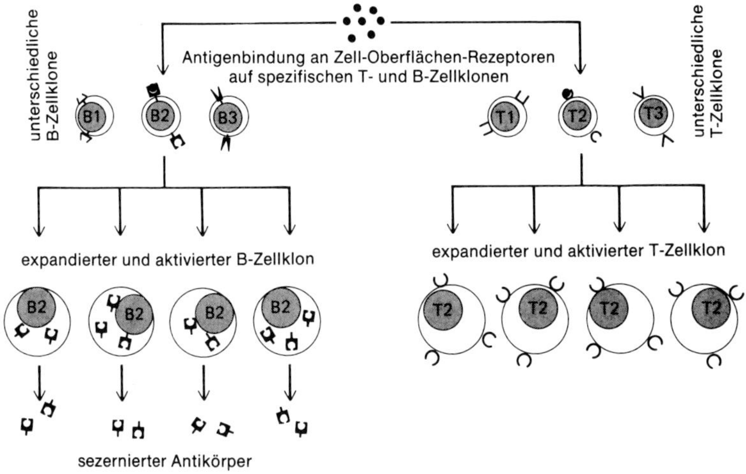

Abb. 4.9: Schematisches Diagramm der klonalen Selektionstheorie. Ein Antigen aktiviert nur diejenigen T- und B-Zellklone, die bereits darauf festgelegt sind, mit diesem Antigen zu reagieren. Man nimmt an, daß das Immunsystem aus Millionen von Lymphozyten-Klonen besteht, von denen vielleicht einige Hundert durch ein bestimmtes Antigen aktiviert werden.

Erzeugung der Antikörper durch klonale Selektion

Die wichtigste und charakteristische Eigenschaft des Immunsystems ist, daß es gegen Millionen von fremden Antigenen, Fremdstoffen oder fremden Zellen, die in den Körper hineingeraten, in jeweils hochspezifischer Art reagieren und diese »entgiften« kann. Man nimmt heute an, daß Antikörper durch klonale Selektion und entsprechende Vermehrung erzeugt werden. Gemäß dieser Annahme gibt es viele verschiedene Lymphozyten, die jeweils in einem bestimmten Abschnitt ihrer Entwicklung auf ein zunächst noch gar nicht vorhandenes Antigen, also auf eine hypothetische chemische Struktur festgelegt worden sind. Diese Vielfalt der Antikörper, wahrscheinlich 10^8 verschiedene (!), entsteht durch somatische Mutation aus einigen wenigen Grundstrukturen. Das Immunsystem hält also wenige Zellen für jede mögliche Fremdinvasion bereit.

Wenn nun tatsächlich eines der vielen möglichen Antigene in den Körper eindringt, so wird es von einigen wenigen, vielleicht hundert Zellen erkannt und an deren Rezeptoren gebunden (vgl. Abb. 4.9). Diese Bindung des Antigens an die Rezeptoren aktiviert die Zelle und veranlaßt sie, sich zu vermehren und zu reifen. Es wird eine spezifische Vermehrungskaskade ausgelöst. Das fremde Antigen stimuliert auf diese Weise selektiv nur die Zellen, die komplementäre, also antigen-spezifische Rezeptoren tragen und schon vorher dafür geprägt waren, mit diesem Antigen zu reagieren. Auf diese Weise wird die Immunantwort antigenspezifisch. Das ist in Abbildung 4.9 dargestellt.

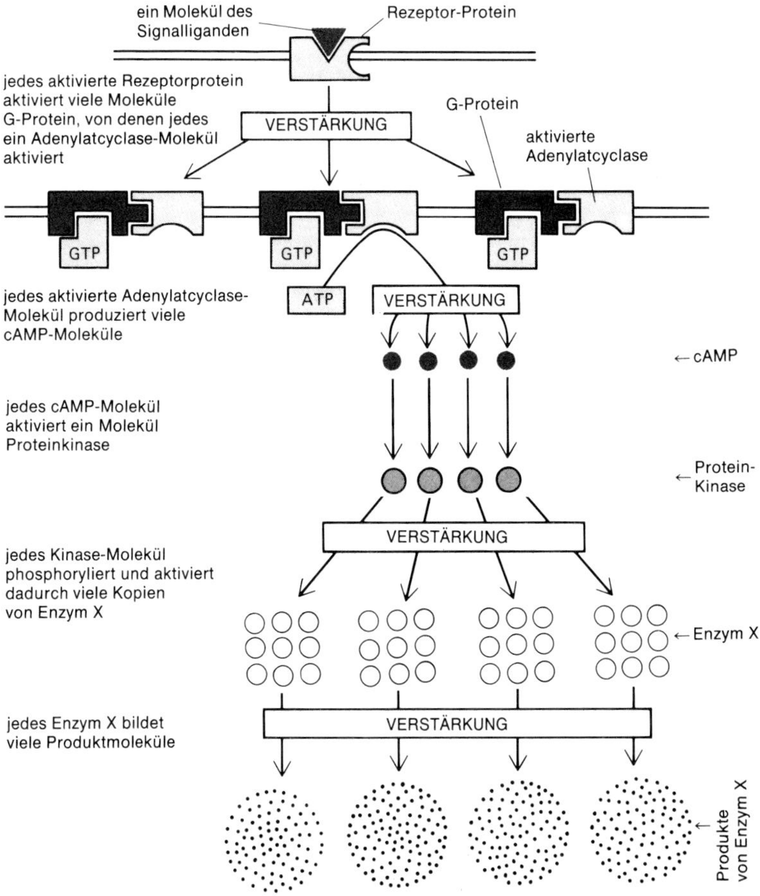

Abb. 4.10: Aktivierungskaskade, hervorgerufen durch ein Hormonmolekül. Neben der Umwandlung von extrazellulären Signalen in intrazelluläre verstärkt die Kopplung von Zelloberflächen-Rezeptoren an die Adenylatzyklase-Aktivierung das ursprüngliche Signal.

Verstärkung von Enzymen durch Aktivierungskaskaden

Viele intrazelluläre Steuer- und Verstärkungsprozesse laufen über verzweigte Aktivierungskaskaden. Auch alle Hormonwirkungen sind so zu verstehen. Eine kleine Ursache – das Hormon –, der Signalstoff, hat große Wirkung. Dabei spielt das sogenannte Zyclo-AMP als universelles, intrazelluläres Verstärkermolekül eine wichtige Rolle (Abb. 4.10). Die Prozesse werden damit steuerbar und schaltbar. Die Steuerungskennlinien ähneln denen elektronischer Schaltsysteme, sie lassen sich nach dem Prinzip »alles oder nichts« ein- und ausschalten (Abb. 4.11). Ein Beispiel hierfür ist die Regelung des Blutzuckerspiegels oder des Glykogenabbaus, ein vielschichtig gesteuertes Kaskadensystem (Abb. 4.12).

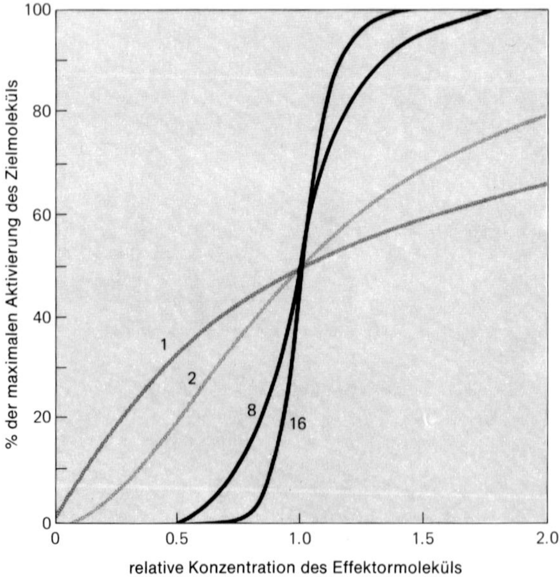

Abb. 4.11: Diagramm, das verdeutlicht, wie scharf »Alles-oder-Nichts«-Aktivierungskurven werden, wenn viele Effektormoleküle gleichzeitig an ein Rezeptormolekül binden müssen, um dieses zu aktivieren. Die abgebildeten Kurven werden erwartet, wenn gleichzeitig 1, 2, 8 und 16 Effektormoleküle binden.

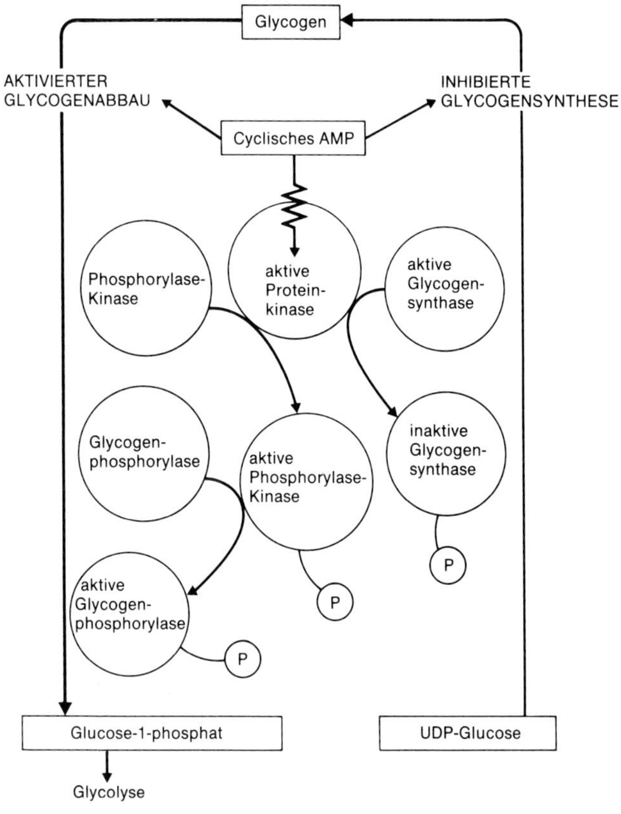

Abb. 4.12: Regulierung des Blutzuckers. Wie ein Anstieg von zyklischem AMP in Skelettmuskelzellen (induziert durch Adrenalinbindung an Zelloberflächen-Rezeptoren) den Glykogenabbau stimuliert und Glykogensynthese inhibiert. Die Bindung von zyklischem AMP an eine spezifische Proteinkinase aktiviert dieses Enzym, die Phosphorylase-Kinase zu phosphorylieren und damit zu aktivieren, die nun ihrerseits die Glykogenphosphorylase, das Enzym, das Glykogen abbaut, phosphoryliert und aktiviert. Die gleiche cAMP-abhängige Proteinkinase phosphoryliert und *inaktiviert* damit die Glykogensynthase, das Enzym der Glykogensynthese.

Ein anderes solches Stammbaumsystem wurde bereits erwähnt, nämlich die Selektionskaskade bei der Unterscheidung der Aminosäuren Isoleucin und Valin (s. Kap. 2). Allen diesen Systemen ist eines gemeinsam: Sie sind verzweigte, rückgekoppelte, nichtlineare Prozesse, die weit entfernt vom thermodynamischen Gleichgewicht ablaufen und dadurch eine hohe Selektivität und Spezifität erreichen.

Bäume und Blitze

Schon Lichtenberg hat viele grundlegenden Experimente in der Elektrophysik durchgeführt. Er ist der eigentliche Erfinder des elektrostatischen Druckverfahrens, heute meist als Xerographie benützt. Er hat als erster die elektrische Natur des Blitzes experimentell bewiesen, indem er am Fuße des Göttinger Hainbergs bei Gewitter Drachen an dünnen Metalldrähten steigen ließ (ein nicht ganz ungefährliches Experiment!) und die abgeleiteten Ströme direkt messen konnte. Er hat auch wesentliche Gedanken zur modernen Blitzschutztechnik entwickelt: »Wenn ich in einem Lande wohnte, wo die Gewitter so tobten, wie etwa in Carolina, so baute ich mir einen Käfig von vergoldeten Stangen über mein Haus *(das ist der Faraday-Käfig!)*. Wir wissen von der Natur des Blitzes nur folgende beide Sätze mit Gewißheit: 1. Er ist etwas Elektrisches, 2. wenn er eine ununterbrochene Strecke mit Metall antrifft, so folgt er ihr, leitet man also diese nach der Erde, so geht er auch dahin ... es ist schon vollkommen hinreichend, wenn nur die Schornsteine, die Firsten und alle hervorstehenden Ecken der Gebäude mit zusammenhängenden Schleifen von Blei oder Kupfer belegt und geerdet werden. Die hohen und spitzen Stangen können ganz wegbleiben.«[17]

Zum Blitz schreibt er weiter: »Ist das nicht höchst sonderbar, daß der Blitz, der sich doch mit einer solchen Schnelligkeit bewegt, so selten oder niemals in einer geraden Linie geht und sich so leicht lenken läßt. Man sieht also überhaupt daraus, daß der Zug eben nicht sehr in die Ferne geht, sondern nur von einen nach den andern in eine große Nähe.«

Damit ist das Wesen des Blitzes sehr klar erkannt. Elektrische Ladung springt von einem ionisierten Teilchen zum andern über. »Der Zug geht nicht sehr in die Ferne.« Seine witzigen Kommentare zu den Hogarthschen Kupferstichen sind in Abbildung 4.13 wiedergegeben. Berühmt sind auch die Lichtenbergschen Figuren (Abb. 4.14). Das sind die Ionisationsspuren von elektrischen Entladungen über eine nichtleitende Platte hin.

In Abbildung 4.15 sieht man einen atmosphärischen Blitz. Blitze »evolvieren« also, sie springen zum nächsten Punkt über. Dort wird eine irreversible Entscheidung über den weiter einzuschlagenden Weg gefällt, die nur statistisch oder quantenmechanisch verstanden werden kann. Immer dann, wenn, weit entfernt vom Gleichgewicht, also auf einem hohen Energieniveau, Materie und Energie gleichzeitig durch ein Me-

Abb. 4.13: Warum geht der Blitz nicht geradeaus? Links: Ausschnitt aus Hogarths 4. Platte von »Der Weg des Liederlichen« im Nachstich von E. Ripenhausen. Dazu Lichtenberg: (Der Blitz) »ist doch wohl nicht unentschlossen, wo er eigentlich hier hin soll?... Auch ist das Zickzack wirklich die Linie der Unentschlossenheit, und ich kann daher jene gute Frau nicht ganz tadeln, die glaubte, der Blitz sei deswegen gezackt und ändere seinen Weg so oft, weil er sich immer von Gegenden wieder wegwendete, wo sich die Leute in der Eile noch bekehrt hätten.«
Rechts: Lichtenbergsche Entladungsfigur auf einer Glasoberfläche in Schwefelhexafluorid-Gas. Das Foto wird verglichen mit einer (Gitter-) Simulation, welche berücksichtigt, daß in einem dynamischen Prozeß auch Fluktuationen eine Rolle spielen, die zu Verzweigungen führen und von Wahrscheinlichkeitsverteilungen beherrscht werden. Die Ähnlichkeit ist eindrucksvoll. Es erweist sich, daß die Figuren eine fraktale Struktur (Theorie von Benoit Mandelbrot) besitzen.

Abb. 4.14: Lichtenbergsche Figur. Eine Platte aus Plexiglas ($13 \times 9 \times 2$ cm^2) wurde senkrecht zur Bildebene mit energiereichen Elektronen (2,8 MeV) bestrahlt, die 7 mm tief eindrangen. Dort blieben sie zunächst stecken, weil Plexiglas ein sehr guter Isolator ist; aber schließlich erfolgte ein Durchschlag zu einer durch Ankörnen erzeugten Störzone am Plattenrand (rechts im Bild). Entlang der Entladungswege schmolz und verdampfte das Plexiglas. Das fein verzweigte Muster bildete sich von selbst.

Abb. 4.15: Blitz über Lugano.

dium transportiert werden, treten solche »Blitze« auf. Dabei können die Zeitparameter vollkommen verschieden sein.
In Abbildung 4.16 ist das Mündungsdelta des Colorado-Flusses im Golf von Kalifornien gezeigt. Auch dieses ist ein »Entscheidungsbaum«. Die einzelnen Verzweigungen des Deltas »entscheiden sich« unter dem Einfluß der Strömung (das ist die Energie liefernde Komponente), der mitgeführten Sandteilchen und Sandbänke, des Windes und der Gezeiten, in welcher Richtung sie weiterlaufen »wollen«. Dabei ist der Verlauf der einzelnen Arme nicht vorhersehbar. Zwar wird ein Geophysiker bei Kenntnis der Schlammbeschaffenheit (Sand oder Moor usw.), des Strömungsgefälles, der Klimafaktoren, der durchschnittlichen Wassertemperatur usw. gewisse Erfahrungswerte über Aufbau und Form eines Flußdeltas geben können, ob dieses zum Beispiel sumpfig, weit verzweigt sickernd oder in wenige Hauptströme geteilt sein wird, ob dort Büsche wachsen können, die die Ufer verfestigen oder ob im Jahreswechsel sich alles vollkommen neu bilden wird. Solche wissenschaftlichen Prognosen

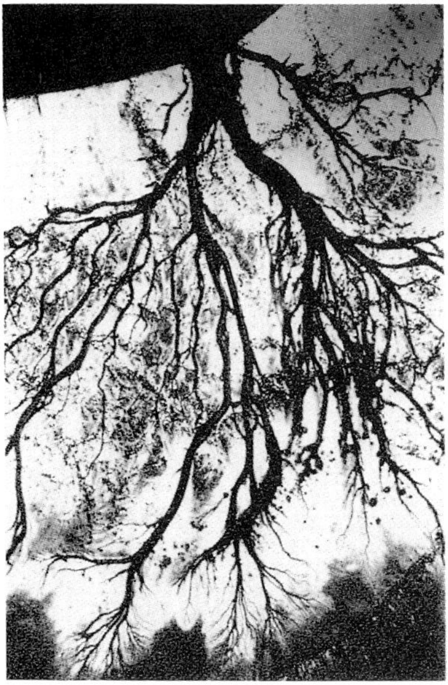

Abb. 4.16:
Delta des Colorado-River im Golf von Kalifornien.

können aber niemals Einzelereignisse und -formen in einem solchen Delta voraussagen. Denn auch das Flußdelta ist eine dissipative dynamische Struktur im Sinne von Prigogine (vgl. Kap. 4 und 9).
Dasselbe gilt auch für einen Baum wie in Abbildung 4.17. Zwar ist das Grundprogramm für den Aufbau eines Baumes genetisch festgelegt, eine Tanne ist immer verschieden von einer Pappel und diese verschieden von einer Buche. Aber innerhalb der Variationsbreite des genetischen Systems ist die Form des Baumes nicht voraussagbar. Wann und wo die Sprossung für einen neuen Ast ansetzt, wie schnell er wächst, wie stark er eventuell auf Kosten anderer Äste wächst und diesen das Licht wegnimmt, welchen Einfluß der Standort hat, die Klimafaktoren, die Jahreszeiten, all das läßt sich grundsätzlich nicht berechnen. Auch ein Baum ist ein sich nach einem bestimmten genetischen Programm entfaltendes System mit Verzweigungspunkten, in welchem auf hohem Energieniveau (nämlich dem des Lebendigen) Stoffe transportiert werden, Energie dissipiert wird und dadurch irreversible Entscheidungen gefällt werden. Vom Prinzip her gesehen ist ein Baum ein verlangsamter Blitz. Die Zeitskala ist etwa 10^{12}mal langsamer.

Abb. 4.17:
Einzeln stehender Baum.

Struktur und Fluktuation – Prigogines Theorem

Wie wir etwa seit Anfang dieses Jahrhunderts, seit Boltzmann (vgl. Kap. 8), wissen, ist unsere Welt eine Nichtgleichgewichtswelt. In seinen wesentlichen Strukturen ist der Kosmos evolutiv. Wie eben schon erwähnt, sind in evolutiven Stammbaumsystemen Energieflüsse mit physikalischen und chemischen Ereignissen verknüpft, so daß immer Neues entstehen kann. Wenn der Energiefluß aufhört, stellt sich sofort das thermodynamische Gleichgewicht ein. Das System ist dann tot. Wenn es mir zum Beispiel gelänge, das thermodynamische Gleichgewicht der Stoffe meines Körpers in Sekundenschnelle zu erreichen, würde ich mich in ein Rauchwölkchen, in Wasserdampf und ein Häufchen Asche auflösen.

Bei allem, was wir in unserer Wissenschaft tun, müssen wir vereinfachen. Im 19. Jahrhundert, als man die Dampfmaschine als eine neue Struktur erfand und behandelte, war es sinnvoll, eine reversible Thermodynamik und das Gesetz von der Erhaltung der Energie (Erster Hauptsatz) zu schaffen und irreversible Systeme als einen Sonderfall anzusehen. Am Ende des 20. Jahrhunderts, in dem wir das Leben, die Evolution, komplizierte Hirnprozesse, die Entstehung des Kosmos als die großen wissenschaftlichen Themen vor uns haben, ist es sinnvoll, die klassische Thermodynamik als einen Sonderfall und die Energetik irreversibler Systeme, also den zweiten Hauptsatz als den Normalfall anzusehen.

Leben ist entstanden, es war nicht von vornherein da. Wie es entstanden ist, wissen wir noch nicht endgültig, aber wir haben die Eigensche Theorie der Hyperzyklen kennengelernt. Wir haben auch über die Darwinschen Vorstellungen und die Stammbäume gesprochen, die zu den einzelnen Arten führen. Viele komplexe Prozesse zeigen solche Stammbäume, ja, es stellt sich als ein allgemeines Prinzip heraus, daß komplexe, evolvierende Prozesse in Form von Stammbäumen verlaufen. Was bedeutet das?

Wir sind es gewohnt, in einfachen Newtonschen Bahnen zu denken. Unsere Denkbahnen sind gleichsam einer jahrzehntelangen reduktionistischen Pädagogik unterworfen, sie sind wie Wurfparabeln. Anfangsgeschwindigkeit und Wurfrichtung entscheiden eindeutig und ein für allemal, wie weit und wohin der geworfene Stein fliegt.

Beschleunigung und Bremsweg unseres Autos sind kalkulierbare Größen, mit denen wir im täglichen Umgang rechnen. Newtonsche Vorgänge sind stetige Ereignisse, die sich zu jeder Zeit und an jedem Ort reproduzieren lassen. Nicht so die Ereignisse in hochkomplexen Systemen, im Lebendigen, aber auch in der Hochenergie-Physik, beim Auftreten von Turbulenzen oder in der Physik der Elementarteilchen. Aber Leben ist uns zu nah und selbstverständlich und die erwähnten physikalischen Systeme sind weit von der direkten Anschauung entfernt, so daß unsere räumlich-zeitlichen Anschauungsformen davon nicht berührt werden. Systeme mit Stammbäumen haben, wie schon gesagt, Verzweigungspunkte. An diesen Verzweigungspunkten gibt es Alternativwege, die gleichberechtigt sind. Welcher dieser Wege beschritten wird, läßt sich nicht voraussagen. Streng deterministische Ausgangsbedingungen ermöglichen selbst bei Kenntnis sämtlicher Parameter keine Voraussage an den Verzweigungspunkten in den Stammbäumen und werden dadurch indeterministisch. Solche Verzweigungspunkte nennen die Mathematiker Bifurkationen (von lat. *furca*: Gabel) oder Fulgurationspunkte (von lat. *fulgur*: Blitz), dem Blitz analoge Punkte.

Im vorigen Abschnitt haben wir schon »Blitze« kennengelernt. Alle diese Systeme, so verschieden sie stofflich sind, gleichen sich prinzipiell: Sie entstehen durch nicht reproduzierbare Vorgänge, entfalten sich, leben, altern und sterben. Altern und sterben, warum? In linearen Systemen ist jeder Vorgang wiederholbar und umkehrbar, reversibel. Die Zeit der klassischen Mechanik linearer Systeme ist reversibel, umkehrbar, sie hat eine unpolare Struktur. Newtonsche Systeme altern nicht.

Dagegen kann man in Stammbaumsystemen mit Bifurkationspunkten nicht ohne weiteres zurückgehen. Am Bifurkationspunkt ist eine irreversible Entscheidung gefallen. Die Zeitachse in einem Stammbaumsystem ist irreversibel. Die Zeit hat eine ganz neue Bedeutung erhalten. Oder hat sie nur ihre alte Bedeutung wiedergewonnen? Wir werden darauf in Kapitel 8 noch ausführlich zurückkommen.

Die Bifurkationspunkte haben wesentliche Konsequenzen für die Vorhersagbarkeit der Ereignisse. Prigogine schreibt darüber[18]: »Den Vorstellungen der klassischen Physik lag die Überzeugung zugrunde, daß die Zukunft durch die Gegenwart determiniert sei und man daher durch ein sorgfältiges Studium der Gegenwart die Zukunft enthüllen könne. Das war natürlich nie mehr als eine theoretische Möglichkeit. Dennoch war diese unbegrenzte Vorhersagbarkeit in einem gewissen Sinne ein wesentliches Element des wissenschaftlichen Bildes von der physikalischen

Welt. Man könnte sie vielleicht als den grundlegenden Mythos der klassischen Wissenschaft bezeichnen.«
Prigogine hat nun die Theorie dissipativer, weit vom Gleichgewicht entfernter Strukturen entwickelt und sagt darüber in seinem Nobelpreis-Vortrag[19]: »Weit entfernt vom Gleichgewicht kommt demnach eine unerwartete Beziehung zwischen der chemischen Kinetik und der Raum-Zeit-Struktur von reagierenden Systemen zum Vorschein. Zwar rühren die Wechselwirkungen, die die Werte der relevanten kinetischen Konstanten und Transportkoeffizienten bestimmen, von kurzreichweitigen Wechselwirkungen her (Valenzkräfte, Wasserstoffbindungen, van-der-Waals-Kräfte), doch hängen die Lösungen der kinetischen Gleichungen außerdem von globalen Verhältnissen ab.«
In der Lichtenbergschen Analyse des Blitzes, »daß nämlich der Zug nicht sehr in die Ferne geht, sondern von einem zum andern in eine große Nähe«, ist das schon sehr klar ausgesprochen: Die »kurzreichenden Wechselwirkungen« sind die Fluktuationen der elektrisch geladenen Luftmoleküle, das »globale Verhältnis« ist das elektrische Feld zwischen den Gewitterwolken.
Prigogine sagt weiter: »Diese Abhängigkeit, die auf dem thermodynamischen Zweig in der Nähe des Gleichgewichts eigentlich trivial ist, wird in chemischen Systemen, die sich in größerer Gleichgewichtsferne befinden, ausschlaggebend. Beispielsweise erfordert das Auftreten dissipativer Strukturen allgemein, daß die Größe des Systems einen bestimmten Wert überschreitet. Dieser Wert ist eine komplexe Funktion der Parameter, die den Reaktions-Diffusions-Prozeß beschreiben. Deswegen können wir sagen, daß an chemischen Instabilitäten eine Fernordnung beteiligt ist, durch die das System als ein Ganzes wirkt.
Es gibt drei Aspekte, die bei dissipativen Strukturen immer miteinander verknüpft sind: die Funktion, wie sie durch die chemischen Gleichungen zum Ausdruck kommt, die Raum-Zeit-Struktur, die sich aus den Instabilitäten ergibt, und die Fluktuationen, die die Instabilitäten auslösen. Die gegenseitige Beeinflussung dieser drei Aspekte

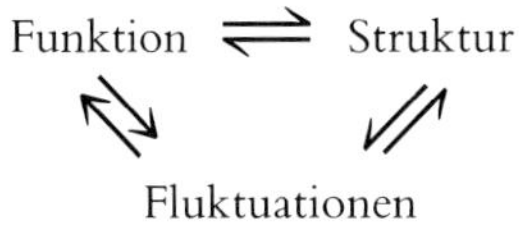

führt zu höchst unerwarteten Erscheinungen, so auch zur ›Ordnung durch Fluktuationen‹.

Im allgemeinen erhalten wir aufeinanderfolgende Verzweigungen, wenn wir den Wert irgendeines charakteristischen Parameters erhöhen.

In der Abbildung (4.18) haben wir eine einzige Lösung für den Wert λ_1, jedoch viele Lösungen für den Wert λ_2.

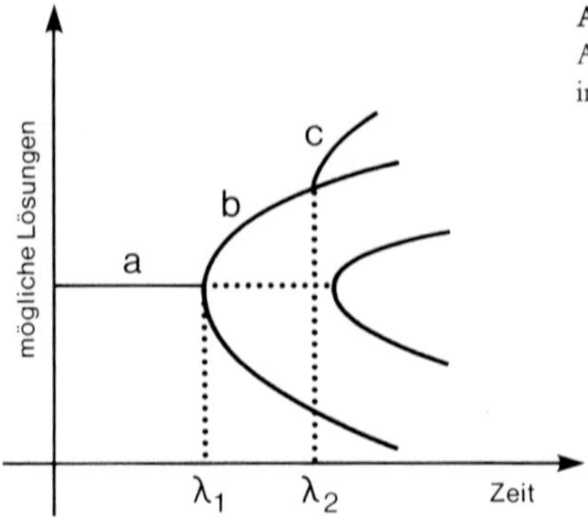

Abb. 4.18:
Aufeinanderfolgende Verzweigungen in einem evolvierenden System.

Interessant ist, daß die Verzweigung in gewissem Sinn ›Geschichte‹ in die Physik bringt. Wir wollen annehmen, eine Beobachtung ergibt, daß sich das System, dessen Verzweigungsdiagramm in der Abbildung (4.18) dargestellt ist, im Zustand c befindet und dorthin durch Zunahme des Wertes von λ gelangt ist. Die Interpretation dieses Zustandes c impliziert die Kenntnis der Vorgeschichte des Systems, das durch die Verzweigungspunkte nach a und b gegangen sein muß. Auf diese Weise führen wir in die Physik und Chemie ein ›historisches‹ Element ein, welches bis heute lediglich den Wissenschaften vorbehalten zu sein schien, die sich mit biologischen, sozialen und kulturellen Erscheinungen befassen.

Jede Beschreibung eines Systems, in dem Verzweigungen vorkommen, wird sowohl notwendige (deterministische) als auch zufällige (indeterministische) Elemente enthalten. Wie wir im folgenden Kapitel (Kap. 5) detaillierter sehen werden, gehorcht das System zwischen zwei Verzweigungspunkten deterministischen Gesetzen wie etwa den Gesetzen der chemischen Kinetik, während in der Nähe der Verzweigungspunkte die

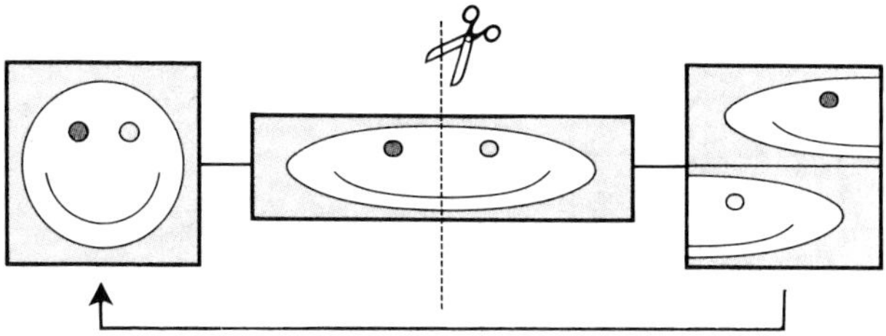

Abb. 4.19: Bäcker-Transformation eines quadratischen Musters. Das Quadrat wird zur doppelten Länge und halben Höhe gedehnt, in der Mitte aneinandergeschnitten und die beiden Teile wieder zu einem Quadrat aufeinandergefügt. Der Prozeß wird mehrfach wiederholt und dabei ein bestimmter Punkt verfolgt.
In unserem Beispiel tritt bei der 10. Transformation eine »gewöhnliche« Diskontinuität auf, bei der 16., 27., 30., 31. und 37. eine Bifurkation.

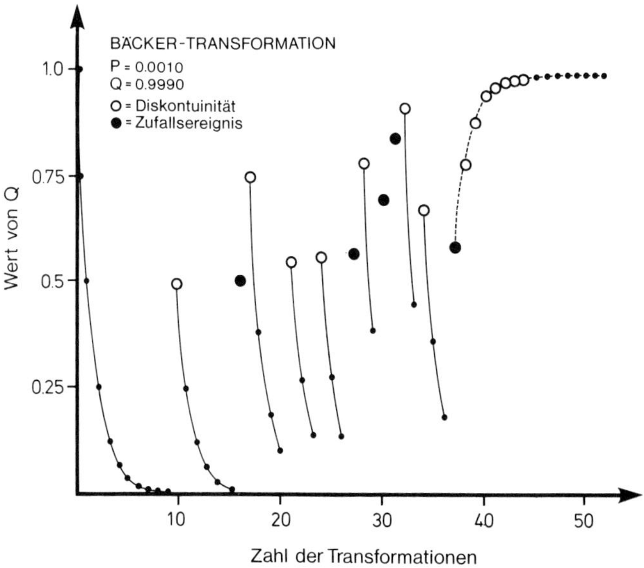

Abb. 4.20: Graphische Auftragung der Bäcker-Transformation von Abbildung 4.19.

Fluktuationen eine wesentliche Rolle spielen und den ›Zweig‹ bestimmen, auf dem sich das System weiter bewegen wird.«
Wie kann man die Trajektorien (Bahnen) solcher verzweigter Systeme beschreiben, in denen »chaotische Stellen«, Fulgurationspunkte auftreten? Normale Koordinatentransformationen sind stetig und kontinuierlich, ein geworfener Ball bewegt sich auf seiner Wurfbahn nicht im Zick-Zack. Für die mathematische Beschreibung von verzweigten Systemen benötigte man eine Bahn mit Bruchstellen, eine diskontinuierliche Transformation; als solche schlägt Prigogine die sogenannte »Bäcker-Transformation« vor (Abb. 4.19 und 4.20). Sie besteht darin, daß man durch eine ganz einfache geometrische Operation ein deterministisches System indeterministisch macht, indem man ein Muster (hier ein Gesicht) wie einen Nudelteig in die Breite zieht, in der Mitte durchschneidet und dann wieder zu einem Quadrat zusammensetzt. Dies ist ein streng deterministischer, einfacher Vorgang. Verfolgt man jetzt den Weg eines Punktes, zum Beispiel der Pupille des Auges in einem Koordinatensystem, dann stellt man fest, daß nicht voraussagbare Unstetigkeiten auftreten. Der Punkt beginnt zu springen, um schließlich ganz aus dem System zu verschwinden.
Dies ist eines von vielen Systemen, den sogenannten Bernoulli-Systemen, in denen mathematische Operationen einen unvorhersagbaren Ausgang haben[20, 21, 22]. Solche Systeme wollen wir in Kapitel 5 und 6 noch näher kennenlernen.
Wir sind es gewohnt, daß unsere Alltagswelt, unsere »kleine Stadt«, funktioniert, daß sie linear und ohne Bruchstellen, ohne Sprungpunkte verläuft. Wir sind so erzogen und unsere technische Welt erzieht uns jeden Tag zum Vertrauen auf das Funktionieren, auf kontinuierliche Abläufe. Es ist eine großartige Leistung der Naturwissenschaften, die Gesetzmäßigkeiten und Regeln gefunden zu haben, in die die Natur eingebettet ist und nach denen Voraussagen möglich sind. Aber an entscheidenden Punkten, nämlich dort, wo Neues entsteht, ist plötzlich alles offen. Trotz »Erwägen aller Möglichkeiten und Bedenkung aller physikalischen Verhältnisse« im System trifft »es« eine »Ent-scheidung«, die nicht voraussagbar ist.

Gottfried Benn

Durchs Erlenholz kam sie entlang gestrichen – – – –

die Schnepfe nämlich – erzählte der Pfarrer –:
Da traten kahle Äste gegen die Luft: ehern.
Ein Himmel blaute: unbedenkbar. Die Schulter mit
der Büchse,
des Pfarrers Spannung, der kleine Hund,
selbst Treiber, die dem Herrn die Freude gönnten:
unerschütterlich.
Dann weltumgoldet: der Schuß:
Einbeziehung vieler Vorgänge,
Erwägen von Möglichkeiten,
Bedenkung physikalischer Verhältnisse,
einschließlich Parabel und Geschoßgarbe,
Luftdichte, Barometerstand, Isobaren – –
aber durch alles hindurch: die Sicherstellung,
die Ausschaltung des Fraglichen,
die Zusammenraffung,
eine Pranke in den Nacken der Erkenntnis,
blutüberströmt zuckt ihr Plunder
unter dem Begriff: Schnepfenjagd.
Da verschied Kopernikus. Kein Newton mehr.
Kein drittes Wärmegesetz –
eine kleine Stadt dämmert auf: Kellergeruch:
Konditorjungen,
Bedürfnisanstalt mit Wartefrau,
das Handtuch über den Sitz wischend
zum Zweck der öffentlichen Gesundheitspflege;
ein Büro, ein junger Registrator
mit Ärmelschutz, mit Frühstücksbrötchen
den Brief der Patentante lesend.

5. Mathematische und physikalische Modelle für deterministisches Chaos

Dialog über Logik, Chaos und die Systemeigenschaften des Lebendigen und des Denkens zwischen Georg Christoph Lichtenberg und seinem Kollegen Ludwig Wittgenstein; die *beide Außenseiter* im Leben und *in ihrer Fakultät* waren. *Während nämlich die übrigen von der Fakultät sehr einträchtig miteinander lebten, einander invitierten, Gevattern stunden, Wurstsuppe schickten, wenn sie geschlachtet hatten, hatten diese beiden immer etwas miteinander zu kramen, rezensierten einander und suchten sich Fehler in ihren Büchern auf.*

WITTGENSTEIN[1]: *Ich glaube meine Stellung zur Philosophie dadurch zusammengefaßt zu haben, indem ich sagte: Philosophie dürfte man eigentlich nur dichten. Daraus muß sich, scheint mir, ergeben, wie weit mein Denken der Gegenwart, Zukunft, oder der Vergangenheit angehört. Denn ich habe mich damit auch als einen bekannt, der nicht ganz kann, was er zu können wünscht.* Was meinen Sie dazu, Herr Kollege?
LICHTENBERG: *Freilich habe ich auch ein paar Stückchen auf der Metaphysik spielen gelernt,* lieber Herr Wittgenstein, aber unsere mathematische Logik ist doch klarer. *Es wäre möglich, daß manche Lehren der Kantischen Philosophie von niemand ganz verstanden würden, und jeder glaubte, der andere verstünde sie besser als er, und sich daher mit einer undeutlichen Einsicht begnügte oder gar mitunter glaubte, es sei seine eigene Unfähigkeit, die ihn verhinderte so deutlich zu sehn, als andere.*
WITTGENSTEIN: Minderwertigkeitskomplexe sind da fehl am Platze, mein Lieber. *Ist ein falscher Gedanke nur einmal kühn und klar ausgedrückt, so ist damit schon viel gewonnen.*
Nur wenn man noch viel verrückter denkt als die Philosophen, kann man ihre Probleme lösen. Wenn die Menschen nicht manchmal Dummheiten machten, geschähe überhaupt nichts Gescheites.

LICHTENBERG: Ich stimme völlig zu, Herr Kollege. *So wie Linné im Tierreiche könnte man im Reiche der Ideen auch eine Klasse machen die man Chaos nennte. Dahin gehören nicht so sehr die großen Gedanken von allgemeiner Schwere, Fixstern-Staub mit sonnenbepuderten Räumen des unermeßlichen Ganzen, sondern die kleinen Infusions-Ideechen, die sich mit ihren Schwänzchen an alles anhängen, und oft im Samen der größten leben und deren jeder Mensch, wenn er still sitzt (eine) Million durch seinen Kopf fahren sieht.*
WITTGENSTEIN: Ganz recht, Kollege Lichtenberg: *Beim Philosophieren muß man in's alte Chaos hinabsteigen, und sich dort wohlfühlen. Steigen Sie immer von den kahlen Höhen der Gescheitheit in die grünenden Täler der Dummheit.*
LICHTENBERG: Ich bin begeistert von Ihren unkonventionellen Äußerungen, obwohl Sie – unter uns gesagt – für einen Wissenschaftler reichlich frivol sind. *Es wäre toll, wenn man nach gewissen Regeln erfinden lernen könnte. Etwa, was die heißesten Themen sind oder wie die Vernunft sich selbst in den Gang setzen könnte, das wäre gerade eine solche Entdeckung, als die Tiere zu vergrößern, oder Sträuche zur Größe von Eichbäumen auszudehnen. Es scheint, als wenn allen Entdeckungen eine Art von Zufall zum Grunde läge, selbst denen, die man durch Anstrengung gemacht zu haben glaubt. Eben so kömmt es mir vor, als wenn die Verbesserungen, die man den Staaten geben kann durch räsonierende Vernunft, bloß leichte Veränderungen wären; wir machen neue Species, aber Genera können wir nicht schaffen, das muß der Zufall tun. Versuche müssen daher angestellt werden in der Naturlehre, und die Zeit abgewartet in den großen Begebenheiten. Ich verstehe mich. Hierher gehört was ich an einem andern Ort gesagt habe, daß man nicht sagen sollte: ich denke, sondern es denkt so wie man sagt: es blitzt.* Aber lassen Sie uns jetzt ein wenig über meine geliebte Mathematik reden, Herr Collega.
WITTGENSTEIN: Ach, wissen Sie, Lichtenberg, *mit dem vollen philosophischen Rucksack kann ich nur langsam den Berg der Mathematik steigen.*
LICHTENBERG: Sie sind doch sonst nicht so kleinmütig, Verehrtester. *Die Mathematik hat die großen Fortschritte, die man in ihr gemacht hat, ihrer Independenz von allem, was nicht bloß Größe ist, allein zu danken. Also alles was nicht Größe ist, ist ihr völlig fremd. Da sie sich also nur mit dem allein beschäftigt, und keiner fremden Hilfe bedarf, sondern nur allein Entwickelung der Gesetze des menschlichen Geistes ist, so ist sie nicht allein die gewisseste und zuverlässigste aller menschlichen Wissenschaften, sondern auch gewiß die leichteste. Alles was zu ihrer Erweiterung dienen kann, ist alles in dem Menschen selbst. Die Natur richtet jeden klugen Menschen mit dem vollständigen Apparat aus, wir bekommen ihn zur Aussteuer mit. Eben dadurch wird sie die leichteste aller*

Wissenschaften insofern, als wir in keiner andern so weit gehen zu können nur hoffen dürfen.

WITTGENSTEIN: *In keiner religiösen Konfession ist soviel durch den Mißbrauch metaphysischer Ausdrücke gesündigt worden wie in der Mathematik.*

LICHTENBERG: Was sagt das schon, *die mathematische Ordnung liegt doch allen Dingen zugrunde. In meiner Krankheit im Januar und Februar 1790 betrachtete ich oft den Himmel meiner Bettlade, der aus einem kleingeblümten Zitz war. Jedes Blümchen lag in dem gemeinschaftlichen Punkt zweier sich unter einem Winkel von etwa 60° durchkreuzenden Linien. Dadurch entstunden denn eine Menge von Rhombis, sowie ich nur einen Rhombus von etwa einem Quadratzolle, oder von 4 oder von 9 usw. Quadratzollen recht deutlich ins Auge faßte, so verwandelte sich für mein Auge sogleich die ganze Fläche in solche Rhombos, alle von der Größe des angenommenen. Auch dieses ging noch, wenn ich, statt der Rhomben, Rhomboiden versuchte. Dieses waren also Muster, die aus objektiven und subjektiven Anlagen zugleich entstunden. Wenn ich ein neues versuchte, so hielt es immer anfangs etwas schwer, war es aber im Gange, so war auch aufeinmal das Ganze wie plötzlich kristallisiert. Ich glaube die Sache könnte auf höhere Dinge angewendet werden. In einer Menge gleichförmig verteilter Punkte könnte ich allerlei Zeichnungen sehen und allerlei Muster, die an einem Ende der Fläche erst gehörig gefaßt sich bald auch im Übrigen finden würden. So ließe sich in der größten Unordnung Ordnung sehn, so wie Bilder in den Wolken und auf bunten Steinen.*

WITTGENSTEIN: *Der Mathematiker Pascal, der die Schönheit eines Theorems der Zahlentheorie bewundert; er bewundert gleichsam eine Naturschönheit. Es ist wunderbar, sagt er, welch herrliche Eigenschaften die Zahlen haben. Es ist, als bewunderte er die Regelmäßigkeiten einer Art von Krystall.*

LICHTENBERG (spöttisch): *Die edle Einfalt in den Werken der Natur hat nur gar zu oft ihren Grund in der edlen Kurzsichtigkeit dessen, der sie beobachtet.*

WITTGENSTEIN: O nein, Kollege Lichtenberg, da liegen Sie völlig falsch: *Es gibt einfache Prinzipien in der Natur. Allerdings: Das Leben speziell das menschliche Leben ist* fundamental *komplex. Das Leben ist wie ein Weg auf einer Bergschneide; rechts und links glitscherige Abhänge, auf denen Sie in dieser, oder jener Richtung unaufhaltsam hinunterrutschen. Immer wieder sehe ich Menschen so rutschen und sage »Wie könnte sich ein Mensch da helfen!« Und das heißt: »Den freien Willen leugnen«.*

LICHTENBERG: Sehen Sie, also stimmen wir doch überein: *Ein Meisterstück der Schöpfung ist der Mensch auch schon deswegen, weil er bei allem Determinismus glaubt, er agiere als freies Wesen.*

WITTGENSTEIN (lachend): Pfui, Sie sind ein Sophist, Lichtenberg. *Wenn man einen Knäuel nicht entwirren kann, so ist das Gescheiteste, was man tun kann, das einzusehen; und das Anständigste, es zuzugestehen.*
LICHTENBERG: Tu ich ja, tu ich ja, Herr Wittgenstein. *Es ist nicht so schlimm ein Phänomen mit etwas Mechanik und einer starken Dose von Unbegreiflichem zu erklären wie ganz durch Mechanik, das heißt die docta ignorantia macht weniger Schande als die indocta. Alle Bewegung in der Welt hat ihren Grund in etwas, was keine Bewegung ist, warum soll die allgemeine Kraft nicht auch die Ursache meiner Gedanken sein, so gut als sie die Ursache von Gärung ist?*
Wenn uns einmal ein höheres Wesen sagte wie die Welt entstanden sei, so möchte ich wohl wissen, ob wir imstande wären es zu verstehen. Ich glaube nicht. Von Entstehung würde schwerlich etwas vorkommen, denn das ist bloßer Anthropomorphismus. Es könnte gar wohl sein, daß es außer unserm Geist gar nichts gibt, was unserem Begriff von Entstehung korrespondiert.
WITTGENSTEIN: *Wie kann man vom »Verstehen« und »Nichtverstehen« eines Satzes reden; ist es nicht erst ein Satz wenn man es versteht?*
LICHTENBERG: Ja, ich wollte sagen, die Entstehung des Lebens ist ein unlösbares Kapitel, wegen ihres Systemcharakters; *denn die Geschöpfe machen nicht eine Kette aus wie die Poeten (Pope) öfters sich ausdrücken, sondern ein Netz, denn sie kommen auch öfters von der Seite wieder zusammen. Wie die Übergänge der Tiere und Steine aus einer Species in die andere und aus einem Genus in das andere deutlich zeigen.*
WITTGENSTEIN: Richtig, Herr Kollege, das Ganze ist mehr als die Summe seiner Teile. *Rosinen mögen das Beste an einem Kuchen sein; aber ein Sack Rosinen ist nicht besser als ein Kuchen; und wer im Stande ist, uns einen Sack voll Rosinen zu geben, kann damit noch keinen Kuchen backen, geschweige, daß er etwas Besseres kann. Ein Kuchen, das ist nicht gleichsam: verdünnte Rosinen.*
LICHTENBERG: Ich glaube, nun verstehen wir uns, lieber Wittgenstein. Aber kommen wir doch noch einmal auf den Ausgangspunkt unseres Gespräches zurück, auf die Rolle der Philosophie bei· der Lösung der Welträtsel.
WITTGENSTEIN: *Das Rätsel gibt es nicht. Wenn sich eine Frage überhaupt stellen läßt, so kann sie auch beantwortet werden. Denn Zweifel kann nur bestehen, wo eine Frage besteht, eine Frage nur, wo eine Antwort besteht, und diese nur, wo etwas gesagt werden kann.*
Wir fühlen, daß selbst, wenn alle möglichen wissenschaftlichen Fragen beantwortet sind, unsere Lebensprobleme noch gar nicht berührt sind. Freilich bleibt dann eben keine Frage mehr; und eben dies ist die Antwort. Die Lösung des Problems

des Lebens merkt man am Verschwinden dieses Problems. Es gibt allerdings Unaussprechliches. Dies zeigt sich, es ist das Mystische.
Die richtige Methode der Philosophie wäre eigentlich die: Nichts zu sagen, als was sich sagen läßt, also Sätze der Naturwissenschaft – also etwas, was mit Philosophie nichts zu tun hat –, und dann immer, wenn ein anderer etwas Metaphysisches sagen wollte, ihm nachzuweisen, daß er gewissen Zeichen in seinen Sätzen keine Bedeutung gegeben hat. Diese Methode wäre für den anderen unbefriedigend – er hätte nicht das Gefühl, daß wir ihn Philosophie lehrten – aber sie wäre die einzig streng richtige. Meine Sätze erläutern dadurch, daß sie der, welcher mich versteht, am Ende als unsinnig erkennt, wenn er durch sie über sie hinausgestiegen ist. Er muß diese Sätze überwinden, dann sieht er die Welt richtig.
Wovon man nicht sprechen kann, darüber muß man schweigen.

Was ist Chaos? Bifurkationspunkte dissipativer Strukturen

Chaos ist in unserem heutigen Sprachgebrauch ein ziemlich abgewirtschaftetes Wort. Wir wollen es zunächst auf seinen ursprünglichen Sinn zurückführen. Das Wort stammt aus dem Griechischen und bedeutet ursprünglich das Klaffende, weit Offenstehende, Leere des Weltraums. In den antiken Kosmogonien, schon bei den Vorsokratikern, aber auch in der Schöpfungsgeschichte der Bibel, die noch wesentlich älter ist, ist diese Wüste und Leere der Urgrund allen Werdens, aus dem schließlich Kosmos hervorgehen kann. Chaos und Kosmos, ungeformtes Sein und geordnete Strukturen gehören also eng zusammen. Diese Deutung von Chaos hat sich bis in die neuere Philosophie erhalten. Schelling sieht das Chaos als »metaphysische Einheit der Potenzen«. Die modernen Naturwissenschaften, die dynamische Vorgänge betrachten, durch die etwas Neues entsteht, haben sich diesen alten Chaosbegriff zu eigen gemacht.[2,5]
Inzwischen hat die Umgangssprache den Begriff Chaos abgewertet und sieht in ihm nur noch unerwünschten Zerfall von Ordnung (Verkehrschaos, chaotische Diskussion, Chaoten usw.).
Freilich kann Chaos auch durch Zerfall von Ordnung entstehen. In vielen dynamischen Prozessen werden, wie noch zu zeigen ist, bei Phasenübergängen chaotische Situationen durchschritten, die sich dann zu neuen höheren Ordnungen stabilisieren können. Das ist etwa in allen Verzwei-

gungspunkten, Bifurkationspunkten (von lat. *furca*: Gabel, Forke, also eigentlich: Doppelgabelung) von evolvierenden Systemen der Fall, wie wir schon in Kapitel 4 gesehen haben. Chaos und Ordnung sind also nicht nur ein Begriffspaar, sie stehen in einem dialektischen oder auch funktionalen Verhältnis zueinander.

Der Ausdruck deterministisch ist eindeutiger zu definieren. Deterministisch heißt vorherbestimmt und vorherbestimmbar. In einem positivistischen Weltbild der Physik – wie wir gesehen haben, ist dies überholt – glaubte man, daß sich alle Parameter eines Gegenstands, einer Bewegung, eines Lebewesens so genau und vollständig bestimmen ließen, daß man seine Zukunft, wie komplex sie auch sein mag, mit Hilfe von Differentialgleichungen voraussagen könne, etwa die Bewegungsbahn eines Körpers, eines fliegenden Projektils, einer Amöbe, eines Blitzes. Solche Bewegungsbahnen nennt man Trajektorien, man könnte auch von Entwicklungsbahnen sprechen. Trajektorien verlaufen aber nur in solchen Systemen deterministisch, in denen lineare Differentialgleichungen (Gleichungen, in denen Differentialquotienten als Veränderliche auftreten), oft auch nur näherungsweise, angewendet werden können. In nicht-linearen Systemen können sie über einen oder mehrere Bifurkationspunkte indeterministisch verlaufen. Das haben wir qualitativ schon im vorigen Kapitel kennengelernt. Der große französische Mathematiker Henri Poincaré hat schon im Jahre 1892 die Voraussetzungen für die mathematische Behandlung solcher nichtlinearer Systeme geschaffen.[3] Aber erst im Jahre 1963 fanden Poincarés Gedanken Anwendung durch den amerikanischen Meteorologen E. N. Lorenz, der mathematische Modelle zur Berechnung des Wetters schaffen wollte.[4] In diesen Modellen simulierte er die wichtigsten Parameter meteorologischer Situationen und deren Wechselwirkung. Lorenz fand heraus, daß bereits ein Satz von drei nichtlinearen Differentialgleichungen erster Ordnung, die gekoppelt sind, zu vollständig chaotischen Trajektorien führt. Deterministisches Chaos heißt also: Entstehung einer chaotischen Trajektorie trotz deterministischer Bewegungsgleichungen: Das Wetter macht im wahrsten Sinne des Wortes einen Strich durch die Rechnung.

In diesem Kapitel sollen einige solche Strukturen besprochen werden. Es ist schwierig und grundsätzlich nicht vorauszusagen, wann ein potentiell chaotisches System tatsächlich ins Chaos übergehen wird, auch diese Unvorhersagbarkeit ist Teil seines Verhaltens. Leichter ist es, einen Negativkatalog für chaotisches Verhalten aufzustellen.[5]

Systeme, für die lineare Differentialgleichungen gelten, können rechnerisch gelöst werden. Wenn ein System durch mehrere lineare Differentialgleichungen beschrieben wird, kann man sie durch die mathematische Methode der Fourier-Transformation auflösen; sie führen nicht ins Chaos. Chaos wird auch nicht hervorgerufen durch äußere Einwirkungen oder durch eine sehr hohe oder zu hohe Zahl von Parametern (Freiheitsgraden), die zur Beschreibung erforderlich sind. Das mag allenfalls praktische Grenzen setzen, keine grundsätzlichen. Chaos kann auch nicht abgeleitet werden aus der Unschärfe, die im statistischen Charakter der Quantenmechanik liegt.
Potentiell chaotische Strukturen sind immer nichtlineare, rückgekoppelte Strukturen, die ganz stark von den Ausgangsbedingungen abhängen; die im Verlauf des Prozesses entstehende Globalstruktur wird durch Details der Ausgangssituation in nicht vorhersagbarer Weise beeinflußt. Lorenz spricht vom sogenannten »Schmetterlingseffekt«: Ein einziger Flügelschlag eines Schmetterlings kann zur völligen Umsteuerung der Großwetterlage führen (muß aber natürlich nicht).

Morphogenese und »Katastrophenmathematik«

Grundsätzlich kann sich ein bewegtes Teilchen in einem System mit potentiell nichtlinearer Struktur in vier verschiedenen Weisen verhalten (vgl. Abb. 5.1). Erstens: es bewegt sich chaotisch, zweitens: es bewegt sich auf ein Zentrum zu; drittens: es schwingt, und viertens: es schwingt mit höherer Periode.
Der Mathematiker René Thom, der Schöpfer der Katastrophenmathematik, hat versucht, die Entstehung der Formen in der Natur auf Symmetriebrüche und »Verzweigungskatastrophen« zurückzuführen, um dadurch die in Kapitel 1 besprochene Morphogenese oder Gestaltbildung mathematisch beschreiben zu können (vgl. Kap. 7). Der Ausdruck »Katastrophe«, der sich in dieser Mathematik eingebürgert hat, dramatisiert das Geschehen wahrscheinlich zu sehr. Es handelt sich einfach um die mathematische Beschreibung von grundsätzlichen Diskontinuitäten, Sprungpunkten oder Verzweigungspunkten in einer Bahnkurve (Trajektorie) oder einem System von Trajektorien. Die einfachste dieser Diskontinuitäten ist die in jedem Stammbaum auftretende Verzweigung, die Bifurkation (Gabelung). Sie wird in diesem Zusammenhang Faltungska-

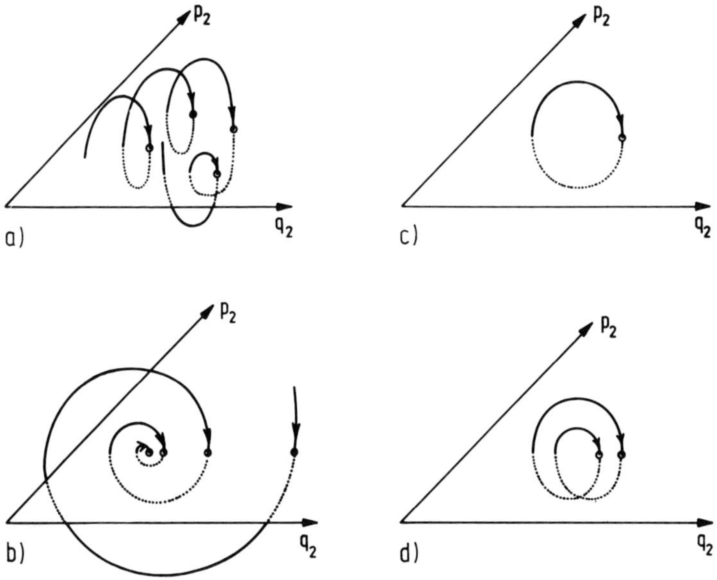

Abb. 5.1: Qualitativ verschiedene Trajektorien in Poincaré-Auftragung. a) chaotische Bewegung, b) Bewegung auf ein Zentrum zu, das – evtl. asymptotisch – erreicht wird, c) periodische Bewegung beziehungsweise Grenzzyklus, d) Grenzzyklus mit höherer Periode.

tastrophe genannt und läßt sich zweidimensional beschreiben. Die Katastrophe der nächsthöheren Dimension ist die Scheitelkatastrophe, in der von einem Scheitelpunkt aus das System in verschiedene Richtungen weitergehen kann, in diesem Falle also dreidimensional[6] (vgl. Abb. 5.2 und 5.3).

Auf diese Weise kann man Systeme mit »Sprungpunkten« beschreiben, zum Beispiel das plötzliche Sieden überhitzten Wassers oder einen Börsenkrach.

Thom diskutiert in seiner Theorie sehr weitreichende Anwendungen wie die Embryogenese, Zellteilung, Traum, Spiel, die Entstehung der menschlichen Sprache, die Struktur der menschlichen Gesellschaft und

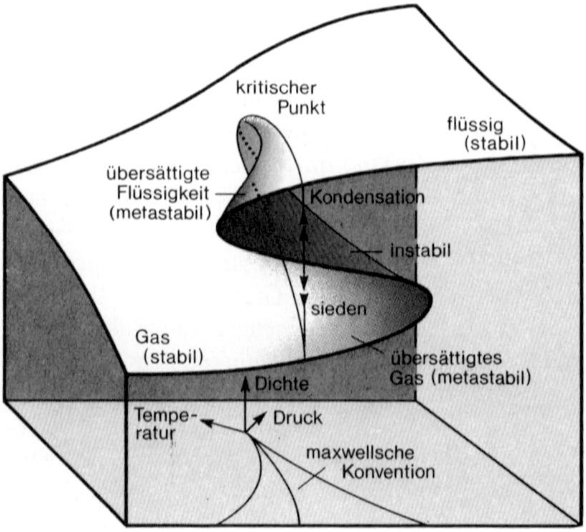

Abb. 5.2: Phasenübergänge zwischen flüssigem und gasförmigem Zustand in einer Scheitelkatastrophe.

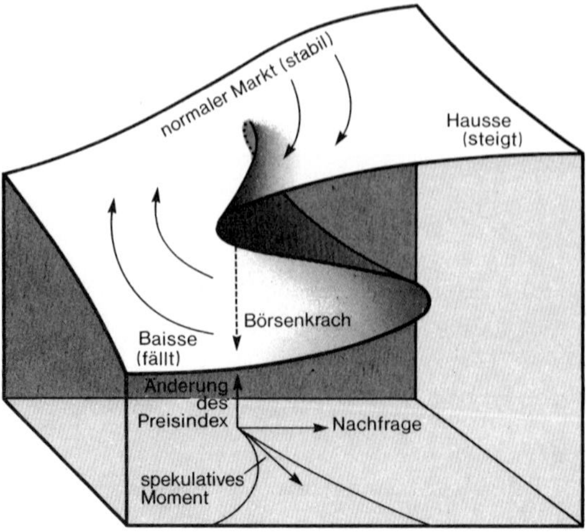

Abb. 5.3: »Phasenraum« des Aktienmarktes unter dem Einfluß von Nachfrage, Änderung des Preisindex und Spekulation. Ein Sprung von der oberen Falte auf die untere entspricht einem Börsenkrach.

anderes. Die Diskussion bewegt sich zur Zeit noch in sehr allgemeinen Bahnen, ist aber geistvoll zu lesen. Immerhin sind einige konkrete Anwendungen in der Beschreibung von Verhalten versucht worden. Abbildung 5.2 zeigt das Phasenverhalten eines Systems zwischen dem flüssigen und dem gasförmigen Zustand im Modell einer Scheitelkatastrophe. Hier sind Temperatur und Druck die kontrollierenden Faktoren. Normalerweise, das heißt außerhalb des Scheitelgebietes, finden Sieden und Kondensation bei demselben Druck- und Temperaturwert statt, beim Wasser also zum Beispiel bei 100 Grad. Unter bestimmten Bedingungen kann jedoch der Dampf unter seinen Taupunkt gekühlt werden, oder die Flüssigkeit kann über den Siedepunkt erhitzt werden, so daß die den jeweiligen Zustand beschreibende Fläche sich bis in das Faltengebiet oder sogar bis zum Scheitel hin erstreckt. Dann tritt Verzögerung (Hysterese) und schließlich sogar ein »katastrophaler« Übergang auf: ein explosionsartiges Sieden (Siedeverzug). Das Modell läßt sich auch auf gesellschaftliche Systeme, zum Beispiel auf den Aktienmarkt anwenden. Die kontrollierenden Faktoren sind hier die Nachfrage nach Aktien und das spekulative Interesse der Käufer. Wenn zum Beispiel in Abbildung 5.3 bei hohen Aktienkursen durch starke Spekulation die Fläche über der Falte oder sogar der Scheitelpunkt beschritten wird, kann es zu einer plötzlichen Baisse kommen und zum Börsenkrach.

Das Dreikörperproblem – Das Doppelpendel

Poincarés Beschäftigung mit dem Problem »verzweigter Systeme« rührt unter anderem daher, daß das sogenannte »Dreikörperproblem« ein wichtiges Problem der Himmelsmechanik ist. Es ist bis heute nicht möglich, die Trajektorien dreier sich gegenseitig beeinflussender Körper, etwa von Sonne, Erde und Mars so zu beschreiben, daß zu jedem Zeitpunkt eine deterministische Voraussage über das künftige Geschick der drei Körper möglich ist. Dieses Problem tauchte auf, kurz nachdem die klassische Newtonsche Mechanik gerade einen ihrer größten Triumphe gefeiert hatte, nämlich die Entdeckung des Planeten Neptun im Jahre 1846 aufgrund einer Voraussage aus den kleinen Abweichungen der Laufbahn des Uranus.
Damals stellte die Schwedische Akademie der Wissenschaften die Preis-

frage: Wie stabil ist unser Sonnensystem? Poincaré konnte zeigen, daß eine deterministische Antwort darauf grundsätzlich nicht möglich ist. Die Antwort war also in gewissem Sinne negativ. Das positive Nebenresultat war die Schaffung der Bifurkationsmathematik und die Entdekkung des deterministischen Chaos. Die »Schwedische Akademiefrage« nach der Stabilität des Planetensystems ist nämlich, genau besehen, nur ein Teil der viel weitergehenden Frage nach der Evolution des Planetensystems. Ihre Beantwortung verlangt ein ganz neues denkerisches Konzept, eben die Poincarésche Bifurkationsmathematik. Analog benötigt man zur Beantwortung der »Göttinger Akademiefrage« (vgl. Kap. 2) das neue denkerische Konzept der rückgekoppelten Verstärkung, der Hyperzyklen (vgl. Anm. 7 in Kap. 4) beziehungsweise der Rückkopplungskatastrophe (vgl. Anm. 14 und 19 in Kap. 8).
Das Pendel ist ein gutes experimentelles Hilfsmittel, um das Dreikörperproblem zu studieren. Im Falle eines normalen Pendels auf unserer Erde handelt es sich zunächst um ein Zweikörperproblem, nämlich die gegenseitige Anziehung zwischen dem Pendelgewicht und der Erde. Die Masse des Pendelgewichtes kann sich wegen des Fadens und der Aufhängung nicht entsprechend der Gravitation in den Mittelpunkt der Erde stürzen und vollführt anstelle der gradlinigen Fallbewegung eine harmonische Schwingung um die Pendelachse (wie zum Beispiel in Abb. 5.1 c). Die zwei Körper sind also das Pendelgewicht und die Erde. Ganz ähnlich kann man das Dreikörperproblem mit Hilfe des Doppelpendels studieren. Das ist ein Pendel, an dem ein zweites Pendel aufgehängt ist; man kann auch sagen, ein Doppelpendel (Abb. 5.4) ist ein Pendel mit einem Kniegelenk. Die beiden Pendel schwingen voneinander unabhängig, sind aber doch miteinander gekoppelt. Dieses sehr komplizierte Verhalten kann man am besten in einer Darstellungsweise nach Poincaré beschreiben, indem man die Bewegung nicht kontinuierlich registriert, sondern bestimmte zeitliche Augenblicke festhält, die irgendwie typisch für das System sind, zum Beispiel dann, wenn die beiden Schenkel völlig gestreckt sind. Man kann etwa den Winkel und den dazugehörigen Drehimpuls aufzeichnen. Grundsätzlich gibt es folgende Situationen für das Pendel:
1. Es bewegt sich überhaupt nicht. Das wird in der Regel dann der Fall sein, wenn es sich in einer stabilen Situation befindet, also ausgelaufen ist und nicht angestoßen wird. Es gibt allerdings auch eine andere Lage, die instabil ist, wenn nämlich einer oder beide Arme (was sehr schwer zu

verifizieren sein dürfte) nach oben stehen und durch die geringste Störung herunterfallen.

2. Das Doppelpendel kann periodisch schwingen, wenn die beiden Pendelteile in einem konstanten Verhältnis zueinander schwingen, etwa das (kürzere) untere Pendel doppelt so schnell wie das obere.

3. Eine dritte Möglichkeit ist die quasi-periodische, daß nämlich die Schwingungsverhältnisse zwar ein konstantes, doch irrationales Verhältnis haben. Dabei können wieder periodische Situationen auftreten. In Abbildung 5.5 sind die entsprechenden Bewegungsformen in einer Poincaré-Auftragung wiedergegeben. Die langgestreckte Ellipse links unten zeigt das System bei niedriger Energie. Die Linien sind kontinuierlich, obwohl sie über lange Zeiträume aus vielen Punkten sich aufbauen, was anzeigt, daß immer wieder die gleichen Zustände erreicht werden. Das Doppelpendel hat bei niedrigen Energien bestimmte »Bahnen«.

4. Wenn die Energie, das heißt der Drehimpuls höher wird, das Pendel also stärker angestoßen wird, ergeben sich chaotische Erscheinungen. Die Situationen, die durchlaufen werden, verlassen die definierten Ellipsenbahnen. Es gibt zwar noch einzelne Inseln der Ordnung (in der zweiten und dritten Ellipse im Uhrzeigersinn). Im wesentlichen beginnt sich aber die ganze Ereignisfläche mit Punkten zu füllen, das System wird chaotisch. Schließlich sind bei einer bestimmten mittleren Energie die

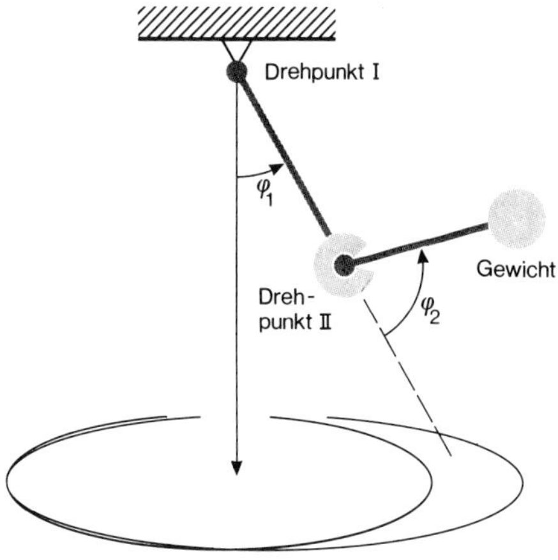

Abb. 5.4: Das Doppelpendel.

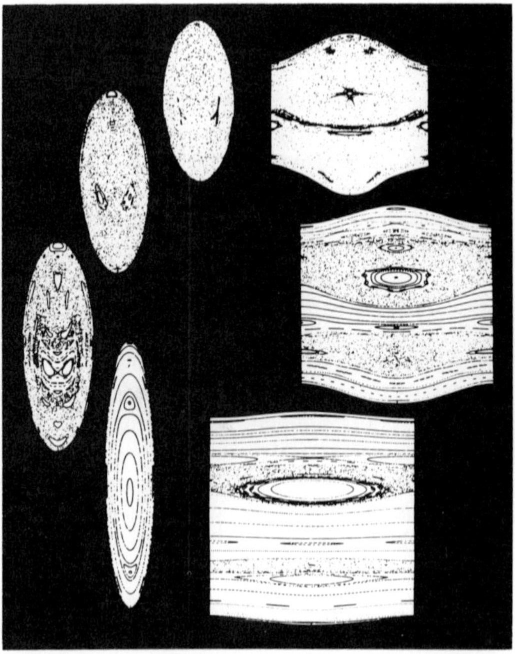

Abb. 5.5: Bahnen des Doppelpendels in Poincaré-Auftragung. Unten links: Schwingen bei niedriger Energie in definierten Bahnen. Mit zunehmender Energie (im Uhrzeigersinn) verlassen die Punkte die Bahnen und bedecken chaotisch die ganze Ereignisfläche[7].

Ordnungsbereiche völlig untergegangen. Bei hohen Energien (oben rechts und darunter) beginnt sich aber erneut Ordnung aufzubauen. Die Ordnungsinseln werden größer, und schließlich gibt es nur noch einige wenige chaotische Bänder. Das hängt damit zusammen, daß bei hohen Drehimpulsen der dritte Körper, nämlich die Erde mit ihrer Gravitation, eine immer geringere Rolle zu spielen beginnt. Der Drehimpuls beziehungsweise die Zentrifugalkraft des Doppelpendels selbst ist so groß, daß die Erdanziehung demgegenüber vernachlässigbar wird. Dadurch reduziert sich das System um eine Dimension und wird näherungsweise zum Zweikörperproblem.

Die Ringe des Saturn

Jeder, der einmal im Fernrohr den Saturn gesehen hat, wird das nie vergessen – eine erstaunliche, rötlich schimmernde Kugel mit den merkwürdigen Ringen, die den Planeten wie ein Heiligenschein umgeben.
Die Ringe des Saturn bestehen aus Staubteilchen, Körnern und Brocken, die einzeln und lose um den riesigen Planeten als Mini-Monde kreisen und über die große Entfernung zusammen wie eine Scheibe wirken. Sie haben sich nicht zu einem einzelnen kompakten Mond zusammengeschlossen wie unser Erdmond, obwohl der Saturn außerdem einige richtige Monde hat. Wenn man die Scheibe in stärkerer Vergrößerung betrachtet, sieht man, daß sie in bestimmten Abständen Lücken aufweist. Bestimmte Bereiche wirken wie leergefegt, so besonders die sogenannte »Cassinische Teilung« (s. Abb. 5.6).
Es zeigt sich nun, daß diese Cassinische Teilung und auch die anderen größeren Lücken des Ringes als »Resonanzzonen« des Saturnmondes Mimas verstanden werden müssen. Die Teilchen, die in der Cassinischen Teilung vorhanden wären, würden mit genau der halben Umlaufzeit von Mimas fliegen, also gewissermaßen eine Oktave höher. So etwas nennt man nicht nur in der Akustik, sondern ganz allgemein bei periodischen Vorgängen Resonanz. Weitere Lücken sind Resonanzen höherer Ordnung. Wie ist das zu erklären?
Es gibt andere merkwürdige Zahlenverhältnisse in unserem Planetensystem. So verhalten sich die Umlaufzeiten von Jupiter und Saturn um die Sonne genau wie 2:5. Das Dreikörpersystem Sonne-Jupiter-Saturn hat also eine »zeitliche Lösung« mit dem Verhältnis Jupiter:Saturn = 2:5, es hat sich in den Milliarden Jahren auf dieses Verhältnis der Umlaufzeiten »eingeschwungen« und dies ist offenbar das stabilste.
Heinz O. Peitgen und Peter H. Richter, auf die viele der hier berichteten Ideen zurückgehen, haben nun ein vereinfachtes rechnerisches Verfahren angewandt, mit dessen Hilfe man komplexe dynamische Systeme dadurch simulieren kann, daß man jedem Punkt den jeweils nachfolgenden[7] zuordnet. Sie formulierten also Regeln, nach denen ein Punkt nach seinem Vorgänger entsteht. Sie konnten dadurch ähnliche Strukturen wie beim Doppelpendel erhalten. Diese mathematische Abbildung erlaubt es, den Ablauf dynamischer Prozesse am Bildschirm des Computers zu verfolgen. Nach vielen Iterationen der Abbildung sieht man, ob

Abb. 5.6: Saturnring mit Cassinischer Teilung.

eine Punktfolge regelmäßig oder chaotisch ist. Im folgenden beziehe ich mich, zum Teil im Wortlaut, auf die Ausführungen von Peter Richter.[7]
Zum Verständnis der »planetarischen Resonanzen« soll noch einmal die Dynamik des Pendels erörtert werden. Abbildung 5.7 vergleicht die Feder- mit der Pendeldynamik. Wegen der Proportionalität von Schwingungsweite (Auslenkung) und Kraft ist die Federdynamik sehr einfach, während das Pendel aufgrund der in seinem Potential hinzukommenden Cosinusfunktion ein ungleich komplexeres Bild abgibt. Versuchen wir, diese Abbildungen besser zu verstehen.
Zunächst stellt man fest, daß Feder- und Pendelschwingung im Zentrum ähnlich aussehen. Bei kleinen Winkelausschlägen schwingt ein Pendel genauso wie eine Feder. Üblicherweise bezeichnet man den Punkt x = y = 0, also den stabilen Ruhepunkt von Feder oder Pendel, als *»elliptisches Zentrum«*. Die Schwingung um dieses Zentrum wird als elliptische oder stabile Dynamik bezeichnet. Bei der Feder gibt es nur diese.
Beim Pendel liegen die Dinge komplizierter. Ein realistisches Pendel ist immer ein gebremstes oder getriebenes Pendel, die Reibung muß durch Antrieb kompensiert werden; ein realistisches Pendel dissipiert also Energie. Mit größer werdendem Ausschlag gerät die einfache elliptische Dynamik schließlich in den Einflußbereich eines »hyperbolischen Zentrums«, in dem eine chaotische Dynamik beobachtet wird.

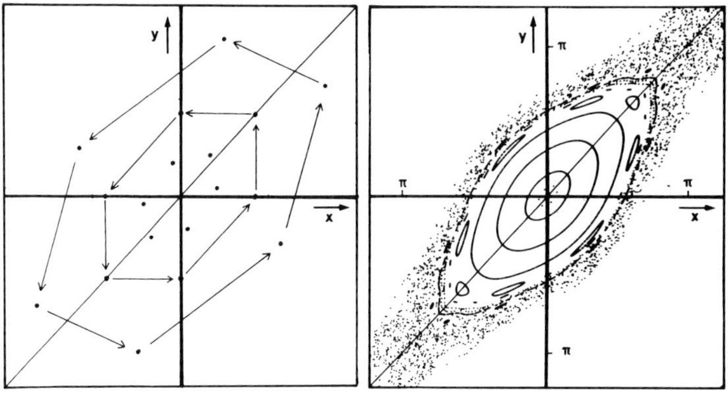

Abb. 5.7: Vergleich der Feder- (links) und Pendeldynamik (rechts).

Die hyperbolische Dynamik entspringt dem instabilen oberen Ruhepunkt des Pendels, $x = y = \pi$: Man weiß, daß eine geringfügige Störung ausreicht, um das Pendel aus dieser Ruhelage in eine rechts- oder linksdrehende Rotation zu versetzen, wobei es wiederum empfindlich von der Ausgangssituation abhängt, ob das Pendel überschlägt oder gerade noch einmal umkehrt. Hier zeigt sich eines der Hauptcharakteristika chaotischer Dynamik: *die großen Folgen von kleinen Unterschieden* in den Startbedingungen.

Elliptische Bahnen können als Zentren von *Ordnung* (Stabilität, Regelmäßigkeit) betrachtet werden. Es sind die Bahnen von Planeten oder Monden, die im wesentlichen ungestört ihre Kreise ziehen. Hyperbolische Bahnen können als Zentren von Chaos (Instabilität, Unvorhersagbarkeit) angesehen werden, es sind die Bahnen von Kometen, die plötzlich aus dem Weltraum auftauchen. Stellt man diese Zentren einander gegenüber, so gehen ihre Einflußzonen ein sehr verwickeltes Verhältnis ein. Sie durchdringen sich gegenseitig und lassen selbst unter der Lupe keine scharfen Grenzen zwischen sich aufkommen. Auf jeder Stufe der Vergrößerung entfaltet sich der Wettstreit von Ordnung und Chaos erneut. Dabei hängt das relative Gewicht der beiden – global gesehen – von der Stärke der Nichtlinearität des jeweiligen Systems ab.

Mit wachsender Stärke der Nichtlinearität zerfallen immer mehr elliptische Bahnen, breitet sich das Chaos immer stärker aus. Die vielen schmalen und zunächst kaum erkennbaren Chaosbänder wachsen zu einigen breiten zusammen. Schließlich bleiben als Trennlinien zwischen großen Chaosbereichen nur wenige Kurven, und irgendwann zerfällt auch die letzte. Und diese letzte Kurve hat – auf beinah geheimnisvolle Weise – mit dem *Goldenen Schnitt* zu tun. Diese erstaunliche Tatsache ist erst seit wenigen Jahren bekannt. Sie hat wohl sehr dazu beigetragen, daß überall in der Welt Mathematiker und Physiker die Eigenschaften solcher nichtlinearen Abbildungen studieren. Man findet tatsächlich eine Harmonie an der Grenze von Ordnung und Chaos. Den Schlüssel zum Verständnis dieser Aussagen liefern die sogenannten Windungszahlen. Je nachdem, ob diese rational oder irrational* sind, ist bei linearen Abbildungen das Verhalten periodisch oder chaotisch. Bei nichtlinearen Abbildungen kommt es zusätzlich auf den Grad der Rationalität oder Irrationalität an. Am empfindlichsten reagieren auf nichtlineare Störungen die »rationalsten« Bahnen, während die »irrationalsten« als elliptische Kurven am längsten bestehen. Und die irrationalste Zahl ist die *proportio divina,* das goldene Verhältnis $d = (\sqrt{5}-1)2=0.618 \ldots$

Es war bereits den Mathematikern H. Poincaré und Garrett Birkhoff bekannt, daß rationale Bahnen in Inselketten aufbrechen, wie wir sie in Abbildung 5.7 beobachten. Diese Resonanzen haben dabei die Eigenschaft, daß elliptische und hyperbolische Zentren sich abwechseln. Ein Teil der ursprünglich periodischen Bahnen überlebt also als stabile quasiperiodische Bahn, während der andere Teil chaotisch wird. Der relative Anteil beider hängt von der Stärke der Nichtlinearität und der Windungszahl der Resonanz ab.

Das Umgekehrte gilt für die irrationalen Bahnen. Sie haben auch unter Störungen eine Chance zu überleben. Allerdings haben J. Moser und V. Arnold[8] gezeigt, daß nicht alle irrationalen Windungsverhältnisse gleich irrational sind. Die goldene Zahl d oder ihre engen Verwandten ($1 + d = 1/d = 1.618 \ldots$, $1 - d = d^2 = 0.382 \ldots$ usw.) können als die »irrationalsten« gelten und sollten dem Einbruch des Chaos am längsten standhalten. Das wird in Computerexperimenten bestätigt, und zwar unabhängig von Details der Abbildung. Es trifft auch für richtige Poincaré-Schnitte zu, wie sie im Zusammenhang mit dem Doppelpendel

* Irrationale Zahlen sind reelle Zahlen, die nicht durch einen Bruch mit ganzen Zahlen ausgedrückt werden können, zum Beispiel die Zahl π (3,14 ...) oder $\sqrt{2} = 1,4 \ldots$; dagegen sind rationale Zahlen zum Beispiel 2 = 4/2 oder 1/3 = 0,333 ...

diskutiert werden. Offenbar steckt in dieser Eigenschaft der goldenen Windungszahl ein Stück Universalharmonie. Wir werden darüber in Kapitel 6 mehr erfahren.
Es scheint beinahe, als käme so durch die Hintertür die Zahlenmystik wieder zur Geltung, der Kepler sich noch in seinem Jugendwerk »Mysterium Cosmographicum« verschrieben hatte. Er wollte die Abstände der Planeten als natürliche Folge des göttlichen Bauplans interpretieren, wonach die Sphären der damals bekannten sechs Planeten durch die fünf regulären Platonischen Körper gehalten wurden – ein Modell, in dem irrationale Windungszahlen eine wichtige Rolle spielten. Kepler selbst rückte von diesen Vorstellungen teilweise ab, als seine Analyse der genauen Marsbeobachtungen von Tycho Brahe ihn dazu zwang. Die Mathematik in der Nachfolge von Poincaré hat solche »Zahlenspielereien« wieder hoffähig gemacht. Noch hat die Analyse von flächentreuen Abbildungen nicht alle auffälligen rationalen und irrationalen Verhältnisse in unserem Sonnensystem geklärt, sie hat aber sehr alte Fragen wieder diskussionsfähig gemacht.
Hinsichtlich der eingangs erörterten Rolle der Resonanzen in unserem Sonnensystem erkennen wir folgendes: Einerseits sind rationale Bahnen instabil, sie brechen unter Störung auf. Das erklärt die Lücken im Saturnring oder im Asteroidengürtel. Andererseits enthalten die aufgebrochenen rationalen Bahnen, wenn das Chaos nicht zu stark ist, immer noch spezielle Konfigurationen, die als elliptische Inseln stabil bleiben. Diese ausgezeichneten Situationen kommen für einzelne Himmelskörper in Betracht, zumal sie durch geringe Reibungskräfte noch stabilisiert werden könnten. So scheint sich für den Kosmos anzudeuten, was aus irdischer Erfahrung nicht unvernünftig ist: Rationalität und Resonanz regieren dort, wo einzelne Große ihre Bahn ziehen (die Planeten und auch ihre Monde), während Irrationalität und Chaos dominieren, wo viele Kleine sich zusammenfinden (die Asteroiden und die Ringbrocken).[7]
Chaotische Phänomene werden neuerdings auch zur Erklärung ungewöhnlicher Eigenschaften von Himmelskörpern herangezogen. Durch die Voyager-Mission von unbemannten Raketen in den Bereich der äußeren Planetenbahnen wurde entdeckt, daß der Uranus-Mond Miranda eine geologisch geformte Oberfläche mit Eruptionskratern und strukturiertem Eis besitzt. Das ist mit der derzeitigen niedrigen Temperatur von Miranda ($<100°$K) nicht vereinbar. Die plausibelste Erklärung dafür ist: Durch ungleiche Dichteverteilung in seinem Inneren geriet der

Mond in chaotische Bewegung. Auf einen nicht synchron rotierenden Satelliten wirken Gezeitenkräfte, die den Mond erwärmen und so geologische Veränderungen möglich machen. Schließlich haben sich dann die entsprechenden Resonanzen eingestellt. Die Bewegungsvorgänge wurden periodisch, und der Mond kühlte wieder ab.[9]

Gebrochene Dimensionen

In der beschreibenden Topologie ein-, zwei- oder dreidimensionaler Gebilde kommt man heute nicht mehr mit den klassischen, integralen, ganzzahligen Dimensionen aus. Zur Beschreibung der Realität benötigt man vielmehr fraktale, das heißt gebrochene, nicht ganzzahlige Dimensionen.[10] Das soll in Abbildung 5.8 erläutert werden.
Hier sind, jeweils von oben nach unten, in a) und b) eine Schar von Kurven gezeigt, die zunehmend Verästelungen und Verfeinerungen aufweisen, die sogenannten Koch-Kurven. Die jeweils obere ist ein vergröbernder, abgeschliffener Ausschnitt der unteren, die jeweils untere eine Verästelung und Verfeinerung der oberen. Die Symmetrieeigenschaft im Vergleich der Kurven nennt man Selbstähnlichkeit.
Was geschieht, wenn man die Kurven unter Wahrung der Selbstähnlichkeit immer weiter verfeinert und verästelt? Beschreibt man die Dimension eines solchen Objektes dadurch, daß man sie durch die Zahl der »Kügelchen«, die notwendig sind, das Objekt zu überdecken, definiert[11], dann kann man feststellen, daß die untersten Kurven der Abbildung 5.8 wesentlich mehr Kugeln zu ihrer »Bedeckung« erfordern als die oberen. Vergleicht man zwei Abschnitte, deren Längen sich in der oberen Kurve wie 1:2 verhalten, so würden sich die Flächen der entsprechenden Abschnitte der unteren Kurve wie 1:2.88, das heißt wie $1:2^{1,5}$ verhalten, die Dimension wäre dann 1,5. Die »Kurven« ähneln mehr einer Fläche als einer einfachen Linie.
Der Begriff der fraktalen Dimension und der Selbstähnlichkeit ist zunächst ein mathematischer. Bei realen physikalischen und chemischen Objekten, Diffusionskurven, Oberflächen von Kristallen oder von Proteinen wird die Selbstähnlichkeit über alle Längenskalen niemals ideal erfüllt sein. Es gibt dafür eine Ober- und eine Untergrenze. Eine Oberfläche kann man immer weiter in selbstähnliche Fragmente zerlegen. Sie

Abb. 5.8: Sogenannte Koch-Kurven mit fraktaler Dimension D = 1,5 (a) und D = 1,79 (b).[11]

Objekt	fraktale Dimension
Küstenlinien	1,2
Landschaften	2,2
Wolkenoberflächen – experimentell, wie auch theoretisch aus chaotischer Dynamik (Turbulenz)	2,35
Vernetzte Polymere, Gele	2,5
Kettenpolymere in gutem Lösungsmittel	1,67
Brownsche Bewegung in zwei und drei Dimensionen; Molekültrajektorie in Flüssigkeit	2
Energieniveau in Molekülen	<1
Skelett von Proteinen	1,3–1,8
Oberflächen von Proteinen	2,2–2,4
Festkörperoberflächen	2–3

wird dabei immer zerklüfteter und höherdimensional. Das erreicht sein Maximum, aber auch seine Grenze, wenn man in molekulare Dimensionen kommt. Auch nach dem Makroskopischen hin gibt es eine Grenze. Makroskopisch betrachtet, hat ein Spiegel exakt die Dimension zwei. Wenn man die Oberfläche aber unter dem Elektronenmikroskop betrachtet, dürfte sie ein Gebirge von höherer Dimensionalität sein. In der Tabelle sind Beispiele für fraktale Objekte in der Natur wiedergegeben. Man sieht daraus, daß etwa die Oberflächen von Proteinen nicht die klassische Dimension 2,0, sondern die Dimension 2,2 besitzen. Das dürfte für die Berechnung von Proteinwechselwirkungen, für die Mechanismen der Enzymwirkung und für alle Prozesse des Lebens an Biopolymeren bei exakter mathematischer Behandlung von großer Wichtigkeit sein. Bisher ist auf diesem Gebiete aber noch gar nichts erarbeitet worden

Eine besondere Rolle spielt die fraktale Dimension bei der Belegung von Katalysator-Oberflächen mit Molekülen, wie das am sogenannten Mengerschen Schwamm gezeigt werden kann (Abb. 5.9). Eine solche Oberfläche kann entsprechend ihrer Dimensionalität völlig verschiedene katalytische Eigenschaften haben. Fraktale Dimensionen (vgl. Abb. 5.10) spielen in der Reaktionskinetik quasiperiodischer oder chaotischer chemischer Abläufe eine wichtige Rolle, zum Beispiel in der Belusoff-Zhabotinsky-Reaktion (vgl. Kapitel 1). Auch die Trajektorien gekoppelter Systeme, wie wir sie für das Dreikörperproblem besprochen haben,

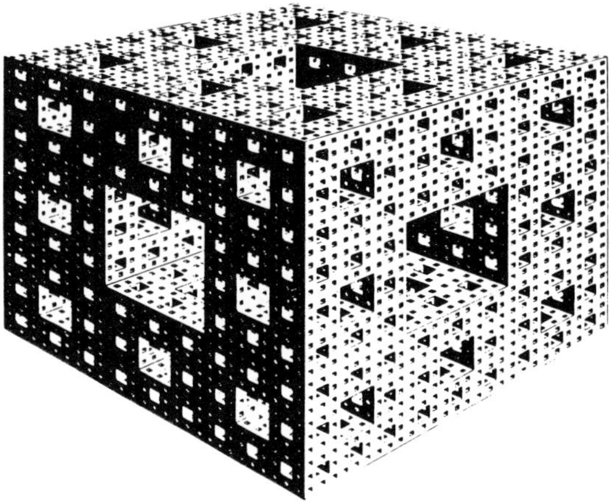

Abb. 5.9: Menger-Schwamm ($D = \ln 20/\ln 3 = 2.73$) als Modell für einen Katalysator mit durchgehenden Poren (alle »Würfel«-Mitten sind leer). Bedeckt man ihn mit Molekülen der Größe r_0, so besitzt die resultierende Monoschicht eine (bei der Auflösung r_0) wohldefinierte Oberfläche, Gesamtlänge der Kanten und Anzahl Ecken. Division dieser drei Größen durch r_0^2, r_0^1 bzw. r_0^0 definiert dann die Anzahl (effektiver) Flächen-, Kanten- und Eckplätze auf der Oberfläche. Der Schwamm verdeutlicht weiter, daß ein auf der Oberfläche diffundierendes Molekül durch alle die Löcher auf sehr viel kürzerem Weg von einem Punkt zum andern gelangen kann als auf einer löcherfreien Oberfläche derselben Dimension. Daraus folgt eine fraktale Dimension $\tilde{D} > 2$ (s. S. 172).

Abb. 5.10: Oberflächenbelegung eines Katalysators mit Monoschichten von Molekülen verschiedener Größe (schematisch).

werden mit fraktalen Dimensionen gemessen: Immer dort, wo Chaos auftritt, werden auch die Dimensionen fraktal. Und hier schließt sich der Kreis mit dem, was wir über Blitze, über Lichtenbergsche Figuren oder Stammbäume gesagt haben. Auch diese sind fraktal. Der in Abbildung 5.11 gezeigte elektrolytisch erzeugte Zinkbaum, der im Prinzip ein eindimensionales Strichgebilde ist, hat die fraktale Dimension 1,6.

Abb. 5.11: Elektrolytisch erzeugter (ebener) Zink-Baum. Durch optisches Ausmessen (im wesentlichen der Masse-Radius-Beziehung) wurde $D = 1.66 \pm 0.03$ gefunden. Dieser Wert stimmt sehr gut mit der Dimension der dendritischen Strukturen überein, die bei diffusionskontrolliertem Wachstum (Computer-Simulationen) entstehen.[12]

Sarah Kirsch

Der Rest des Fadens

Drachensteigen. Spiel
Für große Ebnen ohne Baum und Wasser. Im offenen Himmel
Steigt auf
Der Stern aus Papier, unhaltbar
Ins Licht gerissen, höher, aus allen Augen
Und weiter, weiter

Uns gehört der Rest des Fadens, und daß wir dich kannten.

6. Die Welt ist harmonisch

Heinrich von Kleist berichtet von einem Dialog mit dem Ballettmeister C. über das Marionettentheater[1]

Als ich den Winter 1801 in M . . . zubrachte, traf ich daselbst eines Abends in einem öffentlichen Garten den Herrn C. an, der seit kurzem in dieser Stadt als erster Tänzer der Oper angestellt war und bei dem Publiko außerordentliches Glück machte.

Ich sagte ihm, daß ich erstaunt gewesen wäre, ihn schon mehrere Mal in einem Marionettentheater zu finden, das auf dem Markte zusammengezimmert worden war und den Pöbel, durch kleine dramatische Burlesken, mit Gesang und Tanz durchwebt, belustigte.

Er versicherte mir, daß ihm die Pantomimik dieser Puppen viel Vergnügen machte und ließ nicht undeutlich merken, daß ein Tänzer, der sich ausbilden wolle, mancherlei von ihnen lernen könne. . . .

Er fragte mich, ob ich nicht in der Tat einige Bewegungen der Puppen, besonders der kleineren, im Tanz sehr graziös gefunden hätte. Diesen Umstand konnte ich nicht leugnen. . . .

Ich erkundigte mich nach dem Mechanismus dieser Figuren, und wie es möglich wäre, die einzelnen Glieder derselben und ihre Punkte, ohne Myriaden von Fäden an den Fingern zu haben, so zu regieren, als es Rhythmus der Bewegungen, oder der Tanz erfordere?

Er antwortete, daß ich mir nicht vorstellen müsse, als ob jedes Glied einzeln während der verschiedenen Momente des Tanzes von dem Maschinisten gestellt und gezogen würde.

Jede Bewegung, sagte er, hätte einen Schwerpunkt; es wäre genug, diesen in dem Innern der Figur zu regieren; die Glieder, welche nichts als Pendel wären, folgten ohne irgend ein Zutun auf eine mechanische Weise von selbst.

Er setzte hinzu, daß diese Bewegung sehr einfach wäre; daß jedesmal, wenn der Schwerpunkt in einer graden Linie bewegt wird, die Glieder schon Kurven beschrieben; und daß oft, auf eine bloß zufällige Weise erschüttert, das Ganze schon in eine Art von rhythmische Bewegung käme, die dem Tanz ähnlich wäre.

Diese Bemerkung schien mir zuerst einiges Licht über das Vergnügen zu werfen, das er in dem Theater der Marionetten zu finden vorgegeben hatte. Inzwischen ahndete ich bei weitem die Folgerungen noch nicht, die er späterhin daraus ziehen würde.

Ich fragte ihn, ob er glaubte, daß der Maschinist, der diese Puppen regierte, selbst ein Tänzer sein oder wenigstens einen Begriff vom Schönen im Tanz haben müsse?

Er erwiderte, daß wenn ein Geschäft von seiner mechanischen Seite leicht sei, daraus noch nicht folge, daß es ganz ohne Empfindung betrieben werden könne.

Die Linie, die der Schwerpunkt zu beschreiben hat, wäre zwar sehr einfach, und wie er glaube, in den meisten Fällen gerad. In Fällen, wo sie krumm sei, scheine das Gesetz ihrer Krümmung wenigstens von der ersten oder höchstens zweiten Ordnung; und auch in diesem letzten Fall nur elliptisch, welche Form der Bewegung den Spitzen des menschlichen Körpers (wegen der Gelenke) überhaupt die natürliche sei, und also dem Maschinisten keine große Kunst koste, zu verzeichnen. Dagegen wäre diese Linie wieder, von einer andern Seite, etwas sehr Geheimnisvolles. Denn sie wäre nichts anders, als der Weg der Seele des Tänzers; und er zweifle, daß sie anders gefunden werden könne, als dadurch, daß sich der Maschinist in den Schwerpunkt der Marionette versetzt, d. h. mit andern Worten, tanzt.

Ich erwiderte, daß man mir das Geschäft desselben als etwas ziemlich Geistloses vorgestellt hätte: etwa was das Drehen einer Kurbel sei, die eine Leier spielt.

Keineswegs, antwortete er. Vielmehr verhalten sich die Bewegungen seiner Finger zur Bewegung der daran befestigten Puppen ziemlich künstlich, etwa wie Zahlen zu ihren Logarithmen oder die Asymptote zur Hyperbel. . . .

Ich äußerte meine Verwunderung zu sehen, welcher Aufmerksamkeit er diese, für den Haufen erfundene, Spielart einer schönen Kunst würdige. Nicht bloß, daß er sie einer höheren Entwicklung für fähig halte: er scheine sich sogar selbst damit zu beschäftigen. . . .

Er lächelte, und sagte, er getraue sich zu behaupten, daß wenn ihm ein Mechanikus, nach den Forderungen, die er an ihn zu machen dächte, eine Marionette bauen wollte, er vermittelst derselben einen Tanz darstellen würde, den weder er, noch irgend ein anderer geschickter Tänzer seiner Zeit zu erreichen imstande wäre.

Ich sagte, daß so geschickt er auch die Sache seiner Paradoxe führe, er mich doch

nimmermehr glauben machen würde, daß in einem mechanischen Gliedermann mehr Anmut enthalten sein könne, als in dem Bau des menschlichen Körpers.
Er versetzte, daß es dem Menschen schlechthin unmöglich wäre, den Gliedermann darin auch nur zu erreichen. Nur ein Gott könne sich auf diesem Felde mit der Materie messen; und hier sei der Punkt, wo die beiden Enden der ringförmigen Welt ineinander griffen.
Ich erstaunte immer mehr, und wußte nicht, was ich zu so sonderbaren Behauptungen sagen sollte.
Es scheine, versetzte er, indem er eine Prise Tabak nahm, daß ich das dritte Kapitel vom ersten Buch Moses nicht mit Aufmerksamkeit gelesen; und wer diese erste Periode aller menschlichen Bildung nicht kennt, mit dem könnte man nicht füglich über die folgenden, um wie viel weniger über die letzte, sprechen.*
Ich sagte, daß ich gar wohl wüßte, welche Unordnungen in der natürlichen Grazie des Menschen das Bewußtsein anrichtet. Ein junger Mann von meiner Bekanntschaft hätte, durch eine bloße Bemerkung, gleichsam vor meinen Augen, seine Unschuld verloren, und das Paradies derselben, trotz aller ersinnlichen Bemühungen, nachher niemals wieder gefunden. – Doch, welche Folgerungen setzte ich hinzu, können Sie daraus ziehen?
Er fragte mich, welch einen Vorfall ich meine?
*Ich badete mich, erzählte ich, vor etwa drei Jahren, mit einem jungen Mann, über dessen Bildung damals eine wunderbare Anmut verbreitet war. Er mochte ohngefähr in seinem sechzehnten Jahre stehn, und nur ganz von fern ließen sich, von der Gunst der Frauen herbeigerufen, die ersten Spuren von Eitelkeit erblicken. Es traf sich, daß wir grade kurz zuvor in Paris den Jüngling gesehen hatten, der sich einen Splitter aus dem Fuße zieht** der Abguß der Statue ist bekannt und befindet sich in den meisten deutschen Sammlungen. Ein Blick, den er in dem Augenblick, da er den Fuß auf den Schemel setzte, um ihn abzutrocknen, in einen großen Spiegel warf, erinnerte ihn daran; er lächelte und sagte mir, welch eine Entdeckung er gemacht habe. In der Tat hatte ich, in eben diesem Augenblick, dieselbe gemacht; doch sei es, um die Sicherheit der Grazie, die ihm beiwohnte, zu prüfen, sei es, um seiner Eitelkeit ein wenig heilsam zu begegnen: ich lachte und erwiderte – er sähe wohl Geister! Er errötete, und hob den Fuß zum zweitenmal, um es mir zu zeigen; doch der Versuch, wie sich leicht hätte voraussehn lassen, mißglückte. Er hob verwirrt den Fuß zum dritten und vierten,*

* Das Essen vom Baum der Erkenntnis
** Gemeint ist die hellenistische Plastik des »Dornausziehers« im Louvre.

er hob ihn wohl noch zehnmal: umsonst! er war außerstand, dieselbe Bewegung wieder hervorzubringen – was sag ich? Die Bewegungen, die er machte, hatten ein so komisches Element, daß ich Mühe hatte, das Gelächter zurückzuhalten.
Von diesem Tage, gleichsam von diesem Augenblick an, ging eine unbegreifliche Veränderung mit dem jungen Menschen vor. Er fing an, tagelang vor dem Spiegel zu stehen; und immer ein Reiz nach dem anderen verließ ihn. Eine unsichtbare und unbegreifliche Gewalt schien sich, wie ein eisernes Netz, um das freie Spiel seiner Gebärden zu legen, und als ein Jahr verflossen war, war keine Spur mehr von der Lieblichkeit in ihm zu entdecken, die die Augen der Menschen sonst, die ihn umringten, ergötzt hatte. Noch jetzt lebt jemand, der ein Zeuge jenes sonderbaren und unglücklichen Vorfalls war, und ihn, Wort für Wort, wie ich ihn erzählt, bestätigen könnte.
Bei dieser Gelegenheit, sagte Herr C ... freundlich, muß ich Ihnen eine andere Geschichte erzählen, von der Sie leicht begreifen werden, wie sie hierher gehört.
Ich befand mich, auf meiner Reise nach Rußland, auf einem Landgut des Herrn v. G ..., eines livländischen Edelmanns, dessen Söhne sich eben damals stark im Fechten übten. Besonders der ältere, der eben von der Universität zurückgekommen war, machte den Virtuosen, und bot mir, da ich eines Morgens auf seinem Zimmer war, ein Rapier an. Wir fochten; doch es traf sich, daß ich ihm überlegen war; Leidenschaft kam dazu, ihn zu verwirren; fast jeder Stoß, den ich führte, traf, und sein Rapier flog zuletzt in den Winkel. Halb scherzend, halb empfindlich, sagte er, indem er das Rapier aufhob, daß er seinen Meister gefunden habe: doch alles auf der Welt finde den seinen, und fortan wolle er mich zu dem meinigen führen. Die Brüder lachten laut auf und riefen: Fort! Fort! In den Holzstall herab! und damit nahmen sie mich bei der Hand und führten mich zu einem Bären, den Herr v. G ..., ihr Vater, auf dem Hofe auferziehen ließ.
Der Bär stand, als ich erstaunt vor ihn trat, auf den Hinterfüßen, mit dem Rücken an einem Pfahl gelehnt, an welchem er angeschlossen war, die rechte Tatze schlagfertig erhoben, und sah mir ins Auge: das war seine Fechterpositur. Ich wußte nicht, ob ich träumte, da ich mich einem solchen Gegner gegenüber sah: doch: stoßen Sie! stoßen Sie! sagte Herr v. G ..., und versuchen Sie, ob Sie ihm eins beibringen können! Ich fiel, da ich mich ein wenig von meinem Erstaunen erholt hatte, mit dem Rapier auf ihn aus; der Bär machte eine ganz kurze Bewegung mit der Tatze und parierte den Stoß. Ich versuchte ihn durch Finten zu verführen; der Bär rührte sich nicht. Ich fiel wieder, mit einer augenblicklichen Gewandtheit, auf ihn aus, eines Menschen Brust würde ich ohnfehlbar getroffen haben: der Bär machte eine ganz kurze Bewegung mit der Tatze und parierte den

Stoß. Jetzt war ich fast in dem Fall des jungen Herrn v. G... Der Ernst des Bären kam hinzu, mir die Fassung zu rauben, Stöße und Finten wechselten sich, mir triefte der Schweiß: umsonst! Nicht bloß, daß der Bär, wie der erste Fechter der Welt, alle meine Stöße parierte; auf Finten (was ihm kein Fechter der Welt nachmacht) ging er gar nicht einmal ein: Aug in Auge, als ob er meine Seele darin lesen könnte, stand er, die Tatze schlagfertig erhoben, und wenn meine Stöße nicht ernsthaft gemeint waren, so rührte er sich nicht.
Glauben Sie diese Geschichte?
Vollkommen! rief ich, mit freudigem Beifall; jedwedem Fremden, so wahrscheinlich ist sie: um wie viel mehr Ihnen!
Nun, mein vortrefflicher Freund, sagte Herr C..., so sind Sie im Besitz von allem, was nötig ist, um mich zu begreifen. Wir sehen, daß in dem Maße, als in der organischen Welt die Reflexion dunkler und schwächer wird, die Grazie darin immer strahlender und herrschender hervortritt. – Doch so, wie sich der Durchschnitt zweier Linien, auf der einen Seite eines Punkts, nach dem Durchgang durch das Unendliche entfernt hat, plötzlich wieder dicht vor uns tritt: so findet sich auch, wenn die Erkenntnis gleichsam durch ein Unendliches gegangen ist, die Grazie wieder ein; so, daß sie, zu gleicher Zeit in demjenigen menschlichen Körperbau am reinsten erscheint, der entweder gar keins, oder ein unendliches Bewußtsein hat, d. h. in dem Gliedermann, oder in dem Gott.
Mithin, sagte ich ein wenig zerstreut, müßten wir wieder von dem Baum der Erkenntnis essen, um in den Stand der Unschuld zurückzufallen?
Allerdings, antwortete er; das ist das letzte Kapitel von der Geschichte der Welt.

Die Harmonie der Sphären – Kepler hat doch recht

Johannes Kepler versuchte im Jahre 1594 in seiner Schrift »Mysterium Cosmographicum« die Planetenbahnen mit einem System höchster Harmonie zu erklären. Danach sollten sich die Planeten auf Kugelschalen bewegen, denen jeweils die Platonischen Körper eingeschrieben sind, also der Tetraeder, der Kubus, der Pentagondodekaeder (Abb. 6.1). Der junge Kepler denkt und fühlt noch ganz in der Tradition mittelalterlicher Mystiker, wenn er im »Mysterium Cosmographicum« versucht, exakte Wissenschaft und göttliches Mysterium zu vereinen: »Groß ist unser Herr und groß seine Macht und seiner Weisheit kein Ende. Lobet

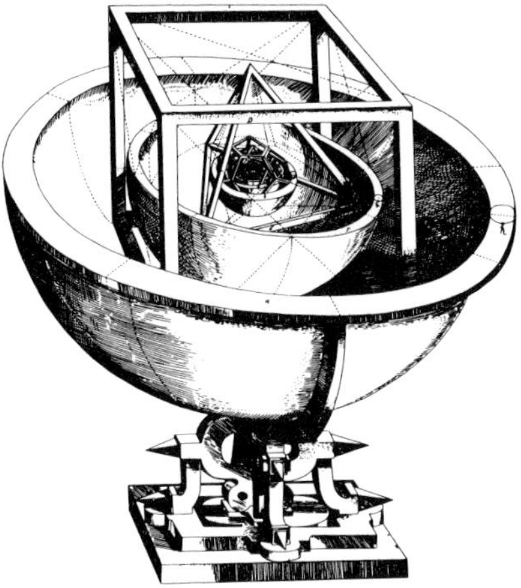

Abb. 6.1: Keplers Weltmodell: Die Planeten bewegen sich auf Kugelschalen, denen die Platonischen Körper eingeschrieben sind. Dadurch versuchte Kepler, die Planetenabstände zu erklären.

ihn, Sonne, Mond und Planeten, in welcher Sprache immer euer Loblied dem Schöpfer erklingen mag. Lobet ihn, ihr himmlischen Harmonien, und auch ihr, die Zeugen und Bestätiger seiner enthüllten Wahrheiten! Und du, meine Seele, singe die Ehre des Herrn dein Leben lang! Von ihm und durch ihn und zu ihm sind alle Dinge die sichtbaren und unsichtbaren. Ihm allein sei Ehre und Ruhm von Ewigkeit zu Ewigkeit! Ich danke dir, Schöpfer und Herr, daß du mir diese Freude an deiner Schöpfung, das Entzücken über die Werke deiner Hände geschenkt hast. Ich habe die Herrlichkeit deiner Werke den Menschen kundgetan, soweit mein endlicher Geist deine Unendlichkeit zu fassen vermochte. Wo ich etwas gesagt habe, was deiner unwürdig ist, oder wo ich der eigenen Ehre nachgetrachtet habe, da vergib mir in Gnaden.«[2]

Die Sehnsucht, den Aufbau der Welt auf harmonische Strukturen zurückzuführen, ist uralt und seit Pythagoras bezeugt. Er glaubte an die »Harmonie der Sphären«, eine inhärente Harmonie des Weltalls, die dem Menschen nicht direkt zugänglich sei, da er kein Sinnesorgan dafür besitzt. Für ein göttliches oder erleuchtetes Wesen erklängen wunderbar harmonische Laute infolge der miteinander koordinierten Bewegungen der Himmelskörper. Kepler hat dann diese mystischen Vorstellungen aufgegeben oder modifiziert, indem er aufgrund der inzwischen erfolgten genaueren Beobachtungen von Tycho Brahe seine Gesetze aufstellen konnte.

Die Keplerschen Gesetze lauten bekanntlich:

1. Die Planeten bewegen sich in Ellipsen, in deren einem Brennpunkt die Sonne steht.
2. Die Verbindungslinie zwischen dem Mittelpunkt der Sonne und dem des Planeten überstreicht in gleichen Zeiten gleiche Flächen.
3. Die Quadrate der Umlaufzeiten der Planeten verhalten sich wie die Kuben der mittleren Entfernungen von der Sonne.

Auch die Entdeckung dieser Gesetze muß man als eine erstaunliche intuitive »Harmonisierungsleistung« ansehen: Fast unüberschaubar komplexe Daten lassen sich ohne ein übergeordnetes Gesetz in die genannten Regelmäßigkeiten einordnen. Denn viel mehr als Regelmäßigkeiten sind die Keplerschen Gesetze nicht. Zu Gesetzen werden sie erst durch die übergeordneten Newtonschen Bewegungsgesetze, sie gehen in Newtons Gravitationstheorie auf.

In diesem Sinne kann man diese und jede neue naturwissenschaftliche Theorie als einen Erfolg auf dem Wege zum Verständnis der Harmonie der Welt auffassen. Sind nicht alle unsere physikalischen Gesetze so zu verstehen? Auch diejenigen, die die Welt scheinbar komplizierter machen? Ist die Struktur unseres Geistes so beschaffen, daß wir immer nur die Harmonien im Weltgeschehen aufzuspüren suchen und die Disharmonien unberücksichtigt lassen, welche im Weltganzen den Harmonien die Waage halten? Oder ist die Welt von ihrer inhaltlichen Struktur her harmonisch, so daß wir nicht anders können, als Harmonien zu entdekken, da unser Geist ebenfalls ein Teil der Welt ist und unsere Erkenntnisweisen der Struktur der Welt entsprechen? Oder anders ausgedrückt: Ist Erkennen ein spezifisches Herausfiltern der (vielleicht nur wenigen) Harmonien oder ein der Struktur der Welt korrespondierender Akt? Diese Frage der Transzendentalphilosophie wird sich nicht objektiv lösen lassen. Aber wenn wir *uns* ernst nehmen und wenn wir *die Welt* ernst nehmen, müssen wir sagen: Je tiefer wir in die Zusammenhänge eindringen, desto mehr Harmonien entdecken wir.

Aber zurück zu Kepler. Wir haben in Kapitel 5 gesehen, daß sich im Planetensystem geradezu mystische Zahlenverhältnisse einstellen: Zwischen Himmelskörpern treten Resonanzen auf. Die Umlaufzeiten von Jupiter und Saturn haben ziemlich genau das Verhältnis von 2:5. Im Asteroidengürtel, also dem Gürtel vieler kleiner winziger Planeten zwischen Jupiter und Mars gibt es »leergefegte Bahnen«, deren potentielle Umlaufzeit die Hälfte, ein Drittel und ein Viertel der Umlaufzeit von

Jupiter wäre (vgl. Kap. 5, Anm. 5). Diese scheinbar mystischen Zahlenverhältnisse, die an pythagoräische Zahlenmystik erinnern, werden erst jetzt, zumindest andeutungsweise, unter dem Gesichtspunkt rückgekoppelter Vielkörpersysteme verständlich. Kepler hatte also doch recht mit seiner ersten, von ihm selbst widerrufenen Arbeit: Harmonien stellen sich in dieser Welt von selbst ein, wenn man Chaos unter bestimmten, rückgekoppelten Bedingungen sich selbst »aufschaukeln« läßt.

Das Apfelmännchen – Über die Schönheit von Fraktalen

Die Mathematik der letzten Jahre hat sich zunehmend mit komplexen Rückkopplungsprozessen befaßt. Im Prinzip sind solche Prozesse schon lange bekannt und lassen sich – in einfacheren Fällen – durch Differentialgleichungen lösen nach den Prinzipien von Newton und Leibniz. Die Trajektorien von bewegten Körpern oder Systemen lassen sich nach Gesetzen der Dynamik bestimmen, wobei der Ablauf als Kontinuum gedacht werden kann oder schrittweise behandelt wird. Das ist das Wesen der Differential- und Infinitesimalrechnung. Praktisch ist jeder Lebensprozeß ein rückgekoppelter Prozeß, und man kann nur unter grober Vereinfachung Prozesse als nicht rückgekoppelt behandeln.[3] Fast alle Systeme in der Natur haben also den Charakter, der in Abbildung 6.2 dargestellt ist.

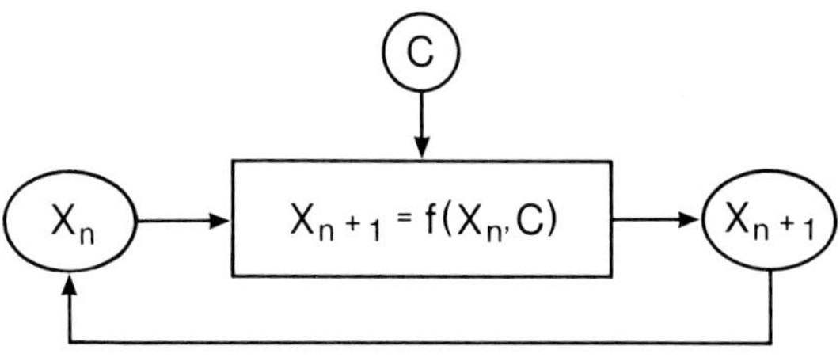

Abb. 6.2: Rückgekoppeltes komplexes System. Formal ist der Vorgang der gleiche wie bei der Bäcker-Transformation (Abb. 4.19), der Enzym-Rückkopplung (Abb. 1.11, 1.12, 4.4 oder 4.12), der Wachstumsdynamik (Abb. 6.5) oder der Fehlerkatastrophe (Abb. 8.4).

In der Realität ist diese Beziehung aber *nichtlinear.* Zwischen dem Eingang X_n und dem Ausgang X_{n+1} besteht eine nichtlineare Beziehung, das heißt: das dynamische Gesetz $x_{n+1} = f(X_n, C)$ ist komplexer als die einfache Proportionalität $X_{n+1} = KX_n$. Offensichtlich hängt die Qualität der Lösungen dieser Gleichung von der Größe C ab, die bei jeder Iteration in den Prozeß hineingefüttert wird. Wenn man den Rückkoppelungszyklus mit einem beliebigen X_0 beginnt, will man wissen, welcher Größe der Prozeß – das Ganze muß ja als Prozeß gesehen werden – zustrebt.

Grundsätzlich gibt es drei Möglichkeiten. Erstens: Der Endwert X nähert sich einem Grenzwert, den er, gegebenenfalls asymptotisch (im Unendlichen), schließlich erreicht. Das wäre der Fall bei linearen Differentialgleichungen und integrierbaren Systemen. Zweitens: Der Prozeß mündet in eine harmonische Schwingung ein. Das wäre der Fall beim Pendel und den Planetenbewegungen. Drittens: Der Prozeß hat einen unbestimmten Ausgang, der zwar durch die Anfangswerte und den dynamischen Prozeß bestimmt ist, aber dennoch unvorhersagbar ist. In der physikalischen und physiologischen Realität kann es alle drei Lösungen geben. Wir haben in Kapitel 5 bereits gesehen, daß sogar im »einfachen« Planetensystem chaotische Bänder vorhanden sind. Das Dreikörperproblem, das Doppelpendel, weist chaotische Lösungen auf. In Abbildung 6.3 links ist das noch einmal dargestellt.

Die meisten realistischen Systeme sind Mischsysteme mit teilweise chaotischen Lösungen, so auch der berühmte Lorenz-Attraktor (Abb. 6.3 rechts). Er beschreibt dissipative Strukturen, wie sie entstehen, wenn mechanische Systeme durch Reibung oder sonstige Energiedissipation von einem zweiten Attraktionszentrum gebremst werden. Beispiele hierfür sind das Doppelpendel, das wir oben kennengelernt haben, oder die Gezeiten. Die Trajektorie (Bahn) stürzt deshalb schließlich in eines der »Gravitationszentren«. Sie ist aber keine einfache Spirale, sondern springt zwischen zwei Attraktionszentren hin und her. Man nennt solche Systeme »seltsame Attraktoren« (strange attractors). Die bildliche Darstellung eines solchen Trajektoriensystems hat hohen ästhetischen Reiz – sie ist schön. Ist es vielleicht das gleichzeitige Nebeneinander von Ordnung und Chaos, das wir als schön empfinden?

In Abbildung 6.4 ist eine andere Darstellung der Grundgleichung aus Abbildung 6.2 gezeigt, nämlich eine Mandelbrot-Menge mit den sie umgebenden und von ihr kontrollierten Julia-Mengen: Diese Figuren

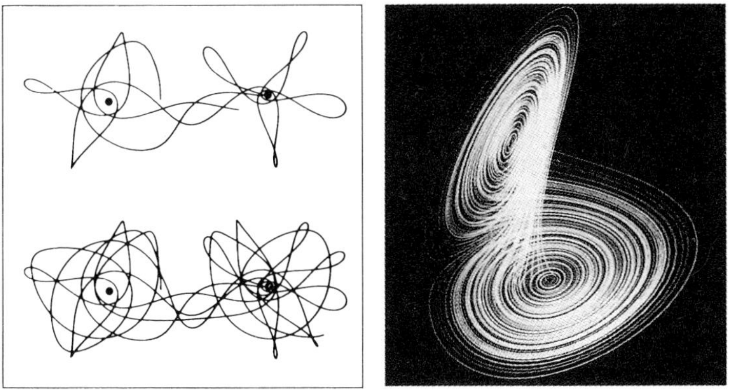

Abb. 6.3: Links: Modellmäßige Darstellung eines kleinen Planeten, der sich um zwei Sonnen gleicher Masse bewegt. Oberer Teil: Beginn; unterer Teil: weiterer Verlauf der chaotischen Bewegung. Rechts: Der Lorenz-Attraktor.[3]

entstehen, wenn man nach Lösungen für die rückgekoppelte Gleichung $X_{n+1} = X_n^2+C$ sucht, worin C eine komplexe Konstante ist. Die Mandelbrot-Figur, das wegen seiner Gestalt sogenannte »Apfelmännchen«, hat an seinen chaotischen Rändern fraktale Dimension, bei jeweils höherer Auflösung zeigen sich immer neue verfeinerte Abbildungen von Julia-Mengen. Auf die mathematische Behandlung solcher Systeme kann in diesem Rahmen nicht eingegangen werden. Dazu sei auf die Originalliteratur verwiesen.[4, 5, 6]

Wie kommen solche fraktalen Strukturen und chaotischen Ränder zustande? Gibt es realistische Beispiele für das Auftreten solcher Zustände? Sind es mathematische Spielereien oder braucht man solche mathematischen Darstellungsweisen zur Beschreibung wirklicher Zustände? Dazu ein Beispiel aus der Populationsdynamik: Das Wachstum einer Population von Fliegen, Kaninchen oder Menschen. Unter günstigen Bedingungen kann zum Beispiel eine Kaninchenpopulation so lange wachsen, bis das Biotop mit Kaninchen gesättigt ist und die Zahl der Kaninchen sich exponentiell diesem Sättigungswert genähert hat (Abb. 6.5).

In paradiesischen Zuständen würde dann der Sättigungswert konstant bleiben. Da die Realität aber nicht paradiesisch ist, werden vermehrt Feinde auftreten, zum Beispiel Füchse, die sich von den vielen Kaninchen

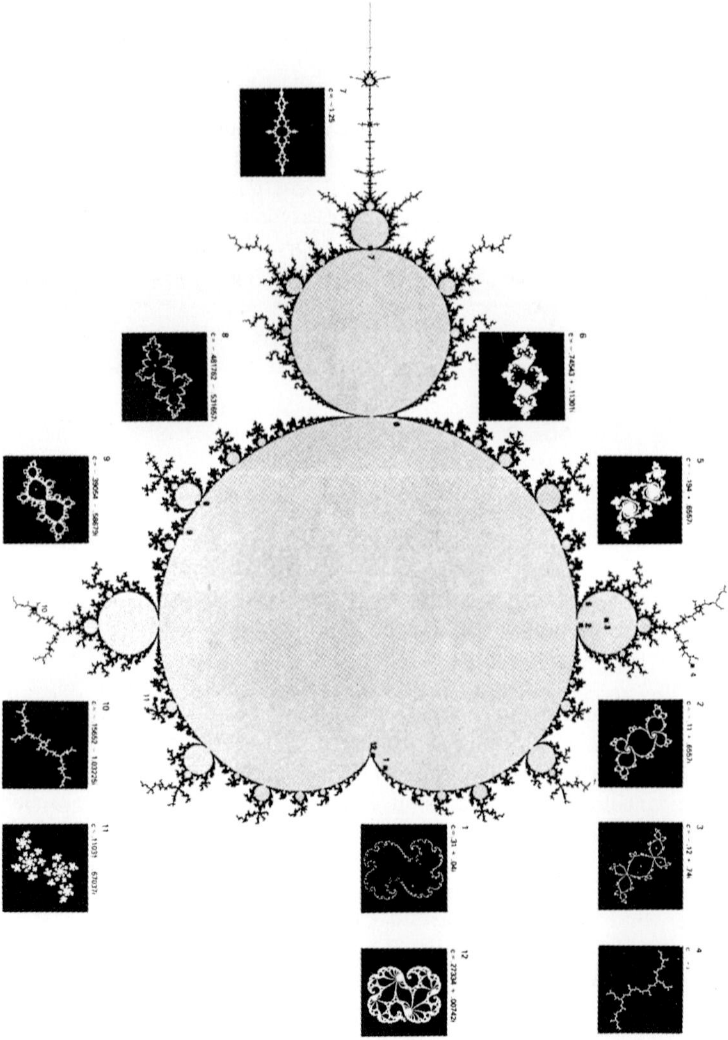

Abb. 6.4: Julia-Mengen am Rande einer zugehörigen Mandelbrot-Menge, welche deren Struktur kontrolliert.[3]

ernähren. Die Population der Füchse wird ebenfalls steigen, freilich mit einer gewissen Zeitverzögerung von einigen Generationen. Nun mästen sich die Füchse an den Kaninchen und beginnen, sie nahezu auszurotten, entziehen sich dabei aber ihre eigenen Ressourcen, denn Füchse haben bekanntlich kein Ökobewußtsein. Die jetzt auftretende Hungersnot unter den Füchsen reduziert deren Zahl drastisch. Nach einigen Jahren sind die Kaninchen wieder im Kommen usw., ein periodisch rückgekoppelter Prozeß. 1845 hat B. F. Verhulst ein Wachstumsgesetz für solche Fälle aufgestellt, in denen eine rückgekoppelte variable Wachstumsrate vorkommt. Dadurch wird der Prozeß nichtlinear. Das hat unerwartete Konsequenzen für das dynamische Verhalten, insbesondere bei sehr hohen Wachstumsraten von über 200 Prozent. Die Verhältnisse sind in Abbildung 6.5 dargestellt: Oben links sieht man das normale Erreichen des Grenzwertes bei einem Wachstumsfaktor von 180 Prozent ($r = 1{,}8$; $r = 1{,}0$ wäre Stillstand, $r < 1{,}0$ wäre negatives Wachstum). Bei 230 Prozent beginnt das System zu oszillieren (oben rechts). Das rasche Wachstum führt zu einem Überschießen des möglichen Endwertes. Das System pendelt dann um den Endwert x. Bei einem Wachstum von 250 Prozent spaltet sich die Oszillation auf (Periodenverdoppelung, unten links) und schließlich setzt bei einem Wachstum von mehr als 257 Prozent Chaos ein (unten rechts). Solche Wachstumsraten haben wir bei höheren Lebewesen vermutlich nicht in Betracht zu ziehen, bei Insekten und Mikroorganismen sind sie aber gang und gäbe. Sie können in symbiotischen Prozessen durchaus auch für den Menschen von Belang sein. Alle Krankheiten, die in Schüben auftreten, müssen wohl so verstanden werden, zum Beispiel die Malaria tertiana mit ihrem Drei-Tage-Rhythmus, die periodisch auftretenden Schadinsekten, die definierten Inkubationszeiten bei Infektionskrankheiten. Besonders wichtige Anwendungen hat das Gesetz von Verhulst in den letzten zwanzig Jahren in der Meteorologie und in vielen Zweigen der Physik gefunden. Wir haben darüber im vorigen Kapitel gesprochen.

Das Verhulstsche Gesetz kann man so formulieren: $x_{n+1} = (1 + r)x_n$, wobei n die Zahl der Jahre beziehungsweise die Zeiteinheit, Generationenzahl usw. ist und r die Wachstumsrate, die jedoch mit der Populationsgröße rückgekoppelt ist, so daß die Gleichung die Form annimmt $x_{n+1} = (1 + r)x_n - rx_n^2$.

Was heißt Chaos bei Wachstumsraten von über 257 Prozent? Das bedeutet doch, daß bei streng deterministischen Ausgangsbedingungen inde-

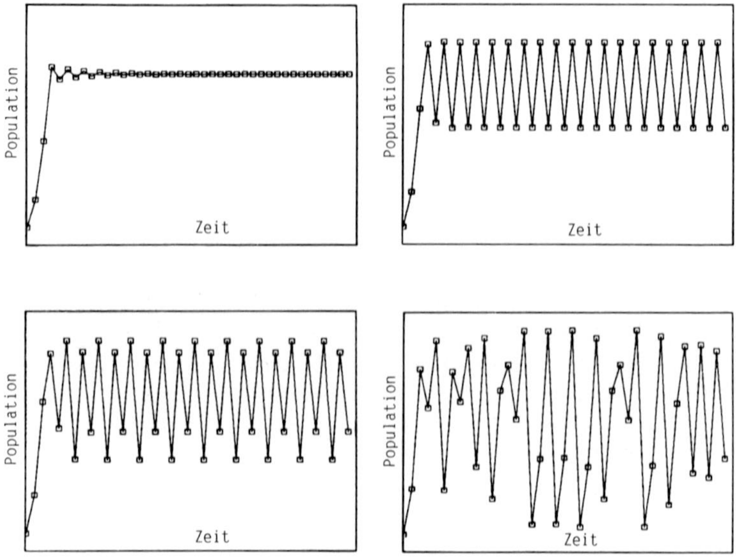

Abb. 6.5: Verhulstsche Wachstumsdynamik.

terministische Sprünge auftreten. So ist es in Abbildung 6.5 unten rechts dargestellt. Die Figur ähnelt in vieler Beziehung der schon früher gezeigten Bäcker-Transformation, die ja im Grunde auch einen Wachstumsprozeß beschreibt: das Strecken auf die doppelte Länge in jeder »Generation«. Eine solche Verhulst-Dynamik erlaubt es nun, den Übergang von Ordnung in Chaos näher zu präzisieren. An welcher Stelle genau sind die Bifurkationspunkte, an denen die Oszillation, die Verdoppelung der Frequenz und das Chaos auftreten?

Periodenverdoppelung (Abb. 6.5b und c) oder Übergang ins Chaos (Abb. 6.5d) treten an einem bestimmten Punkte auf. Definieren wir r_n als denjenigen Wert der Wachstumsrate, an dem die n-te Bifurkation (Verdoppelung, Vervierfachung usw. bis zum Chaos) auftritt, dann ist die Länge zweier aufeinanderfolgender Bifurkationsereignisse

$$\delta_n = \frac{r_n - r_{n-1}}{r_{n+1} - r_n}$$

In unserem recht groben Beispiel wäre das

$$\delta_n = \frac{2{,}50-2{,}30}{2{,}57-2{,}50} = \frac{0{,}20}{0{,}07} \sim 3{,}00$$

Wenn man den Prozeß immer weiter treibt, sozusagen immer tiefer ins Chaos eintaucht, nähert sich dieser Quotient schließlich dem Wert

$$\delta_n \rightarrow \delta = 4{,}669201660910\ldots$$

Diese sogenannte Feigenbaum-Zahl (benannt nach dem amerikanischen Mathematiker M. Feigenbaum) ist eine universelle Konstante, die den Übergang von Ordnung zu Chaos beschreibt, genauso wie die Zahl $\pi = 3{,}1415926536\ldots$ das Verhältnis von Umfang und Durchmesser des Kreises beschreibt. Gefunden wurde diese Universalkonstante von dem deutschen Mathematiker S. Grossmann (geb. 1930), Feigenbaum hat sie dann näher charakterisiert.
Sie ist ebenfalls eine irrationale Zahl, das heißt ein Bruch, der auch bei noch so langer Verfolgung der Dezimalstellen weder aufgeht noch Perioden zeigt. Eine erstaunliche Entdeckung: Mathematiker und Physiker fanden bei der genauen Analyse einer Gleichung für biologische Systeme – eben der Verhulst-Gleichung – eine Universalkonstante, der die sprunghaften Übergänge in der gesamten Natur gehorchen, seien es Periodisierungen, Periodenverdopplungen oder Übergänge von Periodizität in Chaos (vgl. auch Kap. 1, Abb. 1.11). Daraus muß man schließen, daß Chaos eine regelhafte, in der Natur und ihrer Systematik vorgesehene Zustandsform ist, daß also die Welt in ihrer Grundstruktur nichtlinear ist, daß sie aber aus dem deterministischen Chaos immer wieder Inseln der Ordnung hervorbringt, auf denen unsere einfachen linearen Gesetze angewendet werden können. Die Linearisierung, die wir im kartesisch-newtonschen System notwendigerweise durchführen müssen, um überhaupt physikalische Gesetze hinschreiben zu können, ist daher insulär. Dies zeigt sich besonders deutlich an den Rändern der Inseln (vgl. Abb. 6.4).
Der Mathematiker Benoit Mandelbrot[4] hat in den letzten zehn Jahren eine Reihe von rückgekoppelten Gleichungen untersucht, in denen imaginäre Zahlen vorkommen und insbesondere das C unserer Rückkopplungsgleichung eine imaginäre oder komplexe Zahl ist.[5, 6] (Komplexe Zahlen sind Zahlen, die aus reellen – zum Beispiel 2 – und imaginären Faktoren – zum Beispiel $\sqrt{-1}$ – zusammengesetzt sind, etwa $2 + 2 \times \sqrt{-1}$. $\sqrt{-1}$ ist eine

imaginäre Zahl, weil es sie eigentlich gar nicht geben sollte, denn −1 mal −1, also $[-1]^2$ ist +1 [− mal − gibt +], so daß −1 eigentlich eine »unmögliche« Quadratzahl ist, aus der man keine Wurzel ziehen kann.) Solche Gleichungen oder besser Mengen (im mathematischen Sinne) lassen sich auf dem Bildschirm des Computers bildlich darstellen. Durch Anwendung von Verallgemeinerungen innerhalb der Verhulst-Gleichung beziehungsweise des Julia-Sets gelingen Mandelbrot Darstellungen von höchster Komplexität und hoher Schönheit. Das sind Abbildungen der rückgekoppelten Gleichungen, in diesem Falle mit imaginären oder komplexen Zahlen, also Resultate einer rechnerisch einfachen, rückgekoppelten Prozedur ohne jede harmonisierende oder ästhetisierende Vorgabe. Die Mathematik, die dem zugrunde liegt, ist eine der nichtlinearen Realität angepaßte Beschreibungsform. Sie ist der Realität wesentlich besser angepaßt als die künstlich abstrahierende Mathematik der Newtonschen Trajektorien. Und diese prozessuale Mathematik führt, wenn man sie bildlich dargestellt versteht, zu Bildern von höchster Harmonie: Die Welt ist harmonisch.

Warum ist die Natur schön? – Von Blüten und Früchten

Viele Erscheinungen, die die belebte Natur hervorbringt, empfinden wir spontan als schön, harmonisch, symmetrisch. Warum haben bestimmte Blütenkelche fünf Blütenblätter? Warum sind Tiere im wesentlichen symmetrisch gebaut? Es sind gewachsene Strukturen. Könnten sie sich nicht genauso gut chaotisch ausbreiten und unkontrolliert proliferieren wie Krebszellen?

Seit dem Altertum, beginnend mit Pythagoras, haben sich Philosophen und Naturforscher mit den natürlich vorkommenden Symmetrien und Proportionen beschäftigt, auch Johannes Kepler. Und dabei ergab sich die erstaunliche Tatsache, daß natürliche Proportionen sehr oft dem Goldenen Schnitt gehorchen. In Abbildung 6.6 und 6.7 sind einige Blatt- und Schneckenformen mit den eingezeichneten »Goldenen Proportionen« aus einem mehr als hundert Jahre alten Werk wiedergegeben.[7]

P. Richter und R. Schranner[8] haben das am Beispiel verschiedener Pflanzen, Blüten und Früchte untersucht (Abb. 6.8 a, b und c zeigen einige Beispiele). In Abbildung 6.8 a ist ein Fichtenzweig wiedergegeben, in

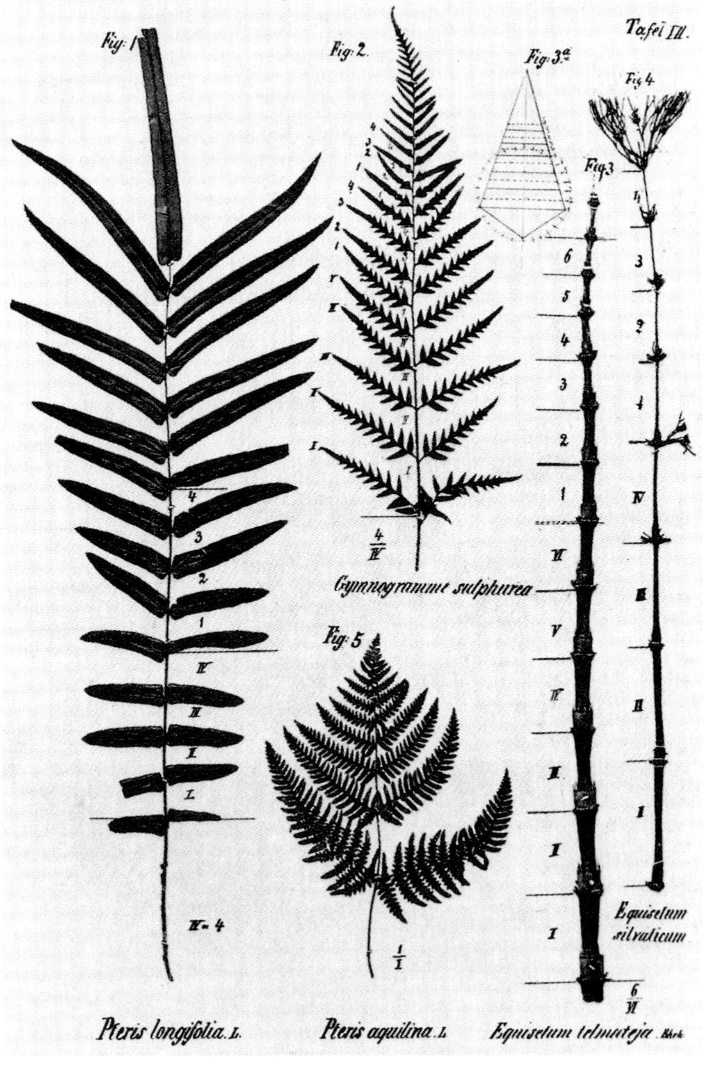

Abb. 6.6: Verschiedene Blätter beziehungsweise Stengel in den »Goldenen Proportionen«.

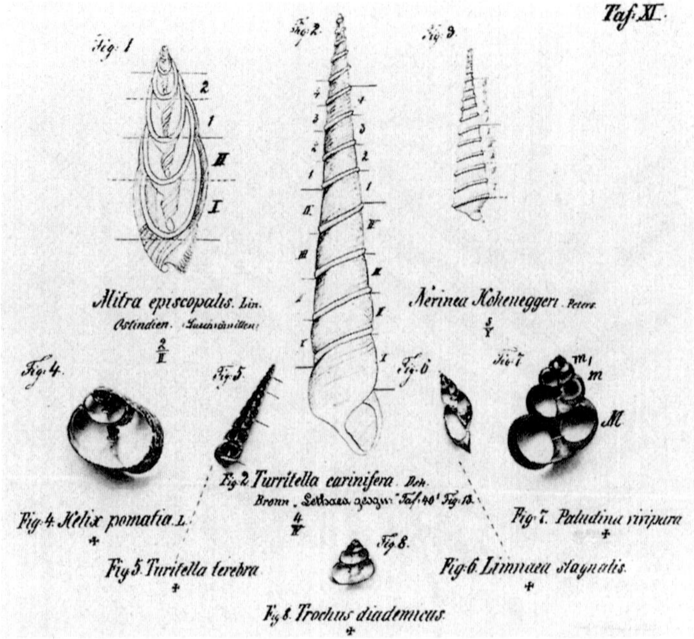

Abb. 6.7: Verschiedene Schneckenformen in den »Goldenen Proportionen«.

dessen Musterung man schneckenförmige, *helikale* Figuren hineinlegen kann. Schon Goethe[9] hat sich mit der Spiraltendenz der Natur befaßt und dieses Phänomen beschrieben: »Das Spiralsystem ist das fortbildende, vermehrende, ernährende, als solches vorübergehend, sich vom Vertikalsystem gleichsam isolierend. Im Übermaß fortwirkend, ist es sehr bald hinfällig, dem Verderben ausgesetzt; an das Vertikalsystem angeschlossen, erwachsen beide zu einer Dauereinheit als Holz oder sonstiges Solide. Keins der beiden Systeme kann allein gedacht werden. Sie sind immer und ewig beisammen; aber im völligen Gleichgewicht bringen sie das Vollkommenste der Vegetation hervor.«
Die Spiralen können aber auch in einer Ebene liegen wie zum Beispiel bei vielen Korbblütlern (Abb. 6.8 b zeigt den Blütenkorb einer Distel). Der

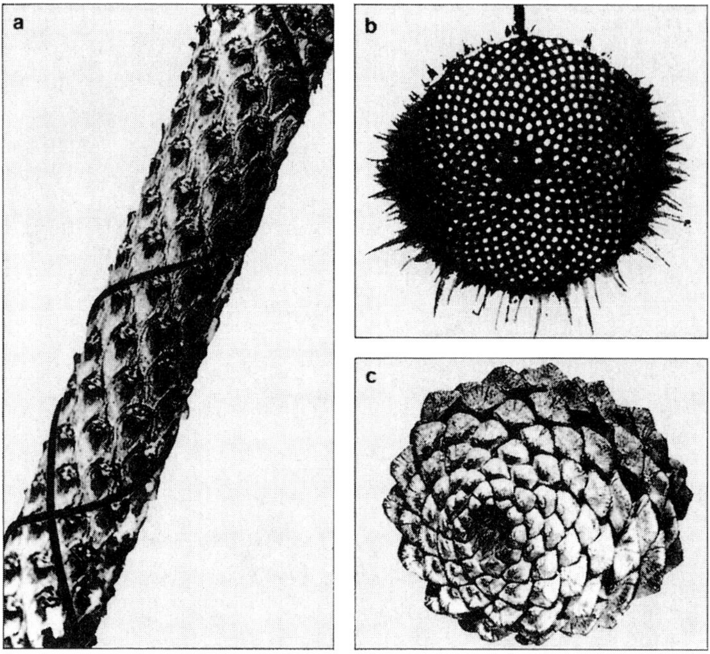

Abb. 6.8: Spiralanordnungen in der Natur. a) Fichtenzweig; b) Distelblüte; c) Kiefernzapfen.

Kiefernzapfen, in Abbildung 6.8 c in der Projektion gesehen, zeigt eine Mischform dieser Spiraltendenz.[9]

Seit langem ist bekannt, daß solche Spiralen eine auffallende, an pythagoräische Zahlenmystik erinnernde Struktur besitzen. Es zeigt sich nämlich, daß die Zahl der Knotenpunkte in einem bestimmten Satz von Spiralen dem Gesetz der Fibonacci-Reihe gehorcht, einer relativ einfachen Beziehung, in der das folgende Glied immer aus der Summe der beiden vorhergehenden gebildet wird: also 1, 1, 2, 3, 5, 8, 13, 21, 34, 55, 89 usw. Also $F_n = F_{n-1}+F_{n-2}$. In Abbildung 6.9 sind in die Distelblüte die Spiralen mit 34 und 55 Knotenpunkten (a) und mit 21 und 89 Knotenpunkten (b) eingezeichnet. Dabei wird der sogenannte »Goldene Winkel« von 137,5 Grad eingehalten.

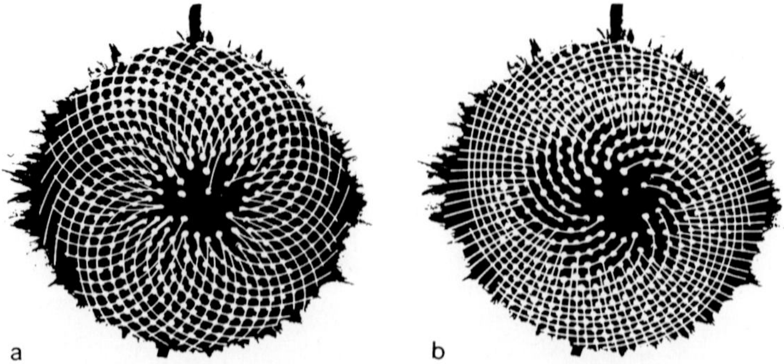

Abb. 6.9: Distelblüten mit eingezeichneten Knotenlinien.

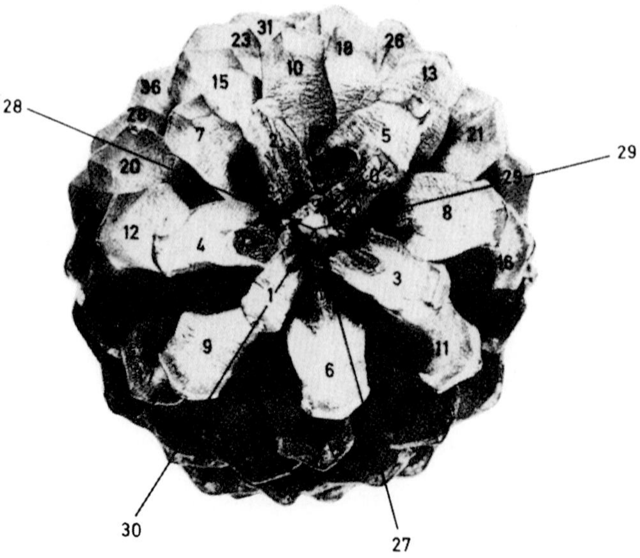

Abb. 6.10: Kiefernzapfen. Die Zahlen geben die Reihenfolge der Entstehung wieder.

Wie ist das zu verstehen? Der Fibonacci-Charakter oder der Goldene Schnitt wird unter allen Wachstumsbedingungen eingehalten, ist nicht abhängig von Größe, Länge oder Dicke der betreffenden Frucht oder Blüte. Man darf das Auftreten der Fibonacci-Reihe und die Einhaltung des Goldenen Winkels nicht als statisches Phänomen auffassen, sondern als das Resultat eines rückgekoppelten Wachstumsprozesses. In Abbildung 6.10 sind die Schuppen eines Kiefernzapfens in der Reihenfolge numeriert, wie sie nacheinander vom Ursprungspunkt her entstehen. Für die Schuppen Nr. 27 bis 30 sind die relativen Winkel eingezeichnet. Wenn man von 27 über 28 und 29 nach 30 geht, erhält man exakt den Goldenen Winkel $= \Phi = 137{,}5° = (3-\sqrt{5})\,\pi = 0{,}382 \times 2\pi$. Der Goldene Winkel teilt den Umfang des gedachten Kreises im Verhältnis des Goldenen Schnittes. $\Phi/(2\pi - \Phi) = (2\pi - \Phi)/2\pi$. Das heißt aber doch, daß der Goldene Winkel in der Entstehungsspirale stets den Fibonacci-Charakter wiedergibt, unabhängig von den jeweiligen Wachstumsbedingungen.
Im Falle des Wachsens in einer Ebene (Korbblüte der Sonnenblume) entwickelt sich die Spirale durch Ausdehnung von einem Zentrum her, während im Falle des *helikalen* Stengels das Wachstum entlang einer Längsachse erfolgt. In beiden Fällen jedoch wird der Goldene Winkel oder die Fibonacci-Reihe beim Auszählen der Knotenpunkte in den einzelnen Spiralen eingehalten. Und diese Spiraltendenz in der Natur ist tatsächlich ein allgemeines Gesetz.
In Abbildung 6.11 ist die Erzeugung von Fibonacci-Mustern in einer Korbblüte gezeigt.
Jedes Wachstum kann als internes Konkurrenzphänomen aufgefaßt werden. Bestimmte Aktivatoren oder Wachstumsfaktoren lassen ein bestimmtes Element oder eine Knospe wachsen. Andererseits wird dieses Wachstum behindert durch konkurrierende Prozesse in der Nachbarschaft. Das kann geschehen durch natürliche Inhibitoren aus dem Stoffwechsel am Wachstumspunkt oder durch die Konkurrenz um die für das Wachstum notwendigen Nährstoffe.[10]
Auch hier handelt es sich um rückgekoppelte Systeme, bei denen zwei Effekte miteinander kooperieren oder konkurrieren. Nachdem die erste Knospung oder Blattbildung oder im Falle der Korbblüte die Stempelbildung erfolgt ist, wird die nächste Knospung gegenüber und in einer möglichst weit entfernten Position erfolgen. Natürlich kann sie nicht außerhalb des »Systems Blüte« stattfinden. Gegenüberliegend heißt: im Winkel von 180 Grad (Abb. 6.12, Pos. 2). Und wo wird die nächste

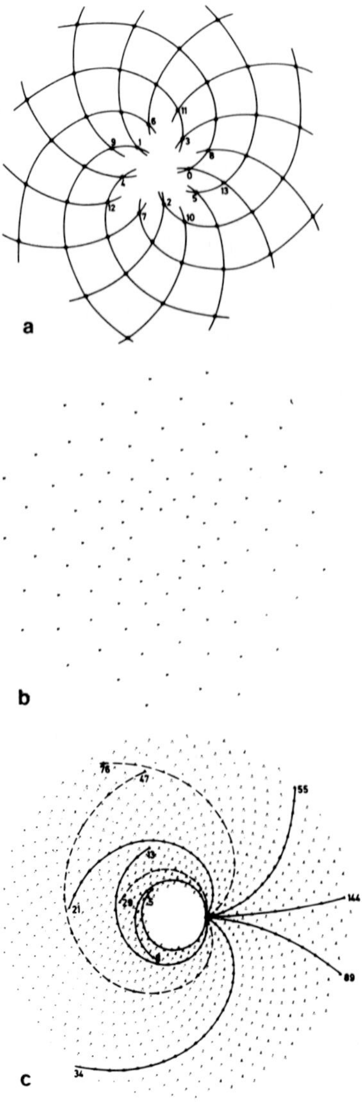

Abb. 6.11: Erzeugung von Fibonacci-Mustern in einer Korbblüte, dadurch, daß die Koordinaten der Kreuzungspunkte nach der Formel bestimmt werden: $(X_k, Y_k) = (r_o + k\triangle r)(\cos k\varnothing, \sin k\varnothing)$. Darin sind X und Y die Koordinaten des zu bildenden Punktes, $\triangle r$ die Wachstumsrate und $\varnothing$ der »Goldene Winkel«. Bei schnellem Wachstum (a) erhält man relativ niedrige Fibonacci-Zahlen (8/13), (b) bei dichterer Packung Fibonacci-Zahlen 13/21, (c) langsames Wachstum. Die regulären Fibonacci-Spiralen von 5 bis 144 sind durchgezeichnet, die gestrichelten Spiralen sind Abweichungen von der Fibonacci-Regel durch irgendwelche Störungen des geregelten Wachstums.

Sprossung erfolgen? Der inhibitorische Effekt, der von Position 2 in Abbildung 6.12 ausgeht, wird noch groß sein, während der von Position 1 schon wesentlich zurückgegangen ist. Die Sprossung wird also näher bei 1 erfolgen (Pos. 3). Dasselbe gilt für die vierte Sprossung und so fort. Wenn man eine exponentielle Abnahme der Wachstumstendenz in den einzelnen Knospen im Laufe der Zeit annimmt, was aller Erfahrung entspricht, dann gilt die Formel $i_3 : i_2 = i_2 : i_1$, worin i die »Inhibitionsstärke« an den einzelnen Sprossungspunkten bedeutet. Es kann also auch der Einfluß der vorletzten Knospung auf das Wachstum der letzten Knospe nicht völlig vernachlässigt werden. Daraus kann man leicht den Goldenen Winkel berechnen.

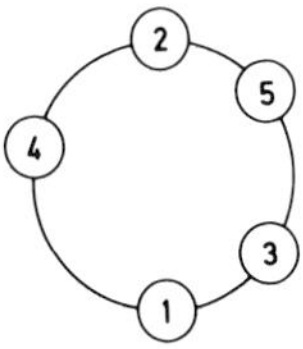

Abb. 6.12: Knospenbildung bei Inhibition.

In dieser einfachen Annahme stecken freilich noch eine Reihe von Unbekannten. Man weiß noch nicht genau, was »Wachstumsdruck« und »Inhibition durch Nachbarschaft« wirklich sind. Sind es biochemische Wachstums- oder Inhibitionsfaktoren? Ist die Inhibition ein Kontaktdruck zwischen benachbarten Knospen? Aber was auch immer die biochemische Natur des Vorgangs sein mag, es ist jedenfalls ein rückgekoppelter Prozeß. Das Wachstum der schönen Blüten vollzieht sich also nach den Regeln des Goldenen Schnittes. In Abbildung 6.13 ist noch einmal die wunderbare Anordnung der Sonnenblumenkerne gezeigt.

Der Goldene Schnitt ist bekanntlich dann gegeben, wenn sich der längere Teil zum Ganzen wie der kürzere zum längeren verhält: $d:1 = (1-d):d$ Dabei ergibt sich eine irrationale Zahl, das heißt eine Zahl, die sich nicht als Quotient von zwei ganzen Zahlen ausdrücken läßt, zum Beispiel die Quadratwurzel aus jeder Primzahl. Als Dezimalbruch geht sie niemals auf (s. S. 191). Rationale Zahlen können als Brüche p/q mit ganzen Zahlen für p und q geschrieben werden; das ist nicht möglich für irrationale Zahlen. Man kann aber eine Näherungslösung zu erreichen versuchen und zwar in Form eines Kettenbruches.

Abb. 6.13: Sonnenblumenkerne auf dem Blütenkorb. Die Kerne sind Früchte, die sich aus befruchteten Stempeln gebildet haben. Die Sprossungspunkte der Blütenstempel sind wiederum nach dem in Abbildung 6.11 und 6.12 erläuterten rückgekoppelten Wachstumsprinzip entstanden. Man erkennt die Fibonacci-Spiralen und kann sie leicht auszählen. Ist dieses Muster nicht schön?

Die Annäherung an die irrationale Zahl des Goldenen Schnittes sieht dann so aus wie in der folgenden Formel, in der w_o die größte ganze Zahl unter W ist, mit der die irrationale Zahl wiedergegeben wird, wobei ein Rest $r_o > o$ bleibt. W ist also = $w_o + r_o$. Man kann r_o wieder in Form eines Bruches ausdrücken und so fort, so daß man schließlich zu dem unendlichen Kettenbruch gelangt; diese unendliche Reihe kann man nach der n'ten Stelle abbrechen.
Wenn man dies tut, dann heißt die Folge der Kettenbrüche W_n 1, ½, ⅔, ⅗, ⅝, 8⁄13, 13⁄21, ... – man erkennt das Bildungsgesetz der Fibonacci-Zahlen: Die jeweils zwei vorhergehenden Zähler beziehungsweise Nenner ergeben in der Summe den nächsten.

Fibonacci-Reihe:
1, 1, 2, 3, 5, 8, 13, 21, 34, 55. ...
Der Quotient zwischen benachbarten Gliedern nähert sich dem Wert 1,618 ... (Goldener Schnitt)

Goldener Schnitt:
Der längere Teil (= d) verhält sich zum Ganzen (= 1) wie der kürzere (= 1−d) zum längeren:

$$d : 1 = (1-d) : d$$

$$W = w_0 + \cfrac{1}{w_1 + \cfrac{1}{w_2 + \cfrac{1}{w_3 + \cfrac{1}{w_4 + \cfrac{1}{w_5 \ldots}}}}}$$

Näherungsformel: $|W - W_n| \leqq \text{const}/q_n^2$

Bekanntlich spielt der Goldene Schnitt in der Architektur und bildenden Kunst eine große Rolle. Häufig wird das Verhältnis des Goldenen Schnittes bewußt angewendet, sehr oft sicherlich auch unbewußt. Abbildung 6.14 zeigt ein Gemälde von Seurat, in welches die »goldenen« Verhältnisse und Schnitte eingetragen sind.[11]
Der Goldene Schnitt ist die irrationalste aller möglichen irrationalen Zahlen und hat darum gleichzeitig etwas mit Chaos zu tun. In bestimmten Bahnen und mathematischen oder graphischen Beschreibungen von komplexen dynamischen Systemen breitet sich mit wachsender Nichtlinearität das Chaos immer stärker aus. Zum Schluß bleiben als Trennli-

Abb. 6.14: Goldener Schnitt in einem Gemälde von Seurat.[11]

nien zwischen den Chaosbereichen nur wenige Kurven, und diese schrumpfen schließlich auf eine allerletzte. Diese läßt sich mit dem Goldenen Schnitt in der oben beschriebenen Weise in Verbindung bringen: Wiederum ein Hinweis auf eine Harmonie an der Grenze von Ordnung und Chaos?

Die irrationalsten Bahnen, das heißt diejenigen, die nach dem Zahlenverhältnis der goldenen Zahl gebaut sind, haben bei Störung die höchste Chance zu überleben. Sie können dem Einbruch des Chaos am längsten standhalten.[6]

Ist Schönheit eine »Flucht nach vorne«? Entsteht Schönheit dann, wenn ein dynamisches System gerade noch vor dem Chaos ausweichen kann? Ist also Schönheit eine »Gratwanderung«?

Nun weiß man erst, was Rosenknospe sei,
Jetzt da die Rosenzeit vorbei;
Ein Spätling noch am Stocke glänzt
Und ganz allein die Blumenwelt ergänzt.

Johann Wolfgang von Goethe

Ist die »Sterbende Rose« nicht nur ein Symbol höchster, auf die Spitze getriebener Schönheit, sondern vielleicht sogar ein Zugang zu einer objektiven Ästhetik?* Dann wäre Schönheit nicht nur als subjektive Wahrnehmung zu verstehen, sondern als ein dieser Wahrnehmung zugrunde liegendes, mathematisch begründbares Gesetz auf der mathematisch fixierbaren Grenze zwischen Ordnung und Chaos?
Ist »Schönheit« nicht nur eine Frage der Rezeption und Konvention, sondern eine den Dingen und der Welt inhärente Eigenschaft? Hat die Welt am Rande des Chaos eine grundsätzlich harmonische Struktur? Lassen wir das einen Dichter in schlichten Worten sagen:

> Die Ros ist ohn warum; sie blühet, weil sie blühet,
> Sie acht nicht ihrer selbst, fragt nicht, ob man sie siehet.
>
> Angelus Silesius

Die zerbrechliche Schönheit – ein neuer Kunstbegriff

Die in diesem Kapitel besprochenen und abgebildeten Fraktale ergeben Figuren von großem ästhetischem Reiz, denen man Schönheit nicht absprechen kann. Wie schon gesagt: Gerade in den Übergangsgebieten zwischen Ordnung und Chaos, in den fraktalen Regionen, offenbart sich diese ästhetische Kategorie. Ich möchte dafür noch einige weitere Beispiele aus nichtphysikalischen Bereichen bringen.
Man kennt das berühmte Selbstporträt von Albrecht Dürer, das in der Alten Pinakothek in München hängt: ein schöner junger Mann mit wallenden Locken und gepflegtem Schnurrbart, gleichsam ein Idealbild an Schönheit. Ich habe mir erlaubt, ein Foto des Porträts in der Mitte zu halbieren und die beiden Hälften jeweils so zusammenzusetzen, daß zwei Gesichter entstehen, eines mit gedoppelter linker, das andere mit gedoppelter rechter Gesichtshälfte. Auffallenderweise sind sich die beiden Bilder ganz unähnlich; denn nicht nur Dürers Gesicht, sondern alle menschlichen Gesichter sind unsymmetrisch. Darüber hinaus sind die beiden künstlich entstandenen Bilder furchtbar langweilig (Abb. 6.15). Jede Spannung ist aus dem Gesicht verschwunden, und jedes Interesse an

* Ich verdanke Wolfgang Kaempfer, Triest, wichtige Anregungen zu diesem Thema.

Abb. 6.15: Das Selbstporträt von Albrecht Dürer in der Alten Pinakothek in München. Links: normale Wiedergabe, rechts oben: zusammengesetzt aus zwei rechten Gesichtshälften, unten: zusammengesetzt aus zwei linken Gesichtshälften.

dem Gesicht droht zu erlahmen. Kunst ist eben nicht vollendete Harmonie, ist nicht Perfektion. Das wußten nicht nur die abendländischen, sondern auch die klassischen islamischen Künstler. Sie brachten in formschönen, hochstilisierten Kunstwerken absichtlich Unsymmetrien an – weil die reine Symmetrie allein Allah vorbehalten sei!

Schönheit ist offenbar am ergreifendsten, am deutlichsten dort, wo sie an die Grenze zum Chaos vorstößt, wo sie ihre Ordnung freiwillig aufs Spiel setzt. Schönheit ist eine schmale Gratwanderung zwischen dem Risiko zweier Abstürze: auf der einen Seite die Auflösung aller Ordnung in Chaos, auf der anderen die Erstarrung in Symmetrie und Ordnung. Nur auf diesem gefährlichen Grat entsteht Schönheit, wird Gestalt. Das möchte ich an drei Beispielen erläutern.

El Greco, der Flüchtling aus Kreta nach der türkischen Eroberung und ganz der erstarrten byzantinischen Ikonenmalerei verpflichtet, hat unter dem Eindruck seiner neuen Heimat Spanien die Formen in unerhörter Weise gesprengt. Ich denke da an das Bild »Gewitter über Toledo«, das im Metropolitan-Museum in New York hängt. Eine Explosion an Farben und Formen, aber gerade noch vor dem Chaos zurückschreckend. Nicht von ungefähr hatte El Greco Schwierigkeiten mit der Inquisition!

Ein anderes Beispiel ist Wassily Kandinsky. Ich denke dabei an die Periode von 1908 bis 1910, die im Münchner Lenbach-Haus so wundervoll dokumentiert ist. Vor dieser Zeit hat Kandinsky konventionell dekorativ in Jugendstilmanier gemalt, ästhetisch ansprechend. 1908 beginnt er, den gegenständlichen Stil zu verlassen, hält aber noch an erkennbaren Gegenständen fest. Eine unglaubliche Folge von Komplexitäten, farblichen Explosionen entwickelt sich. 1910/11 ist dann diese fantastische Übergangsphase beendet. Das Gegenständliche wird vollends verlassen, eine abstrakte, konstruktivistische Malerei beginnt, von der man nicht sagen kann, ob sie noch chaotische Elemente enthält oder schon neue, von Erstarrung bedrohte Ordnung ist.

Kunst an der Grenze zum Chaos zu schaffen, kann Überforderung und Gefährdung für Kunstwerk und Künstler bedeuten. Friedrich Hölderlin geriet an die unheimliche und gefährliche Grenze, von der er sich in die Geisteskrankheit zurückgezogen hat[12]. Ich möchte das an seinem Gedicht »In lieblicher Bläue« erläutern, das, wie es in den Literaturgeschichten heißt, aus der »Zeit der geistigen Umnachtung« stammt und entstanden ist, nachdem Hölderlin schon etwa 15 Jahre im Tübinger Turm am Neckar zugebracht hatte. Das Gedicht beginnt einfach, schlicht, verhalten, »ordentlich«. Dann, auf einmal in der Mitte, bricht das alte Feuer, das drohende, unerträgliche Chaos noch einmal durch, um alsbald wieder zu verlöschen. Das Gedicht hat nur diese eine aufbrechende Stelle, dann fällt es in beschauliche Ordnung zurück.

In lieblicher Bläue . . .

In lieblicher Bläue blühet mit dem
Metallenen Dache der Kirchturm. Den
Umschwebet Geschrei von Schwalben, den
Umgibt die rührendste Bläue. Die Sonne
Gehet hoch darüber und färbet das Blech,
Im Winde aber oben stille
Krähet die Fahne.
. . .

Und so ruhig geht es eine ganze Weile weiter. Plötzlich bricht es auf:

Gibt es auf Erden ein Maß? Es gibt
Keines. Nämlich es hemmen den Donnergang nie die Welten
Des Schöpfers. Auch eine Blume ist schön, weil
Sie blühet unter der Sonne. Es findet
Das Aug' oft im Leben Wesen, die
Viel schöner noch zu nennen wären
Als die Blumen. O! ich weiß das wohl! Denn
Zu bluten an Gestalt und Herz und ganz
Nicht mehr zu sein, gefällt das Gott?

Und hier ist die unerträglich gewordene Gratwanderung beendet. Der Abstieg, ja Absturz beginnt, ins Abstrakte weisende Ordnung und gedankliche Ermüdung breiten sich aus.

Die Seele aber, wie ich glaube, muß
Rein bleiben, sonst reicht an das Mächtige
Mit Fittichen der Adler mit lobendem Gesange
Und der Stimme so vieler Vögel. Es ist
Die Wesenheit, die Gestalt ists.
Du schönes Bächlein, du scheinst rührend,
Indem du rollest so klar, wie das
Auge der Gottheit, durch die Milchstraße.
. . .

Palindrome – Inseln der Ordnung in der genetischen Schrift

»Verborgene Harmonien sind stärker als offenkundige« sagt Heraklit. Gehen wir noch einmal zurück zur genetischen Schrift. Sie enthält in einem Vierbuchstaben-Code die linearisierte Anweisung für den Aufbau des Organismus (vgl. Kap. 3). Enthält die DNS nur diese Anweisung oder gibt es gewisse Überstrukturen, die der DNS aufmoduliert worden sind? Tatsächlich kann man an einigen Stellen solche Überstrukturen erkennen, die den Charakter von Palindromen (griech. *palindrom*: hin- und zurücklaufend) haben. Ein Palindrom ist eine Schrift, die vor- und rückwärts gelesen den gleichen Wortlaut ergibt. Typische Palindrome sind die Worte Retter, Otto, Reliefpfeiler oder die leicht abstrusen Sätze: Ein Neger mit Gazelle zagt im Regen nie. Leg in eine so helle Hose nie n'Igel.

Palindrome als Überstrukturen müssen notwendigerweise sehr kunstvolle Gebilde sein, da trotz der einschränkenden Randbedingungen (Lesbarkeit von vorne und hinten gleichzeitig) der Sinn der darunterliegenden Schrift nicht verlorengehen darf. Sie bewegen sich am Rande zwischen Ordnung und Chaos. Die oben angeführten Sätze haben deshalb stark skurrilen Charakter.

Tatsächlich kennt man in der Doppelhelix solche palindromischen Sequenzen, die offenbar die Bedeutung haben, auf dem relativ monotonen Informationsband der DNS bestimmte übergeordnete Erkennungssignale zu vermitteln. In der DNS sind die Palindrome auf gegenläufigen Strängen so angeordnet, daß jeweils in der $5' \rightarrow 3'$-Leserichtung die gleiche Buchstabenfolge gewahrt ist und außerdem die Basenpaarungsregeln erfüllt werden – schwierige und kunstvolle Randbedingungen! In Abbildung 6.16 sind drei solcher Palindrome gezeigt, sie stellen Schnittstellen für die schon in Kapitel 3 (S. 85) erwähnten Restriktionsenzyme dar, die diese palindromische und nur diese Sequenz erkennen, die auf dem jeweils oberen Strang von links nach rechts und auf dem unteren von rechts nach links gelesen wird. Diese Restriktionsenzyme, die für die Gentechnologie von großer Bedeutung sind, zerschneiden die Nukleinsäure an solchen palindromischen Stellen. Aber auch in der normalen Regulation der genetischen Botschaft durch die sogenannten Repressoren spielen Palindrome eine wichtige Rolle. Die Erbinformation wird

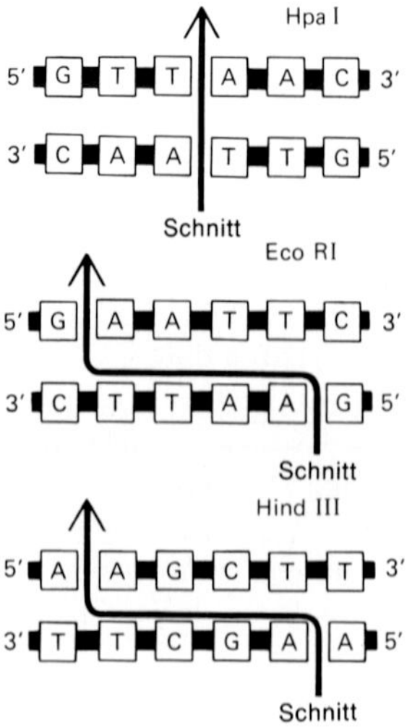

Abb. 6.16: Nukleotidsequenzen, die von drei viel verwendeten, Nukleinsäuren in Stücke schneidenden Enzymen (Restriktionsnukleasen, S. 85) erkannt werden. Solche Sequenzen sind oft sechs Basenpaare lang und »Palindrome«.

nicht von allen Genen gleichzeitig und in gleichem Umfange abgerufen; das gäbe ein übles Durcheinander im Haushalt der Zelle. Vielmehr sind die meisten Gene durch sogenannte Repressoren blockiert. Repressoren kann man vergleichen mit Steckschlössern. Sie setzen sich an bestimmten Stellen, eben den dafür bestimmten palindromischen Sequenzen, auf der DNS fest und sind nur durch ganz bestimmte, dafür passende Schlüsselmoleküle wieder von der DNS entfernbar, worauf dann die genetische Information an der betreffenden Stelle abgelesen werden kann.

Woran erkennen die blockierenden Proteine oder die Restriktionsenzyme, die schneidenden Enzyme, gerade diese hochsymmetrischen Stellen? Es gibt im Prinzip zwei Möglichkeiten, zwischen denen noch nicht genau unterschieden werden kann. Vermöge ihrer gegenläufigen Symmetrie können palindromische Sequenzen unter Wahrung der Basenpaarstruktur sich seitlich ausstülpen (Bäumchenbildung, vgl. Abb. 6.17). Sie stellen dann gewissermaßen genau definierte Noppen an dem sonst gleichförmigen Band der DNS dar. Dieses »Noppenmuster« könnte dann spezifisch erkannt werden. Die Rolle solcher Ausstülpungen und der Einfluß benachbarter Regionen auf biologisch wichtige Struk-

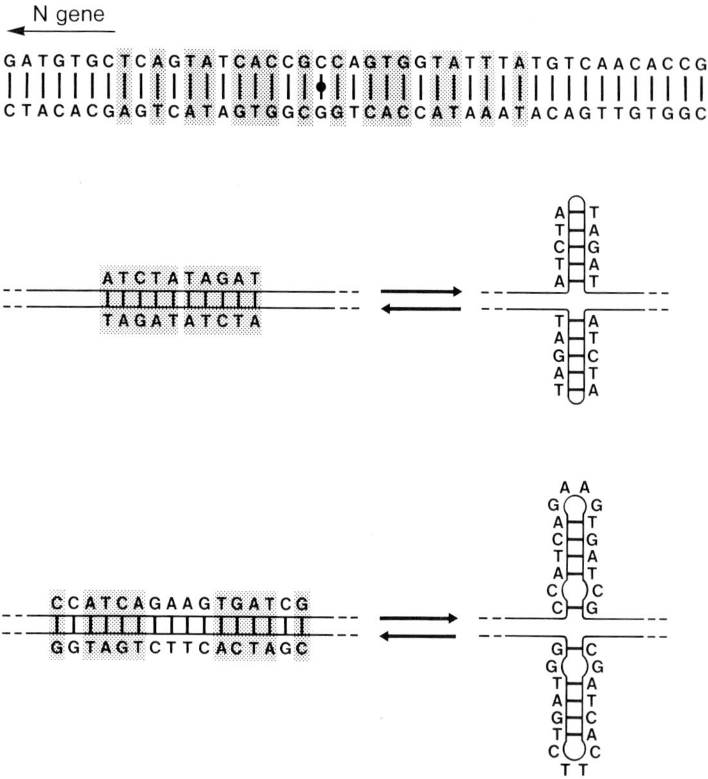

Abb. 6.17: Ein 45 Basenpaare langes Stück von λ-DNS aus dem Bereich des Operator-Gens O. Das (unvollständige) Palindrom ist symmetrisch um den schwarzen Punkt angeordnet. Im mittleren und unteren Teil ist gezeigt, wie palindromische Sequenzen sich zu »Haarnadel-Schleifen« (Hairpin-loops) ausstülpen können, wobei die Zahl der Basenpaare gewahrt bleibt.

turänderungen in der DNS konnte erst kürzlich nachgewiesen werden.[13]

Die Symmetrie könnte auch einfach zur Erkennung dienen, da die an der Reaktion beteiligten bindenden Proteine ebenfalls symmetrisch sind. Sie könnten sich also mit ihrer eigenen Symmetrie an die symmetrische DNS anlagern. Jedenfalls stellen solche Palindrome Inseln von »Ordnung höheren Grades« dar, die auf die Schriftinformation der DNS aufgepropft ist.

Eines der schönsten Palindrome nicht genetischer Art, ein sprachliches, habe ich an einem Quellbrunnen in einem Klosterhof auf Kreta gefunden. Es ist in Abbildung 6.18 wiedergegeben. Dieses höchst artifizielle Gebilde gibt trotzdem einen wunderbaren Sinn und gerade an dem Ort, wo es eingemeißelt ist: ΝΙΨΟΝ ΑΝΟΜΙΜΑΤΑ ΜΙ ΜΟΝΑΝ ΟΨΙΝ – Wasch ab deine Sünden, wasch nicht nur dein Antlitz.

Abb. 6.18: Quellbrunnen im Hof des Klosters Moni Preveli an der Südküste von Kreta.

Paul Celan

PSALM

Niemand knetet uns wieder aus Erde und Lehm,
niemand bespricht unsern Staub.
Niemand.

Gelobt seist Du, Niemand.
Dir zulieb wollen
wir blühn.
Dir
entgegen.

Ein Nichts
waren wir, sind wir, werden
wir bleiben, blühend:
die Nichts-, die
Niemandsrose.

Mit
dem Griffel seelenhell,
dem Staubfaden himmelswüst,
der Krone rot
vom Purpurwort, das wir sangen
über, o über
dem Dorn.

7. Urknall – Idee oder Materie?

Dialog zwischen Werner Heisenberg und Wolfgang Pauli über Physik, Metaphysik und Religion[1]

PAULI: *Meinst du, daß die Physik nicht nur aus Experimentieren und Messen auf der einen, einem mathematischen Formelapparat auf der anderen Seite bestehe, sondern daß an der Nahtstelle zwischen beiden echte Philosophie getrieben werden müsse? Das heißt, daß man dort unter Benützung der natürlichen Sprache versuchen müsse zu erklären, was bei diesem Spiel zwischen Experiment und Mathematik eigentlich geschieht. Ich vermute auch, daß alle Schwierigkeiten im Verständnis der Quantentheorie eben an dieser Stelle auftauchen, die von den Positivisten* meist mit Stillschweigen übergangen wird; und zwar deswegen übergangen wird, weil man hier nicht mit so präzisen Begriffen operieren kann. Der Experimentalphysiker muß über seine Versuche reden können, und dabei verwendet er de facto die Begriffe der klassischen Physik, von denen wir schon wissen, daß sie nicht genau auf die Natur passen. Das ist das fundamentale Dilemma, und das darf man nicht einfach ignorieren.*

HEISENBERG: *Die Positivisten sind ja außerordentlich empfindlich gegen alle Fragestellungen, die, wie sie sagen, einen vorwissenschaftlichen Charakter tragen. Ich erinnere mich an ein Buch über das Kausalgesetz, in dem einzelne Fragestellungen oder Formulierungen immer wieder abgetan werden mit dem Vorwurf, es handele sich um Relikte aus der Metaphysik, aus einer vorwissenschaftlichen oder animistischen Epoche des Denkens. So werden etwa die biologischen Begriffe »Ganzheit« und »Entelechie« als vorwissenschaftlich abgelehnt, und es wird der Beweis versucht, daß den Aussagen, in denen diese Begriffe gewöhnlich verwendet werden, keine nachprüfbaren Inhalte entsprechen. Das*

---

* Positivismus ist eine antimetaphysische Philosophie, die allein das positiv Erfahrbare gelten läßt.

Wort »Metaphysik« ist dort gewissermaßen nur noch ein Schimpfwort, mit dem völlig unklare Gedankengänge gebrandmarkt werden sollen ...
Mir würde es völlig absurd vorkommen, wenn ich mir die Fragen oder die Gedankengänge der früheren Philosophien verbieten wollte, weil sie nicht in einer präzisen Sprache ausgedrückt worden sind. Ich habe zwar manchmal Schwierigkeiten zu verstehen, was mit diesen Gedankengängen gemeint ist, und ich versuche dann, sie in eine moderne Terminologie zu übersetzen und nachzusehen, ob wir jetzt neue Antworten geben können. Aber ich habe keine Hemmung, die alten Fragen aufzugreifen, so wie ich auch keine Hemmung habe, die traditionelle Sprache einer der alten Religionen zu verwenden. Wir wissen, daß es sich bei der Religion um eine Sprache der Bilder und Gleichnisse handeln muß, die nie genau das darstellen können, was gemeint ist. Aber letzten Endes geht es wohl in den meisten alten Religionen, die aus einer Epoche vor der neuzeitlichen Naturwissenschaft stammen, um den gleichen Inhalt, den gleichen Sachverhalt, der eben in Bildern und Gleichnissen dargestellt werden soll und der an zentraler Stelle mit der Frage der Werte zusammenhängt. Die Positivisten mögen recht damit haben, daß es heute oft schwer ist, solchen Gleichnissen einen Sinn zu geben. Aber es bleibt doch die Aufgabe gestellt, diesen Sinn zu verstehen, da er offenbar einen entscheidenden Teil unserer Wirklichkeit bedeutet; oder ihn vielleicht in einer neuen Sprache auszudrücken, wenn er in der alten nicht mehr ausgesprochen werden kann.
PAULI: *Wenn du über solche Fragen nachdenkst, dann versteht man ja sofort, daß du mit einem Wahrheitsbegriff nichts anfangen kannst, der von der Möglichkeit des Vorausrechnens ausgeht. Aber was ist nun dein Wahrheitsbegriff in der Naturwissenschaft? ...*
HEISENBERG: *Wenn wir ein Flugzeug am Himmel sehen, so können wir mit einem gewissen Grad von Sicherheit vorausrechnen, wo es nach einer Sekunde sein wird. Wir werden zunächst die Bahn einfach in einer geraden Linie fortsetzen; oder, wenn wir schon erkennen, daß das Flugzeug eine Kurve beschreibt, so werden wir auch die Krümmung mit einrechnen. Damit werden wir in den meisten Fällen guten Erfolg haben. Aber wir haben doch die Bahn noch nicht verstanden. Erst wenn wir vorher mit dem Piloten gesprochen und von ihm eine Erklärung über den beabsichtigten Flug erhalten haben, dann haben wir die Bahn wirklich verstanden ...*
PAULI: *Was in der Natur soll der Absicht oder dem Auftrag des Piloten entsprechen?*
HEISENBERG: *Solche Wörter wie »Absicht« oder »Auftrag« stammen ja aus der menschlichen Sphäre und können für die Natur bestenfalls als Metaphern*

verstanden werden. Aber vielleicht können wir wieder mit unserm alten Vergleich zwischen der Astronomie des Ptolemäus und der Lehre von den Planetenbewegungen seit Newton weiterkommen. Vom Wahrheitskriterium des Vorausrechnens aus war die Ptolemäische Astronomie nicht schlechter als die spätere Newtonsche. Aber wenn wir heute Newton und Ptolemäus vergleichen, so haben wir doch den Eindruck, daß Newton die Bahn der Gestirne in seinen Bewegungsgleichungen umfassender und richtiger formuliert hat, daß er sozusagen die Absicht beschrieben hat, nach der die Natur konstruiert ist. Oder um ein Beispiel aus der heutigen Physik zu nehmen: Wenn wir lernen, daß die Erhaltungssätze, etwa für die Energie oder die Ladung, einen ganz universellen Charakter tragen, daß sie über alle Gebiete der Physik hinweg gelten und durch Symmetrieeigenschaften in den Grundgesetzen zustande kommen, so liegt es nahe zu sagen, daß diese Symmetrien entscheidende Elemente des Planes sind, nach dem die Natur geschaffen worden ist. Dabei bin ich mir völlig klar darüber, daß die Wörter »Plan« und »geschaffen« wieder aus der menschlichen Sphäre genommen sind und daher bestenfalls als Metaphern gelten können. Aber es ist ja auch begreiflich, daß die Sprache uns hier keine außermenschlichen Begriffe zur Verfügung stellen kann, mit denen wir näher an das Gemeinte herankommen können. Was soll ich also mehr über meinen naturwissenschaftlichen Wahrheitsbegriff sagen?

PAULI: *Ja, ja, die Positivisten können natürlich jetzt einwenden, daß du unklar daherschwafelst, und sie können stolz sein, daß ihnen so etwas nicht passieren kann. Aber wo ist mehr Wahrheit, im Unklaren oder im Klaren? »Im Abgrund wohnt die Wahrheit.« Aber gibt es einen Abgrund, und gibt es eine Wahrheit? Und hat dieser Abgrund etwas mit der Frage nach Leben und Tod zu tun? . . .*

HEISENBERG: *Für den Positivisten gibt es eine einfache Lösung: Die Welt ist einzuteilen in das, was man klar sagen kann, und das worüber man schweigen muß. Also müßte man hier eben schweigen. Aber es gibt wohl keine unsinnigere Philosophie als diese. Denn man kann ja fast nichts klar sagen. Wenn man alles Unklare ausgemerzt hat, bleiben wahrscheinlich nur völlig uninteressante Tautologien übrig.*

PAULI: *Du hast vorhin gesagt, daß dir auch die Sprache der Bilder und Gleichnisse nicht fremd sei, in der die alten Religionen sprechen . . .*
Du hast auch angedeutet, daß die verschiedenen Religionen mit ihren sehr verschiedenen Bildern nach deiner Ansicht schließlich fast den gleichen Sachverhalt meinen, der, so hast du formuliert, an zentraler Stelle mit der Frage nach den Werten zusammenhängt. Was hast du damit sagen wollen, und was hat dieser »Sachverhalt«, um deinen Ausdruck zu gebrauchen, mit deinem Wahrheitsbegriff zu tun?

HEISENBERG: *Die Frage nach den Werten – das ist doch die Frage nach dem, was wir tun, was wir anstreben, wie wir uns verhalten sollen. Die Frage ist also vom Menschen und relativ zum Menschen gestellt; es ist die Frage nach dem Kompaß, nach dem wir uns richten sollen, wenn wir unseren Weg durchs Leben suchen. Dieser Kompaß hat in den verschiedenen Religionen und Weltanschauungen sehr verschiedene Namen erhalten. Das Glück, der Wille Gottes, der Sinn, um nur einige zu nennen. Die Verschiedenheit der Namen weist auf sehr tiefgehende Unterschiede in der Struktur des Bewußtseins der Menschengruppen hin, die ihren Kompaß so genannt haben. Ich will diese Unterschiede sicher nicht verkleinern. Aber ich habe doch den Eindruck, daß es sich in allen Formulierungen um die Beziehungen der Menschen zur zentralen Ordnung der Welt handelt. Natürlich wissen wir, daß für uns die Wirklichkeit von der Struktur unseres Bewußtseins abhängt; der objektivierbare Bereich ist nur ein kleiner Teil unserer Wirklichkeit. Aber auch dort, wo nach dem subjektiven Bereich gefragt wird, ist die zentrale Ordnung wirksam und verweigert uns das Recht, die Gestalten dieses Bereichs als Spiel des Zufalls oder der Willkür zu betrachten. Allerdings kann es im subjektiven Bereich, sei es des Einzelnen oder der Völker, viel Verwirrung geben. Es können sozusagen die Dämonen regieren und ihr Unwesen treiben, oder um es mehr naturwissenschaftlich auszudrücken, es können Teilordnungen wirksam werden, die mit der zentralen Ordnung nicht zusammenpassen, die von ihr abgetrennt sind. Aber letzten Endes setzt sich doch wohl immer die zentrale Ordnung durch, das »Eine«, um in der antiken Terminologie zu reden, zu dem wir in der Sprache der Religion in Beziehung treten. Wenn nach den Werten gefragt wird, so scheint also die Forderung zu lauten, daß wir im Sinne dieser zentralen Ordnung handeln sollen – eben um die Verwirrung zu vermeiden, die durch abgetrennte Teilordnungen entstehen kann. Die Wirksamkeit des Einen zeigt sich schon darin, daß wir das Geordnete als das Gute, das Verwirrte und Chaotische als schlecht empfinden. Der Anblick einer von einer Atombombe zerstörten Stadt erscheint uns schrecklich; aber wir freuen uns, wenn es gelungen ist, aus einer Wüste eine blühende, fruchtbare Landschaft zu entwickeln. In der Naturwissenschaft ist die zentrale Ordnung daran zu erkennen, daß man schließlich solche Metaphern verwenden kann wie »die Natur ist nach diesem Plan geschaffen«. Und an dieser Stelle ist mein Wahrheitsbegriff mit dem in den Religionen gemeinten Sachverhalt verbunden. Ich finde, daß man diese ganzen Zusammenhänge sehr viel besser denken kann, seit man die Quantentheorie verstanden hat. Denn in ihr können wir in einer abstrakten mathematischen Sprache einheitliche Ordnungen über sehr weite Bereiche formulieren; wir erkennen aber gleichzeitig, daß wir dann, wenn wir in der natürlichen Sprache die*

Auswirkungen dieser Ordnungen beschreiben wollen, auf Gleichnisse angewiesen sind, auf komplementäre Betrachtungsweisen, die Paradoxien und scheinbare Widersprüche in Kauf nehmen.

PAULI: *Ja, dieses Denkmodell ist durchaus verständlich. Aber was meinst du damit, daß sich, wie du sagst, die zentrale Ordnung immer wieder durchsetzt? Diese Ordnung ist da, oder sie ist nicht da. Aber was soll durchsetzen heißen?*

HEISENBERG: *Damit meine ich etwas ganz Banales, nämlich zum Beispiel die Tatsache, daß nach jedem Winter doch wieder Blumen auf den Wiesen blühen und daß nach jedem Krieg die Städte wieder aufgebaut werden, daß also Chaotisches sich immer wieder in Geordnetes verwandelt ...*

PAULI: *Glaubst du eigentlich an einen persönlichen Gott? Ich weiß natürlich, daß es schwer ist, einer solchen Frage einen klaren Sinn zu geben, aber die Richtung der Frage ist doch wohl erkennbar.*

HEISENBERG: *Darf ich die Frage auch anders formulieren: Dann würde sie lauten: Kannst du, oder kann man der zentralen Ordnung der Dinge oder des Geschehens, an der ja nicht zu zweifeln ist, so unmittelbar gegenübertreten, mit ihr so unmittelbar in Verbindung treten, wie dies bei der Seele eines anderen Menschen möglich ist? Ich verwende hier ausdrücklich das so schwer deutbare Wort »Seele«, um nicht mißverstanden zu werden. Wenn du so fragst, würde ich mit Ja antworten ...*

PAULI: *Warum hast du hier das Wort »Seele« gebraucht und nicht einfach vom anderen Menschen gesprochen?*

HEISENBERG: *Weil das Wort »Seele« eben hier die zentrale Ordnung, die Mitte bezeichnet bei einem Wesen, das in seinen äußeren Erscheinungsformen sehr mannigfaltig und unübersichtlich sein mag ...*

PAULI: *Du meinst also, daß dir die zentrale Ordnung mit der gleichen Intensität gegenwärtig sein kann wie die Seele eines anderen Menschen?*

HEISENBERG: *Vielleicht ...*

Der Urknall – ein reales, physikalisches Ereignis?

Die heutige Physik hat gute Gründe für die Annahme eines Urknalls vor etwa 15 bis 20 Milliarden Jahren. Aus einem unermeßlichen Energiepaket bildete sich Materie, die explosionsartig entstand und aus dem Zentrum des Urknalls herausgeschleudert wurde. In wenigen Tausendstelsekunden entstanden die Elementarpartikel, die physikalischen Gesetze und die

dazugehörige Materie. Oder evolvierte zuerst die Materie und danach die dazugehörigen physikalischen Gesetze? Man kann das nachlesen in der faszinierenden Monographie von Steven Weinberg.[2]
Es gibt im wesentlichen zwei Argumente für diesen Urknall. Der eine ist die schon lange bekannte Beobachtung, daß die von uns beobachtbaren Galaxien (Sternansammlungen, Milchstraßen, Spiralnebel) um so schneller von unserem Beobachtungspunkt Erde wegfliegen, je weiter sie entfernt sind. Das kann man aus den Spektrallinien der beobachteten Milchstraßensysteme schließen. Die Materieteile des Weltraums verhalten sich so wie die auseinanderfliegenden Brocken nach einer Explosion. Die schnellsten sind dann die, die schon am weitesten geflogen sind. Am Rande des Beobachtbaren fliegen Galaxien, deren Licht Milliarden von Jahren unterwegs ist, bis es in unsere Teleskope gelangt. Eine absolute Grenze der Geschwindigkeit wäre die Lichtgeschwindigkeit oder die Fast-Lichtgeschwindigkeit. Denn nach der Relativitätstheorie wird die Materie bei Lichtgeschwindigkeit unendlich. Das, was mit Lichtgeschwindigkeit davonfliegt, kann natürlich optisch nicht beobachtet werden, dieses Licht könnte uns ja niemals erreichen. Es wäre auch sinnlos, denn ein galaktisches System mit unendlicher Masse kann es nicht geben. Physikalische Unmöglichkeit und logische Sinnlosigkeit decken sich hier. Der zweite Beweis für den Urknall ist die sogenannte Hintergrundstrahlung, eine Strahlung, die aus der Zeit des Urknalls zurückgeblieben ist.[2]
Die Frage, ob das Universum »offen« ist, das heißt nach dem einmaligen Urknall für alle Zeiten auseinanderfliegt in einen unendlichen Raum oder ob die Bewegung allmählich zum Stillstand kommt wie ein Pendel kurz vor dem Umkehrpunkt, um schließlich wieder auf den Ursprungspunkt des Urknalls zurückzustürzen, diese Frage ist noch nicht geklärt. Falls es ein pulsierendes Universum gäbe, so würde dieses vermutlich eine Pulsationsperiode von 80 Milliarden Jahren haben.
Bei Beginn der universalen Expansion, also zum Zeitpunkt des Urknalls, bestand ein unvorstellbar dichtes und heißes Energie-Materie-Plasma. Dort waren alle physikalischen Zustände von grundlegender Einfachheit und Symmetrie. Das Universum im Moment des Urknalls (oder »davor«, falls das sinnvoll ist) war ein völlig fehler- und störungsfreier »Super-Energie-Kristall«. Die erste unendlich kleine Störung, Schwankung oder allgemeiner, der erste Symmetriebruch löste die Kaskade des Urknalls aus. Die kosmische und in ihrer Folge die biologische Evolution

können als eine fortgesetzte Folge von Symmetriebrüchen oder Bifurkationen verstanden werden in dem Maße, wie das Universum expandiert und kälter wird. Dabei muß eine Parallele zwischen der Geschichte des Universums und seiner logischen Grundstruktur bestehen, was man auch so ausdrücken kann: Das Universum evolviert, es bringt immer wieder Neues hervor, schafft Dinge, Gesetze, Beziehungen, die nicht »vorgesehen« waren: Das Universum ist in seiner Grundstruktur schöpferisch.

Erich Jantsch schreibt dazu[3]: »Die gesuchten grundlegenden Symmetrien ergeben sich also aus der Rückwendung auf den geschichtlichen Ursprung. Daraus folgt, daß in umgekehrter Richtung Evolution, die Entfaltung von Geschichte, durch eine Folge von Symmetriebrüchen gekennzeichnet ist. Solche wesentlichen Symmetriebrüche lassen sich in der Tat nicht nur durch die physikalisch-kosmologische Geschichte des Universums, sondern auch durch die Geschichte des Lebens und des Geistes in unserer lokalen Welt verfolgen. Symmetriebrüche bringen jeweils neue dynamische Möglichkeiten der Morphogenese, der Entstehung von Formen ins Spiel und signalisieren damit einen Akt der Selbstüberschreitung oder Selbsttranszendenz. Durch Symmetriebrüche wird Komplexität erst möglich. Die Welt, die daraus hervorgeht, wird immer weniger reduzierbar auf eine einzige Ebene grundlegender Prinzipien, deren Einheitlichkeit eben nur im gemeinsamen Ursprung und abstrakt zu fassen ist. Was entsteht, ist eine vielschichtig koordinierte Realität.«

Wir haben in den vorangegangenen Kapiteln die biologischen, physikalischen und mathematischen Prinzipien der Evolution kennengelernt: Historiographen der Natur, insbesondere die Paläontologen, konnten eine einleuchtende Beweiskette für den Ablauf der Evolution liefern, freilich nur indirekt. Auf dieser Erde entstanden aus primitiven Einzellern, Protozoen, die Pflanzen, die Eukaryonten, Würmer, höhere Tiere und schließlich der Mensch. Den Stammbaum der lebendigen Organismen hat Charles Darwin aufgestellt in seinem 1859 erschienenen Buch »Die Entstehung der Arten«.[4] Die biologischen Wissenschaften waren in den letzten 120 Jahren im wesentlichen damit beschäftigt, die Darwinsche Lehre zu bestätigen. So auch die Biochemie. In diesem Kapitel soll versucht werden, die Denkweise der Biologie in einen allgemeinen geschichtlichen Zusammenhang zu stellen.

Newton und Darwin

Newton hatte eine durchaus andere Weltsicht und Denkweise über das Lebendige als Darwin. Das folgende überlieferte Gespräch von Newton mit John Conduitt mag das belegen[5]: »Nach einem Gespräch über Kometen erzählte Newton von seiner Überzeugung, daß es eine besondere Art von Umlauf der Himmelskörper gäbe. Licht und Dämpfe von der Sonne klumpten sich zusammen und ergäben sekundäre Himmelskörper, wie zum Beispiel den Mond, die immer weiter wüchsen, indem sie mehr und mehr Materie anzögen. Sie würden schließlich primäre Planeten und Kometen, die schließlich in die Sonne fielen und diese wieder mit Materie auffüllten. Er war der Meinung, daß der große Komet des Jahres 1680 nach fünf, sechs oder mehr Umläufen in die Sonne stürzen werde, deren Hitze dadurch so anwachsen müßte, daß alles Leben auf der Erde vernichtet würde. Die Menschheit sei ohnedies jüngeren Datums, fuhr er fort, und es gäbe Zeichen von Ruinen auf der Erde, die auf frühere Katastrophen hinwiesen, ähnlich der, die er voraussagte.
Conduitt fragte, wie die Erde denn hätte wieder bevölkert werden können, wenn das Leben auf ihr zerstört worden sei. ›Es erfordert einen Schöpfer‹, antwortete Newton. Warum publiziere er denn nicht diese Überlegungen, wie das doch Kepler getan hatte. ›Ich gebe mich nicht mit Spekulationen ab‹, antwortete er. Er nahm den Band der ›Principia‹ in die Hand und zeigte Conduitt Hinweise auf seine Ansichten, die er bei der Diskussion der Kometen geäußert hatte. Warum er es nicht offener äußere? Newton lachte und sagte, daß er genug publiziert habe, um den Leuten seine Meinung klarzumachen.«

Newton glaubte also an eine statische Welt, denn die Schöpfung durch einen Schöpfer ist ein einmaliger statischer Akt. Gott steht dann daneben und läßt das aufgezogene Uhrwerk der Welt ablaufen. Ganz anders Darwin. Er hat aus seinen Beobachtungsdaten eine völlig neue Sicht der Natur abgeleitet, indem er die bis dahin statisch aufgefaßte Natur als historischen Ablauf zu verstehen versucht. Damit hat Darwin ein weitreichendes Theorem, ein neues Paradigma geschaffen, um eine Vokabel von Thomas Kuhn[6] zu gebrauchen.

Was hat das für Folgen? Zunächst: Das Paradigma ist insofern »neu«, als es zunächst nicht in bisherige Denkweisen und Vorstellungen hineinzupassen scheint, also in die geistig-technisch-ökonomische Landschaft des

19. Jahrhunderts, denn das war in vieler Hinsicht das Newtonsche Zeitalter. Zwar war Newton schon über hundert Jahre tot, aber die Folgen seiner Naturauffassung, das technische und maschinelle Zeitalter, begannen sich gerade erst auszubreiten, und die allgemeine Vorstellung der diese Maschinen benützenden Menschen stimmte sich darauf ein. Daraus ist so etwas wie ein modernes, naturwissenschaftlich begründetes Weltbild entstanden, dessen Leitideen Kausalität, Mathematisierbarkeit, Reversibilität, Maschine und Technik sind. Alle Vorgänge lassen sich experimentell wiederholen wie die Schwingungen eines Pendels und die Wurfbahn eines Steines. Das Leben ist eine Uhr, die am Anfang aufgezogen wird und dann allmählich austickt. Leider hatte man den Vorgang des Wiederaufziehens noch nicht im Griff, aber das würde ja noch kommen. So absorbierte das Maschinendenken die Idee der Evolution und überhaupt die Wissenschaft vom Leben, obwohl es vor Darwin ja schon ganz ähnliche Denkansätze gab, etwa bei Lamarck oder Goethe (vgl. Kap. 3). Die Darwinsche Lehre wurde als Kausalschema vom Urknall bis zum Homo sapiens sapiens aufgefaßt und wird es auch noch heute. Dadurch ist der Kern der Darwinschen Theorie völlig verschüttet worden. Man sollte deshalb das Darwinsche Original und nicht die falsch interpretierende Sekundärliteratur lesen. Die Darwinsche Evolutionstheorie gibt zwar eine plausible und in sich geschlossene Erklärung für die Vielfalt der Arten und des Lebens, sie ist aber eben keine Kausaltheorie. Es hätte in der Evolution auch anders kommen können. Und für die Zukunft stellt sie überhaupt keine Prognosen bereit.

Nun besteht die Verwissenschaftlichung des modernen Denkens in einer allmählichen Entfernung von Teleologie (der Lehre von der zweckhaften Ausrichtung eines Prozesses) aus unserem Weltbild, wie Reinhard Löw[7] sehr genau aufzeigt. Der moderne Darwinismus hat die Biologie zu einer objektiven Wissenschaft gemacht und die Teleologie aus ihr vertrieben. Und er hat damit den Menschen als höchstes Geschöpf entthront, auf den hin die Evolution teleologisch gerichtet sein sollte als »Krone der Schöpfung«, und ihn zu einem Glied in einer zufälligen Evolutionsreihe gemacht. Das ist subjektiv für den denkenden und fühlenden Menschen ein Problem. Doch die Evolutionstheorie *objektiv anzuzweifeln*, ist freilich nicht möglich. Man kann aber wohl darüber nachdenken, ob das Leben als integriertes Phänomen einer wissenschaftlichen Behandlung durch unsere objektiven Wissenschaften erschöpfend zugänglich ist. Die Evolutionslehre ist eine umfassende und weder beweisbare noch widerlegbare Naturtheorie; sie kann viele Fakten sehr einleuchtend erklären, aber sie ist nicht mathematisch oder physikalisch beweisbar, es ist mit ihr nicht etwa ein Rätsel eindeutig gelöst (Wittgenstein: »Für ein Rätsel gibt es immer eine Lösung.«[8])

Darwin hat ein neues Paradigma für eine neue Sicht der Natur aufgestellt, die nicht abgeleitet und auch nicht bewiesen werden kann und braucht. Er hat damit eine umfassende und einheitlichere Anschauung des Lebendigen ermöglicht – sie ist plausibel, aber als »Weltsicht« nicht beweisbar.

Mit den Alltagsproblemen der »rätsellösenden Forschung« beschäftigt, vergißt man allzuleicht und bereitwillig den paradigmatischen Charakter der Wissenschaft: Wissenschaftliches Tun und Denken geschieht in einem System von Axiomen, Grundannahmen, Paradigmen, die als solche in einem bestimmten Wissenschaftsgebiet oder Zeitalter nicht in Frage gestellt werden. In einer »wissenschaftlichen Revolution« kann dieses System von Paradigmen aber umgestürzt werden.[6] Vor Darwin war die lebendige Welt statisch, danach evolvierend. Vor Max Planck war Energie beliebig unterteilbar, danach gab es sie nur in bestimmten Quanten. Aber keine wissenschaftliche Beschreibung ist eine »vollständige« Beschreibung (vgl. Kap. 9). Und so muß man sich fragen, welcher Begriff vom Lebendigen vor Augen steht und wie umfassend das System des Lebens durch Darwin beschrieben wird. Es ist sicher nicht der Goethesche Begriff von Leben und auch nicht der Begriff, den wir mit »Lebensgefühl« beschreiben. So sagt John Haldane, ein durchaus materialistisch denkender Biologe (zitiert nach Reinhard Löw[7]): »Die Teleologie ist für den Biologen wie eine Mätresse: Er kann nicht ohne sie leben, aber er will nicht mit ihr in der Öffentlichkeit gesehen werden.«

Aber Leben ist eben nicht nur »die Daseinsweise der Eiweißkörper«.[9] Darwin hat aufgrund einer genialen Gesamtschau des Materials, das er auf seinen Weltreisen gesammelt hat, eine allgemeine Theorie des Entstehens der Arten entwickelt. Und eine ganze Wissenschaft gibt ihm recht, nicht nur wie anfangs die phänomenologisch arbeitende vergleichende Biologie und Zoologie, sondern heute auch die molekulare Biologie, die in der Entzifferung der Genschrift sozusagen Quellenstudium treiben und sehr genau ermitteln kann, wo welche »Textstelle« unmittelbar abgeschrieben worden ist und wie oft sie unter Veränderung umkopiert wurde. Tatsächlich benützen die Molekularbiologen bei diesen Forschungen ähnliche Methoden wie die Philologen, welche mittelalterliche

Handschriften in verstaubten Bibliotheken durchstöbern. Auch die Paläontologie mit den inzwischen hinzugekommenen verschiedenen Altersbestimmungen an Gesteinen liefert eine fast lückenlose Beweiskette. Damit wurde ein statisches Weltbild aus den Angeln gehoben und durch ein dynamisches ersetzt.
Die Darwinsche historische Dynamisierung hat aber einige scheinbar unangenehme Folgen: Man hat nichts mehr, woran man sich festhalten kann, alles fließt. Auf der Welt gibt es zur Zeit etwa 5 Millionen Arten. Aber insgesamt hat es in der Geschichte der Erde 500 Millionen Arten gegeben, das heißt: was wir jetzt sehen, ist nur 1 Prozent dessen, was einmal existiert hat. Und auch der Mensch ist vielleicht nur in einem Durchgangsstadium.[10] Die Evolution frißt ihre Kinder.[11]

Die Komplexität des Lebendigen

Was hat das für Konsequenzen für unser Denken? Voraussagbarkeit ist kein Kriterium für Wissenschaftlichkeit mehr. In Newtonschen Systemen kann man die Bahnen der Geschosse oder der Planeten aus den Anfangsbedingungen berechnen und voraussagen. So wurde die berühmte Entdeckung des Planeten Neptun 1846 als Schlußstein des Beweises einer materialistisch-deterministischen Weltsicht gefeiert.[9]
Die Situation hat sich – ursprünglich ausgehend von der Quantenphysik und der Relativitätstheorie – in den Naturwissenschaften ganz allgemein zu verändern begonnen. Wir sind an eine Grenze in der Beschreibung des Lebendigen gestoßen, die als Analogie gesehen werden kann zur Heisenbergschen Unschärfe-Relation in der Beschreibung der *Elementarpartikel*. In Systemen mit Bifurkationspunkten sind die Voraussagemöglichkeiten eingeschränkt[12] (vgl. Kap. 4, S. 150).
Dieser Abschied von der Prognostizierbarkeit mancher physikalischen Ereignisse nun auch in der makroskopischen Welt heißt natürlich nicht, daß die Wissenschaft hier am Ende wäre, daß man jetzt anfangen müsse, »... das Unerforschliche ruhig zu verehren« (Goethe). Es heißt nicht mehr und nicht weniger, als daß man vom »Mythos der Prognostizierbarkeit« Abschied nehmen muß, daß die Newtonsche Denkweise der generellen Linearisierbarkeit von Differentialgleichungen für die heute von der Wissenschaft behandelten fundamental-komplexen Systeme eine

unzulässige Vereinfachung darstellt. Zur Beschreibung derartiger Systeme benötigt man eine neue Transformationstheorie, etwa die Bäcker-Transformation (vgl. Kap. 5). Der Evolutionsstammbaum ist nur mit einer solchen Transformation darstellbar, die unvorhersagbare Verzweigungspunkte enthält. Ähnliches wird sicher für die dynamischen Funktionen des Zentralnervensystems als eines Systems hierarchisch geschalteter Entscheidungsprozesse mit Rückkopplung gelten. Hier sind erste theoretische Ansätze gemacht worden. Die Komplexität des Lebendigen stellt eine Begrenzung unserer Wissensmöglichkeiten dar: Nicht, daß wir nicht etwa viele Einzelheiten der Nukleinsäuren und Proteine beschreiben könnten. Aber das Zusammenwirken dieser Komponenten in Subsystemen und höheren Organisationen stellt ein nicht-prognostizierbares Netzwerksystem dar, für das der Charakter der fundamentalen Komplexität gilt.[13]

Man muß sich freilich davor hüten, hier einen möglichen Ansatz für einen Gottesbeweis zu sehen, so als ob Gott die Möglichkeit hätte, an den Fulgurationspunkten lenkend einzugreifen. Daß wissenschaftliche Gottesbeweise nicht möglich sind, kann man bei Kant nachlesen, und im übrigen hat es sich bisher immer als fatal erwiesen, den »lieben Gott« als Lückenbüßer für Wissenslücken zu benützen. Zunächst zeigt sich, daß man die Wissenschaft überschätzt hat, das heißt aber auch, daß man die Voraussetzungen, unter denen Wissenschaft möglich ist, vergessen hat. Man arbeitet nämlich, und das scheint die einzige Möglichkeit, wissenschaftlich zu arbeiten, nach der Methode von Descartes. Und dieser sagt, wie bereits in Kapitel 1 zitiert, in seiner Abhandlung »De la méthode«[14]: »Wenn ein Problem zu groß ist oder zu kompliziert erscheint, dann teile es in Unterprobleme, die du jeweils schrittweise lösen kannst.«

Dem liegt natürlich die stillschweigende Annahme zugrunde, daß man nach Lösung sämtlicher Einzelprobleme diese dann wieder als Mosaiksteinchen in das gesamte Bild einsetzen kann, so daß zum Schluß eine Lösung des ganzen großen, komplexen Problems möglich wird.

In hochrückgekoppelten Multiparameter-Systemen erweist sich diese Annahme oder vorsichtiger gesagt, diese Hoffnung aber als grundsätzlich falsch. Solche Systeme sind nicht reduzierbar, ich nenne sie, die die Eigenschaft haben, daß das Ganze mehr als die Summe seiner Teile ist, fundamental-komplexe Systeme. In solchen Systemen gibt es keine Reversibilität. Es läßt sich nicht die klassische, reversible, sondern die irreversible Thermodynamik anwenden. Und deshalb wäre es einfach eine intellektuelle Nachlässigkeit, anzunehmen, daß in Wissenschaften wie der Biochemie oder der Neurophysiologie sich ein Gesamtbild eines Lebewesens aus Mosaiksteinchen zusammensetzen läßt.

Selbstorganisation

Ich will in diesem Abschnitt den etwas überstrapazierten Begriff Selbstorganisation näher beleuchten und auf seine eigentliche Bedeutung zurückführen. Hierbei möchte ich verschiedene Niveaus der Selbstorganisation unterscheiden.

Selbstorganisation durch inhärente Eigenschaften

Im einfachsten Falle ist die äußere Form von makroskopischen Körpern durch die »Packung« der Moleküle beziehungsweise Atome bestimmt, aus denen dieser Körper besteht. Dies gilt zum Beispiel für alle Kristalle, die ja aus zahlreichen Teilchen der gleichen Art bestehen. Genauso, wie Kugeln in einem Kästchen sich zu regelmäßigen, wabenförmigen Strukturen anordnen (hexagonal dichteste Kugelpackung) oder wie kubische Bauklötzchen sich in einem Baukasten zusammenlegen, entstehen regelmäßig geformte Kristalle. Hier ist also die Selbstorganisation durch vorgegebene Eigenschaften der in diesem Falle gleichartigen Teilchen bedingt. Auch die Basenpaarung in der Doppelhelix ist eine Selbstorganisation aufgrund der vorgegebenen molekularen Struktur. Fettschichten, Seifenblasen, Tauperlen oder Eisblumen sind durch Selbstorganisation ihrer Bausteine leicht zu erklären.

Selbstorganisation in der Ontogenese

Unter Ontogenese versteht man die Ausbildung eines Organismus von der undifferenzierten Eizelle bis zum hochdifferenzierten Gesamtorganismus mit inneren Organen, äußeren Gliedern, Sinneswerkzeugen usw. Offensichtlich wohnt dem zunächst ungeordneten Zellhaufen die »Tendenz« inne, eine bestimmte Gestalt anzunehmen. Das ist schwer zu begreifen. Man ist versucht, an ein geheimnisvolles Zusammenwirken oder an eine Fernwirkung zu glauben. Deshalb kommen viele Menschen

nicht ohne die Vorstellung aus, es gäbe eine Lebenskraft, eine wirkende Weltseele, Gottes Hand, Entelechien (von griech. εν τελος εχειν: den Zweck in sich haben. Nach Aristoteles die der Materie innewohnende Zweckgerichtetheit) im wunderbaren Wirken der Natur. Zunächst aber sollte man immer versuchen, Naturerscheinungen auf physikalische Kräfte und stoffliche Strukturen zurückzuführen. So auch hier.
Am einfachen Beispiel des kleinen Süßwasserpolypen Hydra konnte Alfred Gierer zeigen, daß die Kopfbildung abhängig ist von einem spezifischen Wachstumsfaktor für den Kopf, dessen Konzentration die Ausprägung des Kopfes bestimmt.[15, 16] Sehr wahrscheinlich ist die Kopf-Fuß-Bildung auf einen doppelten, konkurrierenden, rückgekoppelten Effekt zurückzuführen: Wachstumsaktivierung von der einen Seite und Hemmung von der anderen. Solche Systeme haben wir in Kapitel 5 und 6 bereits als ordnungsbildend kennengelernt: Blütenformen und Symmetrien an Pflanzen können so erklärt werden. Immer gilt das gleiche Prinzip: In einem dynamischen System wirken zwei gegensätzliche Prinzipien aufeinander und führen zu einer dynamischen Ordnungsbildung: Zwischen Aufbau und Zerfall entsteht Ordnung.
Strukturbildung durch »Selbstorganisation« findet man zum Beispiel, wenn man einen Wasserpolypen in zwei Teile zertrennt oder – wie in Abb. 7.1 a und b skizziert – ein Stück aus seiner Mitte herausschneidet. In 48 Stunden entsteht in einem Teilbereich des anfangs ziemlich einförmigen Gewebes wieder ein neuer Kopf (d). Der erste Vorgang bei der Kopfentstehung ist die Bildung eines »morphogenetischen Feldes«: In wenigen Stunden wird die künftige Kopfregion »aktiviert« – im Bild (c) durch Schraffierung angedeutet –, und diese zunächst noch unsichtbare Aktivierung bewirkt in der Folge die Bildung des neuen Kopfes.
Der Nachweis für die frühe Bildung des morphogenetischen Feldes ist allerdings nicht einfach. Er erfordert Experimente mit transplantierten Gewebestücken. Das Prinzip ist in der Abbildung 7.1 b und c schematisch dargestellt: Verpflanzt man unmittelbar nach Beginn der Regeneration einen Teil der künftigen Kopfregion in nicht allzu kopfferne Bereiche einer anderen Hydra, so ruft das verpflanzte Gewebe dort in der Regel keine Veränderung hervor, sondern bleibt Teil der Bauchregion (b) – die künftige Kopfregion ist noch nicht aktiviert. Führt man diese Operation dagegen etwa sechs Stunden nach Beginn der Regeneration durch, so induziert das Transplantat in der Bauchregion meist die Bildung eines zweiten Kopfes (c) – nach sechs Stunden ist die künftige Kopfregion des

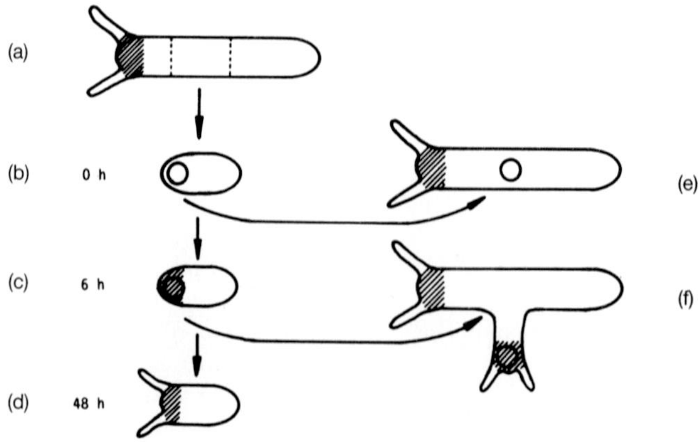

Abb. 7.1: Strukturbildung durch Selbstorganisation im »morphogenetischen Feld«[15] bei dem kleinen Wasserpolypen Hydra.

Regenerats also bereits aktiviert. Aktivierung bedeutet wahrscheinlich hohe lokale Konzentration eines aktivierenden Stoffes. Die Entstehung des morphogenetischen Feldes ist dann gleichbedeutend mit der Erzeugung (Abb. 7.1 e und f) einer Konzentrationsverteilung des Wachstumsfaktors (Aktivators) mit hoher Konzentration an einem Ende des Gewebes (f) aus einer anfangs annähernd gleichmäßigen Verteilung (e). Offenbar wird die Polarität des Organismus durch ein Feld bestimmt, das man das »morphogenetische Feld« nennt.

Das »Feld« ist in diesem Falle einfach ein Konzentrationsgefälle eines bestimmten Aktivatorstoffes, der vom Kopf her gebildet, vom Schwanz her aber durch einen »Gegenstoff« aktiv abgebaut und dadurch inaktiviert wird. Wieder treffen wir auf das rückgekoppelte, duale, formbildende Prinzip. Der Ausdruck »Feld« ist in diesem Falle nicht ganz korrekt, richtiger wäre, von einem Konzentrationsgefälle zu sprechen.

Komplizierter wird es bei höheren Organismen. Hier gibt es offenbar übergeordnete »Steuerungsgene«, die ganze Gruppen von Signalen oder Signalsubstanzen codieren. So kann man durch Mutationen der Taufliege Drosophila ein Bein anstelle der Antennen (Fühler) wachsen lassen (Abb. 7.2). Diese sogenannten »homöotischen Mutationen« sind für das Verständnis der Formenbildung von großer Bedeutung. Die Gruppe von

Nüsslein-Vollhardt am Tübinger Max-Planck-Institut für Entwicklungsbiologie hat damit höchst interessante Ergebnisse erzielt.[17] Formenbildung in »morphogenetischen Feldern« erklärt sich also durch Konzentrationsgradienten von aktivierenden oder hemmenden Substanzen, deren Natur man zwar im einzelnen noch nicht kennt, deren Produktion aber offensichtlich durch Gene gesteuert wird. Sonst wären sie nicht mutierbar und vererbbar. Es handelt sich also nicht um eine Selbstorganisation im eigentlichen Sinne, sondern um die Organisation nach einem vorgegebenen Programm. Dieses Programm ist in der DNS niedergelegt, möglicherweise in einer etwas komplexeren Form, als das bei einfachen Strukturgenen der Fall ist. Hierbei handelt es sich um ein übergeordnetes Steuerungsgen, das ganze Gruppen von Strukturgenen an- oder abschaltet. Prinzipiell ist das aber nichts anderes als das An- und Abschalten von Einzelgenen. Der Aufbau des Organismus wird nach einem Programm organisiert. Wer aber organisiert das Programm?

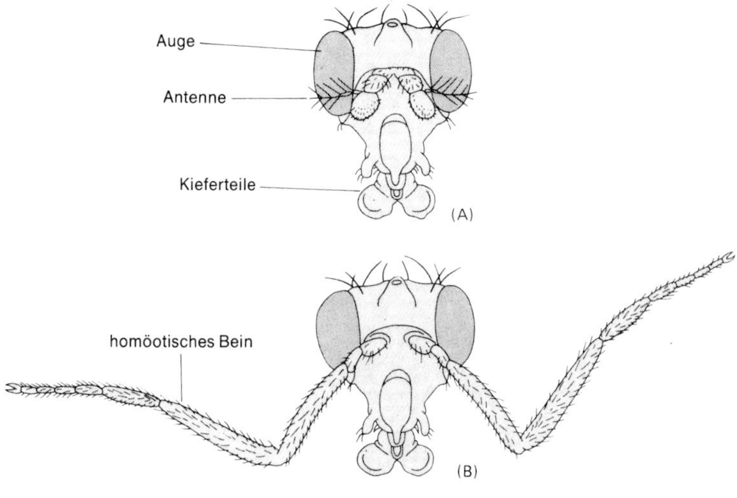

Abb. 7.2: Der Kopf einer normalen erwachsenen Drosophila (A) im Vergleich zu einer Fliege mit der homöotischen Mutation Antennapedia (B). Die hier dargestellte Fliege zeigt die Mutation in extremer Form. Gewöhnlich sind nur Teile der Antennen zu Beinstrukturen umgewandelt.[18]

Echte Selbstorganisation

Wirkliche Selbstorganisation ist weder allein in der physikalischen Natur der Bausteine begründet, noch »vororganisiert« durch ein Programm. Freilich kann keine Struktur gegen die physikalischen Randbedingungen gebildet werden. Aus einer Seifenlösung können, je nach den Bedingungen, weißer, fester Rasierschaum oder schwebende, bunte Seifenblasen entstehen, aber keine Baumwolle und kein Kolibri. Selbstorganisation ist vielmehr eine Systemeigenschaft. Unter ganz bestimmten Bedingungen organisiert sich ein System hohen Komplexitätsgrades selbst. Wir haben in den vorausgegangenen Kapiteln zahlreiche solcher Beispiele kennengelernt. Das für die Biologie relevante Selbstorganisationsschema ist der in Kapitel 4 besprochene Eigensche Hyperzyklus.
Ohne die Einsteinsche Frage nach dem Wozu? ausführlich zu diskutieren, müssen wir aber doch fragen: Inwiefern gibt es das Phänomen der Selbstorganisation? Wann und auf welches Substrat wirkt sie?

Selbstorganisation als physikalisches Prinzip

Ich meine, man kann nach dem bisher Dargelegten die Selbstorganisation der Materie zu Leben als ein physikalisches Prinzip verstehen. Selbstorganisation ist seit dem Urknall ein physikalisches Attribut von Materie, genauso wie Schwere ein physikalisches Attribut von Materie ist und Elektrizität ein physikalisches Attribut von Elektronen. Warum aber und wozu der Materie diese physikalischen Prinzipien und Attribute beigegeben sind, darauf kann und darf man keine naturwissenschaftliche Antwort geben. Dann würde man sich außerhalb der Naturwissenschaften begeben, die qua Voraussetzung solche Fragen nicht stellt. Die Naturgesetze sind zunächst empirisch: Materie ist schwer, fällt herab; also suchte Galilei die entsprechenden Fallgesetze. Als sie gefunden waren, versuchte man sie mit anderen, ähnlichen, zum Beispiel den Gesetzen der Planetenbewegung, in Verbindung zu bringen und eine übergeordnete, allgemeine Theorie zu finden. Newton gelang das mit der Gravitationstheorie. Warum es aber Gravitation als solche gibt, darüber kann Newtons Theorie nichts sagen. Einstein erklärt sie über die Raumkrümmung mit Hilfe seiner Feldgleichungen. Was aber sind Feldgleichungen? Irgendwo endet jede Erklärungskette in philosophischen, vielleicht in Glaubensfragen.

Elektrizität fließt. Also suchte man nach den Grundeinheiten, die da fließen und fand die Elektronen mit der negativen Elementarladung und der Ruhemasse von 1/2000 des Wasserstoffatoms. Warum es aber überhaupt elektrische Kräfte gibt, das ist eine metaphysische Frage. Genauso ist es mit der Frage: Warum gibt es Selbstorganisation, warum gibt es Leben? Es gibt Antworten darauf, philosophische, religiöse. Es gibt den Vitalismus, es gibt den dialektischen Materialismus. Aber alle diese Annahmen liefern keine naturwissenschaftlichen Antworten. Alles, was wir können, ist, die entsprechenden empirischen Gesetze zu erforschen, also die Regeln der Evolution, den Eigenschen Hyperzyklus (Kap. 4), das Verhulstsche Gesetz (Kap. 6), die Mendelschen Gesetze, das Entropiegesetz, und dann nach einer übergeordneten Theorie zu suchen. Und diese heißt: Materie hat grundsätzlich die Eigenschaft der Selbstorganisation. Solange aber eine einfache Erklärung ausreicht – eben die, daß Selbstorganisation eine Eigenschaft der Materie ist – wäre es wider die Logik, eine kompliziertere Erklärung zu suchen wie etwa: Materie ist dialektisch; in den Lebewesen wirkt die Entelechie: es gibt fernwirkende, noch unbekannte spirituelle Lebenskräfte.

Mit der Einführung der Selbstorganisation als Grundeigenschaft der Materie ist aber auch gesagt, daß jede Materie a priori ideenträchtig ist. Sie hat die *Idee* ihrer Selbstorganisation, ihrer Entfaltung, aller Baupläne und Aus-Formungen in sich. Danach war beim Urknall die Idee des menschlichen Bewußtseins als Möglichkeit schon vorhanden, samt all seinen möglichen Ausprägungen. Zwischen Geist und Materie besteht so gesehen kein Gegensatz. Jedenfalls kann der Geist nicht aus Materie als Überbau entstanden sein. Eher ist es umgekehrt: Eine ideenlose Materie ohne die Idee ihrer Selbstorganisation gibt es nicht, genausowenig wie es schwerelose Materie gibt. (Der Ausdruck »Schwerelosigkeit«, etwa bei der Raumfahrt, ist physikalisch unsinnig. In einem Spacelab sind Gegenstände und Menschen nur deshalb »schwerelos«, weil Erdanziehung und Fliehkraft sich genau die Waage halten). Wohl aber können Ideen (im Platonschen Sinne) ohne Materie existieren, sie brauchen zu ihrer Manifestation (das ist etwas anderes als die stille Existenz) nur die Gegenwart von Materie. Bedeutet das einen Rückgriff auf den Vitalismus, der bekanntlich besagt, daß belebte Materie – im grundsätzlichen Gegensatz zu unbelebter Materie – eine Lebenskraft in sich habe, die weiß, was sie will? Die gewissermaßen ihr Ziel vor Augen sieht, nämlich das fertige Lebewesen oder den Homo sapiens als Krone der Evolution?

Ich meine: nein! Die hier vorgeschlagene Theorie der Selbstorganisation als Grundeigenschaft der Materie (genauso wie Schwere) ist vielmehr geeignet, den Gegensatz zwischen »toter« und »lebender« Materie zu überwinden, sie macht einen reinen La Mettrieschen Materialismus ebenso obsolet wie den Vitalismus. Und sie ist zudem in Übereinstimmung mit unseren Kenntnissen von Biochemie, Evolution und Ontogenese. Freilich läßt sich dann der bisherige starre Materiebegriff nicht mehr halten. Dieser Punkt muß im folgenden noch näher erläutert werden.

Das Evolutionsfeld

Ein umfassendes und akzeptables Verständnis der Ausbildung biologischer Formen und Gestalten setzt zunächst die Kenntnis der materiellen biologischen Strukturen voraus. Diese sind in den letzten zwei Dezennien in einem Maße erforscht worden, daß wir jedenfalls ihre Prinzipien kennen, wenn auch noch nicht in allen Einzelheiten. Zum andern braucht man zum Verständnis biologischer Strukturen die physikalischen und mathematischen Gesetze der Strukturbildung, die gerade jetzt in zunehmendem Maße erforscht werden (vgl. Kap. 4, 5 und 6). Formbildung wird weder allein strukturell noch allein mathematisch erklärbar sein. Der Widerspruch zwischen dem »materiellen« Denken und dem »mathematischen« Denken ist so alt wie die Philosophie. Für das Denken in starrer Materie steht der Name Demokrit, für das Denken in mathematischen Begriffen und in Symmetrien der Name Pythagoras.
Reichen unsere bisher bekannten Theorien zum vollständigen Verständnis der Entwicklung zum Lebendigen aus? Diejenige, die dem Verständnis des Mechanismus am nächsten kommt, ist die der Eigenschen Hyperzyklen. Wissenschaftshistorisch gesehen, entspricht der Eigensche Hyperzyklus den Galileischen und Newtonschen Bewegungsgesetzen: nämlich eine mathematische Gesetzmäßigkeit, mit deren Hilfe man in allgemeiner Form alle Bewegungen (Newton) beziehungsweise alle Evolutionen (Eigen) beschreiben kann. Zur Vereinheitlichung sämtlicher Bewegungsgesetze hat Newton dann den Begriff des Gravitationsfeldes geschaffen, der Antwort auf die Frage gibt: Inwiefern, wann und wo ist Materie schwer? Für die Selbstorganisation müssen wir nun die gleiche Frage stellen: Inwiefern, wann und wo evolviert Materie? Bisher ist

Materie erschöpfend definiert durch Masse (Gewicht, gravity) und Trägheit (inertia). Einstein hat die Masse relativiert, indem er sie mit Energie in Beziehung setzte, $E = m c^2$. Die Masse wird meßbar in einem Gravitationsfeld. Newton hatte dieses »Feld« postuliert, um die Vielzahl der mechanischen Phänomene (Wurf, Fall, Pendel, Himmelskörper) einheitlich erklären zu können. Mit der Einführung des einen (allerdings unanschaulichen, irrealen, ja paradoxen) Begriffes »Feld« ließ sich dann plötzlich die Vielfalt der Realität erklären.

Das Feld als Begriff in der Physik ist definiert als die Gesamtheit der Werte einer physikalischen Größe, die Raumpunkten zugeordnet werden, ohne daß dort ein materieller Träger vorhanden sein muß. Newton hatte seine Feldtheorie 1686 eingeführt, um die Keplersche Himmelsmechanik, die Galileische terrestrische Mechanik und seine Newtonschen Gesetze in einer einheitlichen Theorie zusammenfassen zu können. Dieser uns heute selbstverständliche Begriff »Feld« war bei seiner Einführung keinesfalls unproblematisch. Newton, der sich viel mit Astrologie befaßt hatte, in der es bekanntlich »Fernwirkung« gibt, hat diesen Begriff offenbar von dorther abgeleitet, ihn freilich in exakte mathematische Form gefaßt. Das blieb von seinen Zeitgenossen, zum Beispiel von Leibniz, nicht unwidersprochen, die ihm die Hereinnahme von spukhaften Fernwirkungen in die exakte Physik vorwarfen. Der Begriff »Feld« bildet aber heute längst in der gesamten Physik die Grundlage aller Theorien und wird als solcher nicht mehr hinterfragt.

Für das Verständnis und die Zusammenfassung lebender Systeme möchte ich nun das »Evolutionsfeld« vorschlagen, in welches alle Ereignisse und bisherigen physikalischen Erklärungen (Urknall, Formenbildung, Chaos-Ordnung-Beziehungen, Hyperzyklen) einzufügen wären und auch, so scheint es, einfügbar sind. Evolution vollzieht sich im dreidimensionalen Raum und in der Zeit. Es geschehen in ihr irreversible Vorgänge, wegen des gerichteten Charakters der Zeit. Im Schema auf Seite 232 ist die Evolutionsfeldtheorie zusammengefaßt und der Theorie der Gravitation gegenübergestellt.

»Selbstorganisation« ist eine stark verkürzte Ausdrucksweise für eine Grundeigenschaft von Materie: »Selbstorganisation (Formenbildung) im Evolutionsfeld«. Selbstorganisation ist daher nicht ein bloßes Akzidens von Materie, sondern eine unabtrennbare Eigenschaft und ein Attribut der materiellen Substanz. Selbstorganisation ist das Schöpfungspotential der evolvierenden Materie, und das gilt für die gesamte Materie.

Vergleich der Naturgesetze und Theorien im Gravitationsfeld (links) und im Evolutionsfeld (rechts):

Allgemeine Erfahrung

Materie ist schwer, träge	Materie organisiert sich selbst, bildet Muster

Frühe Beschreibungsversuche

Aristoteles: Gewicht ist Zahl demokritischer Atome	*Aristoteles:* Entelechie *Thomas:* Selbstorganisation ist Gottes Organisation

Empirische Naturgesetze

Galilei: Fallgesetze, Pendelgesetze *Kepler:* Planetenbewegung *Newton:* Bewegungsgesetze	Entropiegesetz Entwicklung der Sterne *Mendel:* Vererbung *Verhulst:* Wachstum Radioaktiver Zerfall Natürliche Uhren *Eigen:* Hyperzyklus

Theorien

Newton: Gravitationsfeld	*Cramer:* Evolutionsfeld

Zusammenfassung

Es gibt ein Gravitationsfeld, in dem Materie schwer ist. Schwere bzw. das Gravitationsfeld sind nicht von Materie abtrennbar. Das Gravitationsfeld existiert im 3-dimensionalen Raum.	Es gibt ein Evolutionsfeld in dem Materie sich organisiert. Selbstorganisation bzw. Evolutionsfeld sind nicht von Materie abtrennbar. Das Evolutionsfeld hat als 4. Dimension die irreversible Zeit.

Meine Evolutionsfeldtheorie ist nicht ganz ohne Vorgänger. Kürzlich hat der britische Biologe Rupert Sheldrake eine Theorie des morphogenetischen Feldes vorgelegt.[19] Leider beachtet Sheldrake die schmale Grenze zwischen Physik und Metaphysik nicht immer sorgfältig. Ein Naturforscher kann sich immer nur auf dem Gebiet der Physik, Chemie, Biologie usw. bewegen. Freilich darf er auch philosophieren. Aber dann muß dies ausdrücklich und an jeder Stelle gekennzeichnet sein. Ich habe mich jedenfalls in diesem Buch bemüht, so zu verfahren. Viele gute Ansätze gehen bei Sheldrake durch ungenaues Lavieren an der Grenze zwischen Physik und Metaphysik verloren. Sein »Morphogenetisches Feld« ist daher eher eine Neuauflage Schellingscher Naturphilosophie, vermischt mit Elementen des Vitalismus und mythisch umgedeuteten Resultaten der modernen Biologie.

Ein anderer, bisher erst wenig genau ausgeführter Vorschlag stammt von René Thom.[20] Thom führt unter anderem aus: »Eine Theorie der Morphogenese muß natürlich auch auf die biologische Morphogenese anwendbar sein. Tatsächlich ist die Entwicklung der qualitativen Dynamik, die ich hier vorgestellt habe, durch das Lesen von Arbeiten über Embryologie entstanden (besonders durch die Bücher von C. H. Waddington) und es war meine Absicht, den Konzepten des morphogenetischen Feldes der Embryologen und der ›Chreode‹ (vorgegebene Entwicklungskurve) von Waddington einen mathematischen Sinn zu geben. Ich weiß nur zu gut, daß diese Konzepte gegenwärtig von den Biologen abgelehnt werden, die solche Konzepte deswegen kritisieren, weil sie keine chemische Erklärung für entwicklungsbiologische Phänomene geben. Ich glaube aber, daß vom wissenschaftstheoretischen Gesichtspunkt her eine ausschließlich geometrische Behandlung des Problems der Morphogenese nicht nur zu rechtfertigen ist, sondern sogar notwendig erscheint. Zu behaupten, daß ein Lebewesen eine globale Struktur sei, ist doch einfach die Feststellung einer offensichtlichen Tatsache und heißt nicht die vitalistische Philosophie anzunehmen. Was an der vitalistischen Metaphysik unzulässig und abzulehnen ist, ist die Erklärung lokaler Phänomene durch globale Strukturen. Deshalb mußten die Biologen von Anfang an die Existenz eines lokalen Determinismus postulieren, um allen partiellen Mikrophänomenen innerhalb des Lebewesens Rechnung tragen zu können. Und danach mußten sie versuchen, alle lokalen Determinismen in eine kohärente, stabile Struktur zu integrieren. Von diesem Gesichtspunkt aus ist das fundamentale Problem der Biologie ein topologisches.

Denn Topologie ist genau die mathematische Disziplin, die sich mit dem Übergang vom Lokalen zum Globalen befaßt.
Wenn man diese These von ihrem Extrem her betrachtet, kann man alle lebenden Phänomene als Manifestationen eines geometrischen Objektes betrachten, nämlich des *Lebensfeldes* (Champ vital), ähnlich dem Gravitationsfeld oder dem elektromagnetischen Feld. Lebewesen wären dann Partikel oder strukturell stabile Singularitäten dieses Feldes und die Phänomene von Symbiose, Räuber-Beute-Beziehungen, Parasitismus, Sexualität usw. wären Wechselwirkungen und Kopplungen zwischen diesen Partikeln. Die erste Aufgabe ist dann die geometrische Beschreibung dieses Feldes, die Bestimmung seiner formalen Eigenschaften und seiner Entwicklungsgesetze. Hingegen ist die Frage der letztlichen Natur dieses Feldes – ob es mit den Ausdrücken bekannter Felder der trägen Materie erklärt werden kann – dann eher eine metaphysische Frage.
Die Physik hat seit Newton keine Fortschritte gemacht beim Verständnis der tieferen Natur des Gravitationsfeldes; warum soll man dann a priori verlangen, daß die Biologen erfolgreicher sein sollten als ihre Kollegen Physiker und Chemiker. Warum sollten sie zu einer letzten Erklärung der lebenden Phänomene kommen können, wenn die entsprechenden Ambitionen beim Studium der unbelebten Materie jahrhundertelang vergeblich waren?«
Hier bleibt der große Theoretiker und Schöpfer der Katastrophenmathematik zwar noch sehr im allgemeinen, sein »Champ vital« weist aber doch daraufhin, daß man bei der Beschreibung der Struktur des Lebendigen mit dem bisherigen Materiebegriff nicht auskommt. Und hat dies nicht auch schon Aristoteles in seiner Auseinandersetzung mit dem starren Materiebegriff des Demokrit gewußt, in dem er den Begriff »Entelechie« schuf, so unbefriedigend uns dieser auch heute erscheinen mag? Schließlich sei noch erwähnt, daß der Physiker Erich Jantsch sich Gedanken über den Begriff »Selbstorganisation« gemacht hat. Diese Gedanken – mehr über den physikalischen Teil der Selbstorganisation – sind in seinem sehr lesenswerten Buch zusammengefaßt.[21]
Er schreibt: »Dieses neue Wissenschaftsbild, das sich in erster Linie an Modellen des Lebens, nicht an mechanistischen Modellen orientiert, bringt Wandel nicht nur in der Wissenschaft mit sich. Es ist thematisch und in der Art der Erkenntnis mit jenen anderen Ereignissen verbunden, die zu Beginn des letzten Drittels unseres Jahrhunderts eine Metafluktuation signalisiert haben. Die Grundthemen sind überall dieselben. Sie

lassen sich in Begriffen wie Selbstbestimmung, Selbstorganisation und Selbsterneuerung zusammenfassen, in der Erkenntnis einer systemhaften Verbundenheit aller natürlichen Dynamik über Raum und Zeit, im logischen Primat von Prozessen über Strukturen, in der Rolle von Fluktuationen, die das Gesetz der Masse aufheben und dem Einzelnen und seinem schöpferischen Einfall eine Chance geben, in der Offenheit und Kreativität einer Evolution schließlich, die weder in ihren entstehenden und vergehenden Strukturen noch im Endeffekt vorherbestimmt ist. Die Wissenschaft ist im Begriff, diese Prinzipien als allgemeine Gesetze einer natürlichen Dynamik zu erkennen. Auf den Menschen und seine Systeme des Lebens angewandt, sind sie damit Ausdruck eines im tiefsten Sinne natürlichen Lebens. Die dualistische Aufspaltung in Natur und Kultur wird damit aufgehoben. Im Ausgreifen, in der Selbstüberschreitung natürlicher Prozesse liegt eine Freude, die die Freude des Lebens ist. In ihrer Verbundenheit mit anderen Prozessen innerhalb einer umfassenden Evolution liegt der Sinn, der der Sinn des Lebens ist. Wir sind nicht der Evolution ausgeliefert – wir sind Evolution. Indem die Wissenschaft, wie so viele andere Aspekte menschlichen Lebens, von dieser vielschichtigen Metafluktuation mit erfaßt wird, überwindet sie ihre Entfremdung vom Menschen und trägt bei zur Freude und zum Sinn des Lebens.«

Der Materiebegriff muß revidiert werden

Was eigentlich ist diese Materie, die beim Urknall sich zu entfalten begonnen hat und die alle Formen hervorgebracht hat, die sich als Gestirn im Weltraum und als Mensch auf zwei Beinen bewegt, Materie, die uns berühren und beschädigen kann, die wir essen und wieder ausscheiden, aus der Kunstwerke und Misthaufen gebildet werden, diese Unzahl von Objekten, die uns in den Weg geschleudert werden? Denn Ob-jekt heißt wörtlich: das uns Entgegengeschleuderte.
Seit dem Altertum haben sich die Menschen darüber Gedanken gemacht, aber nie war der Materiebegriff so reduziert und ausgehöhlt wie heutzutage in unserer Alltagsvorstellung. Prüfen wir doch einmal, was uns spontan zum Wort »Materie« einfällt: Hart, schwer, aus kleinsten Teilchen zusammengesetzt, geistlos, käuflich und verkäuflich, durch Chemie umwandelbar, durch den Menschen oder durch Naturkräfte formbar,

tot, aus Atomen zusammengesetzt, die wiederum aus kleinen Materieteilchen, Kernen, Elektronen usw. bestehen – das etwa sind gängige Attribute für das Stoffliche. Aber so reduktionistisch wie heute war der Materiebegriff zu keiner Zeit der menschlichen Kulturgeschichte.
Das Nachdenken über die Materie hat mit den griechischen Philosophen angefangen. Für Thales ist der Urstoff das Wasser, für Anaximander die Leben spendende Luft, für Heraklit das lebendige Feuer. Thales glaubte, »daß alles von Göttern voll sei«. Anaximander hat eine Prosaschrift über die Natur des Weltalls veröffentlicht. Sein Schüler Anaximenes zitiert seinen Meister: »... das Prinzip alles Seienden sei die unbeschränkte Luft, aus der alles entstanden sei und auch alles, was je entstehen wird, hervorkäme, auch die Götter und Göttliches. Alle anderen Dinge rührten von dem her, was seinerseits aus der Luft abstammt.«
Von Heraklit stammt das Wort: »Der gegebene Kosmos aller Dinge, diese Ordnung ist dieselbe in allem, ist weder von einem der Götter noch von einem der Menschen geschaffen worden, sondern sie war immer, ist und wird sein: Feuer, ewig lebendig, nach Maßen entflammend und nach denselben Maßen erlöschend«, und: »Alles ist austauschbar gegen Feuer und Feuer gegen alles, wie Waren gegen Gold und Gold gegen Waren.«
Wenn man statt Feuer Energie setzt, kommt man in erstaunliche Nähe zum Materiebegriff der modernen Physik. Empedokles meint, die Welt entstehe und bestehe aus den vier Elementen Erde, Luft, Wasser und Feuer, die sich durch Anziehungs- und Abstoßungskräfte (Liebe und Streit) vermischen. Unser heutiger Materiebegriff, wie ich ihn oben geschildert habe, stammt weitgehend von Demokrit, natürlich in abgewandelter Form. Er schuf die Atomtheorie der Materie, das Wort »Atom« (griech. *atomos:* unteilbar) stammt von ihm. Unter Atomen versteht Demokrit die kleinsten unteilbaren Einheiten der Materie. Daß Atome gespalten werden können und weiter zerlegbar sind, ändert nichts an dem geistigen Konzept des Atoms als kleinster Grundeinheit der Materie. Alle Eigenschaften der Materie werden auf Form, Größe und Lage der nicht komprimierbaren, undurchdringlichen, wegen ihrer Kleinheit unsichtbaren, unveränderlichen Teilchen, eben der Atome, zurückgeführt, die sich im Vakuum bewegen. Die Verschiedenheit der Materialien erklärt Demokrit mit dem größeren oder kleineren Anteil von Atomen in einem Raumelement. Materie und Bewegung sind unvergänglich; Werden und Vergehen ist eine Umgruppierung der Atome. Auch die Seele besteht nach Demokrit aus Atomen, die über den

ganzen Körper des Menschen oder Tieres verteilt sind. Die Atome bewegen sich nach Gesetzen.

Diese Grundanschauungen des Demokrit sind fast unverändert in die Chemie, die Makrophysik und in unsere alltäglichen Vorstellungen übernommen worden.

Eine ganz andere Traditionslinie geht von Pythagoras über Platon und Aristoteles zur Moderne. Die vier Elemente des Empedokles werden von Platon auf die vollkommenen Körper zurückgeführt (vgl. das über Kepler in Kap. 6 Gesagte). Platon unterscheidet zwischen den unveränderlichen und im eigentlichen Sinne seienden Ideen einerseits und den wahrgenommenen Phänomenen andererseits.

Die nicht empirischen, idealen Gegenstände wirken in seiner Theorie in die Materie hinein, wodurch die Materie ihrerseits gewissermaßen mit Ideen versehen wird. Das wird dann von Aristoteles erweitert. Er postuliert einen form- und eigenschaftslosen Urstoff (materia prima). Die Materia prima hat die Fähigkeit der Kreativität. Sie ist die ungeformte Materie mit der Fähigkeit zur Selbstorganisation. Die tatsächlich existierenden Formen der Materie, die Materia secunda, bildet sich aus dem Urstoff stufenweise durch immer komplexer werdende Merkmale. Die einzelnen Stufen müssen notwendigerweise durchschritten werden. Die vier empedokleischen Elemente stehen für bestimmte Eigenschaften: Erde für kalt und trocken, Wasser für kalt und feucht, Luft für warm und feucht, Feuer für warm und trocken. Für beseelte Lebewesen tritt die Seele als zusätzliches Spezifikum hinzu. Die Entwicklung der Materie ist durch einzelne Strukturmerkmale bestimmt und zweckgerichtet auf die Evolution bestimmter Formen hin. Diese der Materie innewohnende Kraft oder Fähigkeit oder ihr Wissen, wohin sie sich entwickeln soll, nennt Aristoteles Entelechie. Die aristotelische Philosophie wurde durch Albertus Magnus und Thomas von Aquin für das Christentum wiederentdeckt und nahezu nahtlos adaptiert. Die Seele ist in der aristotelischen Philosophie vorgesehen, während es sie in dieser genau definierten Form in der Bibel gar nicht gibt. Die aristotelische Entelechie ist in christlich-theologischer Adaptation der Wille Gottes. Der scholastische Begriff des Stofflichen wirkt in dogmatisierter Form in der Glaubenslehre der katholischen Kirche weiter fort.

Es gibt aber noch einen dritten Traditionsstrang im abendländischen Denken über die Materie, und das ist der ohne Vermittlung des Mittelalters direkt von Platon ableitbare. Galilei und erst recht Kepler berufen

sich auf Platon, wenn sie die Mathematik als Erklärungsprinzip der Welt fordern und anwenden. Das wird ganz deutlich in der modernen Physik. Auch Heisenberg hatte einen platonischen Materiebegriff.[1]
Für Heisenberg und die moderne Physik ist Materie die unterschiedliche Erscheinungsform einer immateriellen mathematischen Struktur. Diese kommt in den Symmetriegruppen und Erhaltungssätzen physikalischer Größen zum Ausdruck. Heisenberg versuchte, die verschiedenen Elementarteilchen als Eigenlösungen einer einzigen nichtlinearen Feldgleichung zu verstehen, deren gruppentheoretische Invarianz die mathematischen Symmetrieeigenschaften der Elementarteilchen zum Ausdruck bringen sollte. Diese sogenannte »Weltformel« muß zwar als gescheitert angesehen werden – hier gilt, was Einstein über Gehalt und Substanz sagt (s. Kap. 4, S. 120) –, sie beleuchtet aber doch den Ansatz, den die moderne Physik heute macht: eine Erklärung der Materie aus mathematischen Prinzipien. Wenn aber Materie in einem Evolutionsfeld, analog dem Gravitationsfeld, existiert und überhaupt nur so existieren kann, muß der herkömmliche Materiebegriff revidiert werden.[10]
Materie ist jetzt in gewisser Weise weich (soft). Sie besteht nicht aus den inerten harten Klötzchen des Demokrit, sondern ist rezeptiv für das Evolutionsfeld. Sie ist nichtlinear und deshalb partiell indeterminiert, was auch in Übereinstimmung mit der Quantenmechanik gilt. Sie ist ideenträchtig, mindestens aber ein Vehikel für Ideen. Es ist eine platonische Materie. Prigogine sagt[22]: »Matter at equilibrium is dull. The further one goes away from equilibrium, the more intelligent matter becomes.« Materie im Gleichgewicht ist langweilig. Je weiter man sich vom Gleichgewicht entfernt, um so intelligenter wird Materie.
Diejenige Form der Materie, die ich in diesem Buch behandelt habe, nämlich die belebte, ist grundsätzlich weit entfernt vom Gleichgewicht. Auf sie trifft diese Prigoginsche Feststellung zu. Wir können auch einfach »lebende Materie« sagen und meinen damit, daß Materie weit vom Gleichgewicht substantiell lebend ist. Das ist keine Tautologie; denn es ist eine physikalische Eigenschaft, lebend zu sein. Leben ist kein Akzidens im aristotelischen Sinne, also etwas Aufgeklebtes, sondern Teil der materiellen Substanz, der dann in Erscheinung tritt, wenn Materie weit vom Gleichgewicht entfernt ist. Wir kommen also in der Physik und in der Biologie wieder zurück auf die Materiebegriffe von Platon und den Vorsokratikern, in welchem es noch keinen Dualismus von Geist/Seele und Materie gab.

Gottes Schöpfung

Die Naturwissenschaften haben die Entstehung des Lebendigen und die Entstehung der Arten evolutionistisch begründet. Daß eine solche Begründung möglich ist, habe ich in Kapitel 3 und 4 zu zeigen versucht. Wir stoßen dann allerdings an eine Grenze beim Begriff Selbstorganisation, der naturwissenschaftlich nicht mehr erklärbar ist, sondern einer neuen axiomatischen Begründung bedarf.

Nachdem die Entstehung des Lebens, die Entstehung der Arten und das tierische und menschliche Verhalten durch die Evolutionstheorie erklärbar geworden sind, fehlt es nicht an Versuchen, wissenschaftlich noch einen Schritt weiterzugehen, nämlich das Phänomen Religiosität und Gott evolutionistisch zu begründen, zum Beispiel bei Alister Hardy[23] oder bei Hoimar von Ditfurth.[24] Solche Versuche sind grundsätzlich zum Scheitern verurteilt, da Nichtvergleichbares verglichen werden soll. Am klarsten und zugleich witzig hat auf solche Versuche Reinhard Löw geantwortet: »Die Erfahrungszeugnisse, auf die der Glaube sich gründet, bezeugen Einmaliges, das als solches mit Naturwissenschaft inkommensurabel ist, da diese es mit dem zu tun hat, was ›in der Regel‹ geschieht. Naturwissenschaft ruht auf den Säulen der Reproduzierbarkeit und Gesetzmäßigkeit. Es gibt aber die Erfahrung von Einmaligkeit, zwischenmenschliche, ästhetische, religiöse Erfahrung, die Erfahrung von ›Sinn‹. Sie entzieht sich dem eingeschränkten Erfahrungsbegriff der Naturwissenschaften, und doch ist sie nicht weniger real als dies; ja sie gibt erst der spezialisierten Handlungsweise ›Naturwissenschaft‹ einen Sinn im Lebenszusammenhang, den sie von sich selber her nicht hat. Sie geht allem Messen und Zählen voraus. Ditfurth müßte zur Verteidigung seiner These die Authentizität von Sinnerfahrung leugnen. Er müßte sie im Rahmen des naturwissenschaftlichen Weltbildes interpretieren statt das naturwissenschaftliche Weltbild im Rahmen dieser Erfahrung. Aber mit welcher Kompetenz?

Wen pflegen wir als kompetent für eine gewisse Art von Erfahrungen anzusehen: den, der sie gemacht hat oder den, der keine Ahnung davon hat? Wer ist kompetent, die Schönheit von Beethovens As-Dur-Klaviersonate zu beurteilen: der unmusikalische Fachmann für Akustik, oder der Musikliebhaber, der sie vielfach gehört hat, der sie vielleicht selber sogar spielen kann?...

Wenn Gott die ›Materie und die Spielregeln‹ geschaffen hat, warum soll nicht die Evolution in seinem Willen liegen können und sich vollkommen mit einer vernünftigen Evolutionstheorie vertragen?«[25]

Religion verträgt sich also mit einer »vernünftigen« Evolutionstheorie. Aber was heißt hier vernünftig? Meines Erachtens kann das nur heißen, daß eine solche Evolutionstheorie keine *versteckten* metaphysischen Elemente enthalten darf, mit denen sie ihre Herkunft zu verschleiern sucht.

Ich glaube, in meinen Ausführungen über Selbstorganisation das eigentliche metaphysische Element in einer naturwissenschaftlichen Evolutionstheorie aufgedeckt und benannt zu haben. Es gibt keine Physik ohne metaphysische Grundlegung, aber es ist ungeheuer wichtig, die Nahtstelle zwischen beiden genau zu bezeichnen, um eine Begriffsverwirrung zu vermeiden. In der Evolutionstheorie ist der Begriff »Selbstorganisation« diese Nahtstelle zwischen Theorie und Metatheorie. Die Untersuchung ergibt dann, daß der vielfach noch gängige naturwissenschaftliche Materiebegriff »geopfert« werden muß. Und warum eigentlich nicht? In der Kernphysik ist er längst geopfert worden, nur sind die Dinge dort so abstrakt, daß sie nicht ins allgemeine Bewußtsein vordringen. Die Evolution könnte also in Gottes Willen liegen. Sie könnte Gottes Schöpfung sein.

Kann in der Vorstellung eines Wissenschaftlers Gott existieren? Mit dem neuen, von mir skizzierten Materiebegriff, glaube ich, diese Frage eindeutig mit ja beantworten zu können. Die biblische Schöpfungsgeschichte ist durch eine Evolutionsfeld-Theorie weder erklärt noch wegerklärt. In der biblischen Schöpfungsgeschichte offenbart sich Gott und gibt damit nicht nur eine Welterklärung (wie ich sie naturwissenschaftlich zu geben versuche), sondern er gibt der Welt einen Sinn. Die Sinnfrage bleibt aber in naturwissenschaftlichen Fragen und Erklärungen durch Voraussetzung ausgeschlossen.

Materie ist in der Evolutionsfeldtheorie ideenträchtig. Daß sie gottesträchtig wäre, läßt sich grundsätzlich nicht zeigen. Immerhin könnte sie aber ein Vehikel für das Göttliche sein. Dies stünde zu dem jetzt vorgeschlagenen, erweiterten wissenschaftlichen Materiebegriff nicht mehr im Widerspruch.

Rainer Maria Rilke

Herbst

Die Blätter fallen, fallen wie von weit,
als welkten in den Himmeln ferne Gärten;
sie fallen mit verneinender Gebärde.

Und in den Nächten fällt die schwere Erde
aus allen Sternen in die Einsamkeit.

Wir alle fallen. Diese Hand da fällt.
Und sieh dir andre an: es ist in allen.

Und doch ist Einer, welcher dieses Fallen
unendlich sanft in seinen Händen hält.

8. Altern und Sterben – unsere Zeit

Dialog zwischen Sokrates und seinem Schüler Kebes über das Sterben und das Leben nach dem Tode. Das Gespräch fand in der Todeszelle des Sokrates wenige Stunden vor dessen Hinrichtung statt und ist von Platon überliefert.[1]

KEBES: *Deine Lehren über die Seele, verehrter Sokrates, werden von den meisten nicht ohne weiteres akzeptiert. Die meisten Menschen sind nämlich der Meinung, daß die Seele nach ihrer Trennung vom Körper nirgendwo mehr existiere. Vielmehr vergehe und verschwinde sie im gleichen Augenblicke, in dem der Mensch stirbt. Wenn sie sich vom Körper trenne und ihn verlasse wie ein Atem oder Rauch, sei sie im selben Momente verflüchtigt und verflogen, und nirgendwo bleibe etwas übrig. Wenn die Seele nach dem Tode noch irgendwo wäre, als reine Seele auf sich selbst gestellt und befreit von allen Drangsalen des Lebens, welche du uns vorhin aufgezählt hast, dann bestünde ja eine große Hoffnung, daß das, was du sagst, wirklich stimmt. Aber erst mußt du uns überzeugen und Beweise liefern, um glaubhaft zu machen, daß die Seele nach dem Tode des Menschen noch weiter existiert und eine wie auch immer geartete Lebens- und Denkkraft besitzt.*
SOKRATES: *Schon recht, lieber Kebes, aber was ist jetzt zu tun? Wollen wir miteinander darüber diskutieren, ob das so stimmt?*
KEBES: *Ich würde schon ganz gerne hören, was du dazu meinst.*
SOKRATES: *Also wollen wir die Untersuchung beginnen. Fangen wir also an mit der Untersuchung der Frage, ob die Seelen nach dem Tode der Menschen in einem wie auch immer gearteten Jenseits sich aufhalten oder ob sie gar nicht existieren. Es ist eine uralte, auch uns vertraute Ansicht, daß die Seelen von dieser Welt ins Jenseits gehen, um von dort wieder zurückzukehren und wiedergeboren zu werden. Wenn das nun wirklich so ist, daß die Lebenden aus den Verstorbenen wiedergeboren werden, muß dann nicht unseren Seelen im Jenseits eine reale Existenz zukommen? Denn sie könnten nicht wieder erstehen, wenn sie nicht existierten. Ein hinreichender Beweis für meine These wäre also, wenn es sich*

tatsächlich herausstellte, daß die Lebenden nirgendwo anders herkommen als von dem Toten. Wenn dem aber nicht so ist, dann wäre wahrscheinlich ein anderer Beweis nötig.

KEBES: *Einverstanden.*

SOKRATES: *Um die Sache nun leichter verstehen zu können, wollen wir nicht nur die Menschen in Betracht ziehen, sondern auch die Tiere und die Pflanzen und überhaupt alles. Wir wollen einmal sehen, ob nicht vielleicht alles auf die gleiche Weise entsteht, nämlich jedes Mal aus seinem Gegenteil, falls überhaupt ein solches vorhanden ist. Etwa in der Art wie das Schöne das Gegenteil des Häßlichen ist und das Gerechte das Gegenteil des Ungerechten und ebenso in tausend anderen Beispielen. Wir wollen also die Frage untersuchen, ob nicht notwendigerweise alles, was ein Gegenteil hat, nicht zwangsläufig gerade aus diesem seinem Gegenteil entsteht. Wenn zum Beispiel etwas größer wird, muß es doch notwendigerweise aus irgendeinem vorher Kleineren nunmehr zum Größeren werden.*

KEBES: *Selbstverständlich.*

SOKRATES: *Und wenn etwas kleiner wird, so muß es doch aus einem zunächst Größeren zu einem später Kleineren werden.*

KEBES: *Na klar.*

SOKRATES: *Ebenso aus dem Stärkeren das Schwächere und aus dem Langsamen das Schnellere.*

KEBES: *Logisch.*

SOKRATES: *Also. Und wenn etwas schlechter wird, dann doch aus etwas Besserem, und wenn etwas gerechter wird, dann doch aus einem vorher Ungerechteren.*

KEBES: *Klar.*

SOKRATES: *Das hätten wir also: Alle Dinge, die entstehen, entstehen auf dieselbe Weise. Das Gegenteil aus dem jeweiligen Gegenteil.*

KEBES: *Ja.*

SOKRATES: *Nun weiter: Findet nicht in jedem dynamischen Prozeß so etwas statt wie ein doppeltes Werden zwischen je zwei gegensätzlichen Polen? Es entsteht das zweite aus dem ersten und das erste aus dem zweiten. Zwischen dem Größeren und dem Kleineren finden Wachstum und Abnahme statt, und so nennen wir den Vorgang als Prozeß »Wachsen« und »Schwinden«.*

KEBES: *Natürlich.*

SOKRATES: *Dasselbe müßte doch auch gelten für die Paare Trennen und Verbinden, Abkühlen und Erwärmen usw. Wenn wir auch in manchen Fällen die sprachlichen Ausdrücke dafür nicht haben: Eines entsteht aus dem anderen, eines kann nicht ohne das andere gedacht werden. Die Entstehung ist wechselseitig.*

KEBES: *Das stimmt.*

SOKRATES: *Nun also. Gibt es einen Gegensatz zum Leben, wie es etwa das Wachen im Gegensatz zum Schlafen gibt?*

KEBES: *Freilich, das Totsein.*

SOKRATES: *Also entstehen Tod und Leben doch auch eines aus dem anderen, da sie doch ein Gegensatz-Paar bilden, und es gibt zwischen ihnen ein doppeltes Werden.*

KEBES: *Das sollte so sein.*

SOKRATES: *Ich will nun eines der beiden eben genannten Paare dialogisch auseinanderlegen. Das Paar selbst und seinen dynamischen Entstehungsprozeß. Nach diesem Muster kannst du mir das andere erläutern. Ich meine jetzt das Schlafen und das Wachen, nämlich daß aus dem Schlafen das Wachen wird und aus dem Wachen das Schlafen. Und der Prozeß des Werdens zwischen diesen Paaren ist dann das Einschlafen beziehungsweise das Aufwachen. Verstehst du, wie ich das meine?*

KEBES: *Ja, natürlich.*

SOKRATES: *Nun erläutere bitte nach dem gleichen Schema das Paar von Leben und Tod. Du sagtest doch gerade vorhin, dem Leben sei das Totsein entgegengesetzt.*

KEBES: *Ja, freilich.*

SOKRATES: *Und daß beides auseinander entstehe.*

KEBES: *Ja.*

SOKRATES: *Was entsteht demnach aus dem Lebenden?*

KEBES: *Das Tote.*

SOKRATES: *Und was entsteht aus dem Toten?*

KEBES: *Das Lebende, wie ich notwendigerweise zugeben muß.*

SOKRATES: *Aus dem Toten entsteht also das Lebende und die Lebenden.*

KEBES: *Offensichtlich.*

SOKRATES: *Also haben unsere Seelen im Jenseits eine reale Existenz.*

KEBES: *Es sieht so aus.*

SOKRATES: *Und du gibst doch zu, von diesem zweifachen Werden ist mindestens die eine Seite ganz deutlich. Denn das Sterben ist doch ein ganz deutlicher Vorgang. Oder?*

KEBES: *Allerdings.*

SOKRATES: *Wie jetzt weiter? Wir sollten doch auch das entgegengesetzte Werden gelten lassen. Oder sollte hier der Kreislauf der Natur durchbrochen sein? Müssen wir nicht in jedem Fall ein dem Sterben entgegengesetztes Werden annehmen?*

KEBES: *Unbedingt.*

SOKRATES: *Und was für eines wäre das?*
KEBES: *Das Wiederauferstehen.*
SOKRATES: *Wenn es also wirklich ein Wiederauferstehen gibt, wäre das dann nicht genau das Werden des Lebenden aus dem Toten?*
KEBES: *Allerdings.*
SOKRATES: *Also auch darüber herrscht Einigkeit zwischen uns. Daß das Lebende aus dem Toten entstanden ist, ebenso wie das Tote aus dem Lebenden. Wenn dem so ist, so wäre das ein hinreichender Beweis dafür, daß die Seelen der Verstorbenen irgendwo existieren müssen an einem Ort, von dem sie dann wieder auferstehen.*
KEBES: *Das leuchtet mir ein, nach dem, was wir erarbeitet haben. Es muß so sein.*
SOKRATES: *Zum Beweise dafür, daß wir die Sache richtig betrachtet haben, will ich die Angelegenheit doch noch auf folgende Weise angehen. Wenn nicht dem Werden des einen Teiles des Paares das Werden des anderen Teiles entspräche, quasi in einem Kreisprozeß, sondern wenn es nur ein geradliniges, eindimensionales Werden gäbe, von einem Ausgangszustand zu dem dazu entgegengesetzten Zustand, ohne daß dieser sich wieder auf den ursprünglichen bezöge und gleichsam eine Rückwendung machte, so sieht man leicht ein, daß schließlich alles ein und dieselbe Gestalt haben würde und sich in einem vollkommen gleichbleibenden Zustand,* dem Wärmetod, *befände und ganz und gar aufhörte, zu werden; jede Dynamik wäre zu Ende.*
KEBES: *Wie ist das zu verstehen?*
SOKRATES: *Nun, es ist gar nicht so schwer zu verstehen, was ich meine. Wenn zum Beispiel das Einschlafen zwar stattfände, es gäbe aber kein entsprechendes Aufwachen aus dem Schlafe, so würde das doch zweifellos am Ende beweisen, daß gleichnishafte Geschichten wie etwa die vom Dornröschen* leeres Geschwätz und ohne jede Bedeutung wären, weil es nämlich dann auch allem anderen Lebendigen ebenso erginge wie dem hypothetischen, nicht mehr erwachenden Dornröschen: Alles läge in einem ereignislosen, ewigen Schlaf. Und wenn alles sich vermischen würde und nicht wieder trennte,* wenn alles den Zustand maximaler Entropie annähme, *so würde bald jener Ausspruch des Anaxagoras sich verwirklichen, daß alle Dinge gleichzeitig, das heißt eigentlich gar nicht bestünden. Und mein lieber Kebes, genauso wäre es doch mit Tod und Leben. Wenn alles stürbe, was Leben heißt, und das Tote, nachdem es gestorben ist,*

* bei Platon eigentlich Endymion, ein (männl.) Dornröschen der griechischen Mythologie.

immer in diesem Zustand verharrte und nicht wieder ins Leben einträte, so wäre doch die zwangsläufige Folge, daß schließlich alles tot wäre und es nichts Lebendes mehr gäbe, ganz im Gegensatz zu unseren Beobachtungen. Und wenn das Lebende aus etwas anderem entstünde als dem Gestorbenen (zum Beispiel direkt aus dem Lebenden selbst), gleichzeitig aber abstürbe, wie ließe es sich dann vermeiden, daß sich nicht zuletzt alles im Tode auflöste?

KEBES: *Das wäre unvermeidlich, da hast du recht.*

SOKRATES: *Dann ist es doch tatsächlich so, lieber Kebes, und wir haben uns bei unserer Diskussion nicht getäuscht und es gibt mit Sicherheit ein Wiedererstehen und ein Werden der Lebenden aus den Toten und eine Existenz der Seelen der Verstorbenen.*

Klassische Physik – die Ausklammerung der Zeit

Zeit ist eine Maßzahl, die das Vergangene mit dem Gegenwärtigen und das Gegenwärtige mit dem Zukünftigen verbindet. Diese gleichmäßig verlaufende, sich nach dem Umlauf der Gestirne richtende Zeit ist ein allgemeingültiges Maß, in dem alle physikalischen Ereignisse sich abspielen. Es stellt den Zeitbegriff der klassischen Physik dar. Ein Hauptgegenstand der klassischen Physik ist ja die Bewegung der Gestirne oder die entsprechenden Bewegungsgesetze. Kein Wunder also, daß dieser Zeitbegriff mit der »physikalischen Realität« zusammenpaßt; die Begriffe sind füreinander gemacht.

Mit diesem Zeitbegriff direkt verknüpft ist der Begriff der Kausalität. Denn eine Ursache (causa) aus der Vergangenheit bestimmt die Gegenwart, und die gegenwärtige Konstellation bestimmt die Zukunft. Dies ist ein geschlossenes Weltbild, an dem man nicht ohne Not rütteln sollte; denn es bietet das Gefühl von Sicherheit, in einen definierten Ablauf der Ereignisse eingebettet zu sein und dort seinen Platz zu haben, ja, die kategoriale Erfahrung der Kausalität ist eine Voraussetzung dafür, daß wir Wissenschaft betreiben. Der Zeitbegriff der klassischen Physik ist damit eine Art Meßlatte, die an die Abfolge der (Bewegungs-)Ereignisse angelegt wird. Diese Meßlatte kann im Prinzip an beliebige Abfolgen angelegt werden. Man kann sie auch umdrehen und umgekehrt anlegen, das heißt: die physikalische Zeit kann rückwärts laufen, beziehungsweise rückwärts gezählt werden. Vorgänge lassen sich wiederholen. Die Struktur der Zeit ist somit symmetrisch gedacht. Aber vergessen wir nicht, daß die klassische Mechanik den Zeitbegriff – notwendigerweise – reduziert auf das für die Beschreibung von mechanischen Bewegungen Notwendige. Bei der Beschreibung des Lebendigen sieht das ganz anders aus. Schon Lichtenberg hat darüber reflektiert: »Wenn der Mensch, nachdem er hundert Jahre alt geworden, wieder umgewendet werden könnte, wie eine Sanduhr, und so wieder jünger würde, immer mit der gewöhnlichen Gefahr zu sterben; wie würde es da in der Welt aussehen?«

Ohne »Zeit« können wir uns keinen Vorgang vorstellen. Da aber alles in der Welt aus Vorgängen besteht, können wir uns überhaupt nichts vorstellen, was nicht in der Zeit wäre. Deshalb definiert Kant die Zeit (und den Raum) als apriorische Form der Anschauung, durch welche Erkenntnis erst möglich wird.

Die klassische Physik betrachtet nun aber nur einen relativ engen Ausschnitt aus der Natur. Sie ist nicht »die Naturwissenschaft«, die Wissenschaft von der ganzen Natur. Die mechanische Bewegung ist primär dasjenige Phänomen der Natur, welches die klassische Physik zum Inhalt hat. Sie hat damit das Bild der stabilen, reversiblen Welt. Die Welt, als aufziehbare Uhr, eine Uhr, die man sogar im Prinzip rückwärts laufen lassen kann. Die Erklärungsmöglichkeiten, die dieser Zeitbegriff bietet, sind in der Tat erstaunlich. Sie reichen von den Bewegungsgesetzen der Planeten bis zur Relativitätstheorie. Aber wir wissen heute, daß die klassische Physik einschließlich der Quantenmechanik auch nur einen Ausschnitt unserer physikalischen Welt beschreibt, nämlich Objekte, deren Massen und Energien im Bereiche unserer eigenen Größenordnung liegen. Die wichtigsten Universalkonstanten schränken die Gültigkeit der klassischen Bewegungsgesetze ein, so zum Beispiel die sogenannte Plancksche Konstante ($6{,}6 \cdot 10^{-27}$ erg sec), das kleinstmögliche »Wirkungsquantum«, kleinere Impulse »gibt es nicht«, oder die Lichtgeschwindigkeit ($3 \cdot 10^{10}$ cm/sec), denn eine höhere Geschwindigkeit »gibt es nicht«. Die Bewegungsgesetze lassen sich also nicht über diese Geschwindigkeit hinaus anwenden.[2]

Schon als der Einfluß der Newtonschen Mechanik auf das Denken der Menschen im 18. Jahrhundert seinen Höhepunkt erreicht hatte, haben weitsichtige Philosophen das Ausschnitthafte der klassischen Physik erkannt. So schreibt Diderot in einem fiktiven Dialog mit d'Alembert: »Sehen Sie das Ei hier? Damit kann man alle theologischen Schulen und alle Gotteshäuser auf der Erde aus den Angeln heben. Was ist dieses Ei, ehe der Keim hineingebracht wird: Eine empfindungslose Masse ... Wie aber kommt diese Masse zu einem anderen Bau, zu Empfindungsvermögen, zu Leben? Durch die Wärme. Wodurch wird die Wärme erzeugt? Durch die Bewegung. Was sind die aufeinanderfolgenden Wirkungen der Bewegung? Antworten Sie mir nicht, sondern nehmen Sie Platz. Wir wollen sie genau beobachten, von Moment zu Moment. Da ist zuerst ein schwingender Punkt, dann ein Gewebe, das sich ausdehnt und färbt; ferner Fleisch, das sich bildet. Ein Schnabel, Flügelansätze, Augen, Pfoten erscheinen; eine gelbliche Masse wird ausgeschieden und erzeugt Eingeweide. Jetzt ist es ein Tier ... Es schlüpft aus, es geht, es fliegt, es regt sich auf, es läuft davon, es kommt wieder näher, es klagt, es leidet, es liebt, es begehrt, es genießt. Es hat alle Ihre Affekte. Alle Ihre Tätigkeiten übt es aus. Wollen Sie jetzt mit Descartes noch behaupten, es sei eine bloße Maschine für Nachahmungen? Dann werden die Kinder Sie auslachen und die Philosophen Ihnen erwidern: Wenn dies eine Maschine sei, so seien Sie auch eine. Geben Sie jedoch zu, daß zwischen dem Tier und Ihnen ein Unterschied nur im organischen Bau besteht, so zeigen Sie Verstand und Vernunft, sind also auf dem richtigen Weg. Daraus muß man jedoch, im Gegensatz zu Ihnen, schlußfolgern, daß sich aus einer inaktiven Materie mit bestimmten Anlagen, sobald sie von einer anderen inaktiven Materie, von Wärme und Bewegung, durchdrungen wird, alles gewinnen läßt: Empfindungsvermögen, Leben, Gedächtnis, Bewußtsein, Leidenschaften, Denken ... Hören Sie Ihre eigenen Worte und Sie werden sich selbst bedauern; Sie werden einsehen, daß Sie auf den gesunden Menschenverstand deshalb verzichten, weil Sie eine einfache Voraussetzung, die alles erklärt, nämlich das Empfindungsvermögen als allgemeine Eigentümlichkeit der Materie oder als Produkt des organischen Baus, nicht anerkennen wollen. Und so stürzen Sie in einen Abgrund von Geheimnissen, Widersprüchen und Absurdität.«[3]

In diesem fiktiven Gespräch möchte Diderot zeigen, daß nicht alle Phänomene der Natur sich newtonisch behandeln lassen, indem er als Beispiel das Entstehen des Kükens aus einem Ei nimmt. Diderot spricht vom Empfindungsvermögen als allgemeiner Eigentümlichkeit der Materie. Auch er sieht bereits, wie ich das in Kapitel 7 dargelegt habe, daß Schwere oder Trägheit keine erschöpfende Beschreibung von Materie bedeuten, wenn es sich um die Betrachtung von Prozessen handelt.

Zeit und Entropie – die prozessuale Zeit

Das erste Naturgesetz, das Prozesse zu beschreiben versuchte, ist das Entropiegesetz, welches eigentlich als ein Stein des Anstoßes in der schön geordneten Welt der klassischen Physik lag. Die Entropie nimmt danach gesetzesnotwendig zu, bis der Wärmetod der Welt erreicht ist, bis sich also alle Energiedifferenzen ausgeglichen haben, alle Kugeln in ihre Löcher gerollt sind, alles gleichmäßig, homogen, unstrukturiert, zerfallen und langweilig geworden ist. Woher läßt sich aber die Gültigkeit des Entropiegesetzes begründen? Tatsächlich gibt es doch Formen und Strukturen, es gibt Leben, es gibt unwahrscheinliche Zustände, es gibt Zustände, die weit vom Gleichgewicht entfernt sind.

Zum »Zeitpunkt« des Wärmetodes geschieht nichts mehr. Es kann nichts mehr gemessen werden. Der Zeitbegriff ist sinnlos geworden, genauso sinnlos wie ein bestimmter »Zeitpunkt« vor dem Urknall. Während des Ablaufs der realen Ereignisse in dieser Welt könnte man also eine solche Entropiezeit definieren: Die Entropie nimmt nach dem Zweiten Hauptsatz der Thermodynamik ständig zu, und die Entropiezunahme ist ein Maß für die Zeit. Diese Zeit ist dann irreversibel: Unsere Zeit ist irreversibel.

Es hat nicht an Versuchen bedeutender Physiker gefehlt, den Zweiten Hauptsatz, eben das Entropiegesetz, auf die klassische Mechanik zurückzuführen. Die Temperatur eines Gases, aber auch einer Flüssigkeit oder eines Festkörpers ist definiert durch die Bewegung der Teilchen dieser Materie. Je heißer die Materie, desto schneller bewegen sich die einzelnen Teilchen, aus denen sie aufgebaut ist, durcheinander. Von einer bestimmten Temperatur ab (0 Grad C) werden zum Beispiel die Bewegungen der Wasserteilchen im Schneekristall so heftig, daß der Kristall schmilzt. Beim weiteren Erwärmen wirbeln dann die Moleküle der Flüssigkeit so durcheinander, daß sie schließlich aus der Flüssigkeit herausspringen und verdampfen. Dies geschieht unter Normalbedingungen bei 100 Grad. Wärme ist Bewegung der Teilchen. Das Entropiegesetz besagt, daß schließlich eine Gleichverteilung der Wärme auftritt, daß also alle Teilchen nach vielen Zusammenstößen sich mit etwa der gleichen Geschwindigkeit bewegen. Das wäre dann der Wärmetod.

In diesem Zustand der Gleichverteilung von Energie, der einem völligen und endgültigen Gleichgewichtszustand entspricht, müßte man die Bewegung der Teilchen im Prinzip auf die Newtonsche Mechanik zurückführen können und so dem Entropiegesetz eine molekularkinetische Deutung geben können (H-Theorem). Das hat zuerst Ludwig Boltzmann versucht.[4]

Sein Versuch, das Entropiegesetz und damit die Zeit auf klassische Bewegungsgesetze zurückzuführen, muß heute als gescheitert gelten. Karl Popper schreibt dazu: »Ich finde Boltzmanns Idee in ihrer Kühnheit und Schönheit atemberaubend. Ich finde aber auch, daß sie vollkommen unhaltbar ist, zumindest für einen Realisten. Sie macht aus der in nur einer Richtung verlaufenden Veränderung eine Illusion. Das macht aber auch aus der Katastrophe von Hiroshima eine Illusion. Es macht aus unserer Welt eine Illusion und *damit auch aus allen unseren Bemühungen, mehr über unsere Welt herauszufinden.*«[5]

In gewisser Weise kann man sagen, die Zeit ist – außer als skalare Meßgröße – durch die Newtonsche Physik aus der Wissenschaft und damit für die meisten mit der Wissenschaft und ihren Technikfolgen lebenden Menschen auch aus der Welt herausgekürzt worden. Eine Newtonsche Welt ist zeitlos und damit auch alterslos. Auch hier treffen wir wieder auf die berühmte Frage der schwedischen Akademie von 1890, die Poincaré beantwortet hat: Wie stabil ist unser Planetensystem? Nach Newton ist es eben unendlich stabil. Aber die nachklassische moderne Wissenschaft beschäftigt sich mit komplexen Prozessen, mit dem Entstehen des Kosmos, mit dem Entstehen des Lebens, mit der Zeitlichkeit der Evolution (ein entwicklungsgeschichtlicher Prozeß!), mit dem Wetter, mit dem Funktionieren von Organismen, mit medizinischen Vorgängen, und in einer solchen Wissenschaft muß der Begriff Zeit neu überdacht werden. Evolution vollzieht sich in der Zeit. Das Evolutionsfeld ist nach meinem Vorschlag vierdimensional und hat die Zeit als vierte Dimension.

Betrachten wir die Zeit noch einmal vom Urknall an. Die Expansion des Universums geht aus von der sogenannten Urknallsingularität, einem Zustand unendlicher Dichte, in dem zunächst noch nichts geschieht, vielleicht aber nur für den Bruchteil einer Sekunde oder für 10^{-43} Sekunden, die sogenannte Planck-Zeit. Was vor der Urknallsingularität war, ist sinnlos zu fragen. Diese Urknallsingularität ist der Beginn von Raum und Zeit. Es gibt einen »kosmischen Horizont«, an dem die Zeit aufgegangen ist und möglicherweise nach einer Kontraktion des Universums wieder untergehen wird.[2]

Die Zeit über diese Grenze hinaus zu denken, ist sinnlos. Was davor war, woher die Zeit kommt, was ihr »Horizont« ist, kann nicht hinterfragt werden. Was die Ursache des Entropiegesetzes ist, nach welchem die Zeit irreversibel abläuft, ist dann keine physikalische, sondern eine metaphysische Frage, genauso wie es eine metaphysische Frage ist, warum Materie schwer ist, und was das Gravitationsfeld »eigentlich ist«. Bernd O. Küppers[6] weist darauf hin, daß man hier leicht in einen Circulus vitiosus gerät. Auf der einen Seite ist die Zeit ein Phänomen, das in Form eines Erfahrungssatzes, nämlich des Zweiten Hauptsatzes der Thermodynamik, ausgedrückt werden kann. Auf der anderen Seite stellt man fest – und weiß das seit Kant –, daß die Struktur der Zeit eine Grundbedingung der Möglichkeit von Erfahrung ist, damit also die im Zweiten Hauptsatz formulierte Erfahrung erst ermöglicht hat. Wie kann man aus diesem Begründungszirkel herausfinden?
Die Antwort auf diese Frage lautet: nur mit Hilfe einer Konsistenzüberlegung. Es besteht keinerlei Aussicht, die Existenz der Zeitstruktur aus den physikalischen Grundgesetzen abzuleiten. Vielmehr müssen wir den Konsistenznachweis führen, daß, wenn der Zweite Hauptsatz ein allgemeingültiges Naturgesetz ist, die Zeit die von uns geschilderte Struktur haben *kann*. Carl Friedrich von Weizsäcker, auf den diese Überlegungen zurückgehen, führt den Konsistenznachweis mittels einer schärferen Fassung des Wahrscheinlichkeitsbegriffes.[7]
Danach läßt sich zeigen, daß die Irreversibilität des Naturablaufes mit der zeitlichen Symmetrie der mechanischen Grundgesetze vereinbar wird für den Fall, daß man in der statistischen Deutung des Entropiegesetzes die Wahrscheinlichkeitsrechnung nur auf die Berechnung *realer* Übergänge, das heißt auf Übergänge in die jeweilige Zukunft anwendet. Hieraus folgt dann zunächst das Anwachsen der Entropie für die Zukunft. Da aber andererseits jeder vergangene Augenblick auch einmal Gegenwart war, folgt hieraus das Anwachsen der Entropie für alles, was damals in der Zukunft lag, also auch für Zeiten, die heute zur Vergangenheit gehören.
Carl Friedrich von Weizsäcker macht bei seinem Konsistenznachweis lediglich von der These Gebrauch, daß sich der Wahrscheinlichkeitsbegriff in sinnvoller Weise nur auf zukünftige, das heißt mögliche Ereignisse anwenden läßt, weil es sinnlos ist, nach der Wahrscheinlichkeit vergangener, das heißt faktischer Ereignisse zu fragen. Die zeit-asymmetrische Verwendung des Wahrscheinlichkeitsbegriffes, die sich an der

Realität von Dokumenten orientiert, ist die Stelle, an der dann die Zeitstruktur in die statistische Begründung des Zweiten Hauptsatzes einfließt.

Fassen wir unsere bisherigen Schlußfolgerungen noch einmal zusammen: Die Struktur der Zeit, wie sie sich im Unterschied von Vergangenheit und Zukunft manifestiert, ist aus den Grundgesetzen der Physik nicht ableitbar. Sie muß vielmehr als eine a priori vorhandene und objektive Eigenschaft des Naturgeschehens vorausgesetzt werden.

Wenn wir so argumentieren, wenn wir also die Existenz einer objektiv gegebenen Zeitstruktur für die Irreversibilität der Naturprozesse verantwortlich machen, dann wird, wie Michael Drieschner[8] betont, nunmehr die Reversibilität der Theorien der klassischen Physik zum erklärungsbedürftigen Phänomen, während die irreversible Theorie geradezu erwartet werden muß.

Tatsächlich läßt sich zeigen, daß die Ausrichtung (Anisotropie) der Zeit die Irreversibilität der Fundamentaltheorien der Physik zur Folge hat. Die Anisotropie der Zeit bildet ja die Grundlage des Kausalitätsprinzips, denn eine kausale Aussage wie: »Nach dem Blitz folgt der Donner« setzt immer schon die Strukturierung der Zeit in ihre Modi wie »nachher« und »vorher« voraus. Nun wäre aber die Kausalität des Naturgeschehens verletzt, wenn es *unmöglich* wäre, aus einem naturgesetzlichen Ablauf durch folgende drei Operationen

C: Umkehr sämtlicher Ladungen,

P: räumliche Spiegelung an einem Punkt,

T: Umkehr aller Bewegungen,

erneut einen naturgesetzlichen Ablauf zu gewinnen (das sog. CPT-Theorem). Das bedeutet, daß die elementaren Naturgesetze mit der zeitstrukturierten Wirklichkeit und dem hierauf beruhenden Kausalitätsprinzip nur um den Preis einer Symmetrie verträglich sind, welche Vergangenheit und Zukunft miteinander vertauscht.[9]

Wir müssen aus unserer bisherigen Diskussion den Schluß ziehen, daß eine tiefere Deutung des Phänomens der Zeitstruktur aus den Naturwissenschaften heraus offenbar nicht möglich ist. Mit diesem Eingeständnis haben wir aber bereits den Weg in die Philosophie eingeschlagen.

Wir haben gesagt, daß die Anisotropie der Zeit eine Voraussetzung für das Kausalitätsprinzip und damit eine der Grundbedingungen der Möglichkeit von Erfahrung schlechthin ist. Mit dieser Aussage nähert man sich sehr stark der Kantschen These, wonach unsere Anschauungsformen von Raum und Zeit Gegebenheiten sind, die a priori festliegen und die die Form all unserer Erfahrung bestimmen, ja Erfahrung als solche überhaupt erst möglich machen.

Man könnte hierin den Ansatz für eine rein subjektivistische Zeitphilosophie sehen, die zu der wissenschaftlichen Absicht, die Zeitstruktur objektiv zu begründen, im Widerspruch steht. Dieser Widerspruch besteht jedoch nur scheinbar. Er löst sich auf, wenn man die Kantsche These im Licht der Evolution betrachtet. Danach muß unser »Weltbildapparat«, das heißt das menschliche Gehirn und seine spezifischen Bewußtseinsleistungen, als das Ergebnis einer langen stammesgeschichtlichen Entwicklung angesehen werden. Insbesondere hat das Gehirn die Aufgabe, Informationen über die Außenwelt wahrzunehmen, zu speichern und in geeignete Überlebensstrategien für den Organismus umzusetzen. Diese Aufgabe kann unser »Weltbildapparat« jedoch nur dann erfüllen, wenn er die reale Außenwelt möglichst strukturgetreu abbildet. Unter dem Gesichtspunkt der evolutionären Anpassung eines Organismus an seine Umweltbedingungen läßt sich unser Zeitbewußtsein und das hieraus hervorgehende kausale Denken tatsächlich nur mit der Existenz einer Wirklichkeit in Einklang bringen, in der die Zeit objektiv asymmetrisch ist.

Allerdings kann auch dieser Schluß nur mit Hilfe eines Konsistenznachweises gerechtfertigt werden; denn unsere naturwissenschaftlichen Theorien, insbesondere auch die Evolutionstheorie, sind ja selbst wieder Produkte unseres »Weltbildapparates«, dessen Struktur und Funktion wir mit Hilfe eben dieser Theorie beschreiben. Im Licht der Evolution erscheinen also die Kantschen a priori des Individuums als a posteriori der Stammesgeschichte, womit unsere Anschauungsform der Zeit wiederum einer objektiven Analyse im Rahmen der Biowissenschaften zugänglich ist.[6, 10]

Ohne Zweifel besitzen wir ein sehr viel komplexeres Zeitbewußtsein, als es sich in der eindimensionalen Zeitordnung von Vergangenheit, Gegenwart und Zukunft ausdrückt. Es stellt sich die Frage, ob wir, von der Existenz einer eindimensionalen physikalischen Zeitstruktur ausgehend, die gesamte Fülle und Komplexität unseres Zeitbewußtseins verstehen können.

Eine Lösung dieses Problems wird sichtbar, wenn wir die Zeit selbst zum Gegenstand von Erfahrung machen, und zwar der lebendigen Erfahrung des Menschen. Wenn die bisher entwickelte These richtig ist, daß Erfahrung nur in einer zeitstrukturierten Wirklichkeit möglich ist, dann muß die Erfahrung der Zeitstruktur, das heißt die Erfahrung von Vergangenheit, Gegenwart und Zukunft als ein Prozeß, der in der Zeit ist, selbst wieder zeitstrukturiert sein. Es ist dann sinnvoll, von der Verschränkung der Zeitmodi zu sprechen, also beispielsweise von der Vergangenheit der Gegenwart (VG), der Gegenwart der Gegenwart (GG) sowie der Zukunft der Gegenwart (ZG).[11]

Dies gilt in analoger Weise auch für die beiden übrigen Zeitmodi (Vergangenheit und Zukunft), so daß sich insgesamt neun Verschränkungen erster Ordnung ergeben (Abb. 8.1).

Nun ist das Sein, das sich in den Verschränkungen erster Ordnung manifestiert, wiederum ein Sein in der Zeit, welches in der Dreiheit ihrer Modi erscheinen muß. Hieraus resultieren die 27 Verschränkungen zweiter Ordnung, die die Zeitmodi dreifach enthalten. Der Prozeß der Verschränkung der Zeitmodi läßt sich beliebig oft wiederholen, wodurch sich ein in sich homogenes, multidimensionales Zeitgefüge auf-

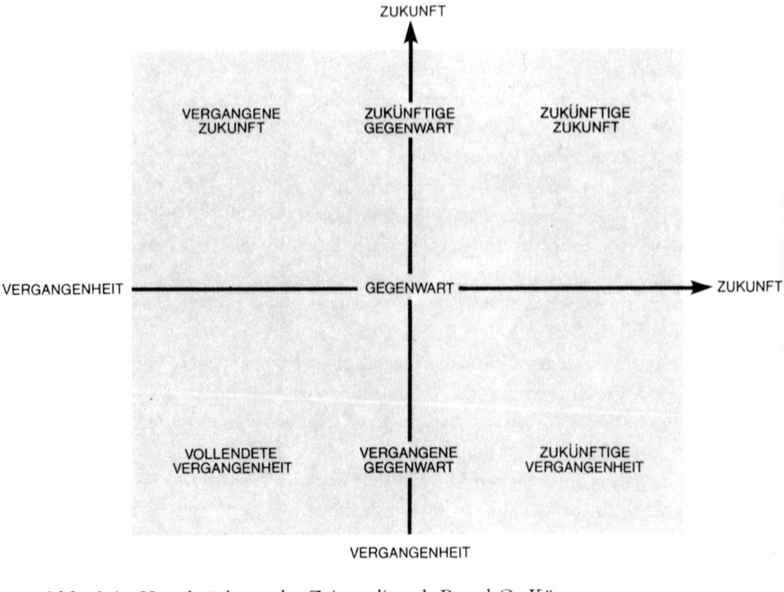

Abb. 8.1.: Verschränkung der Zeitmodi nach Bernd O. Küppers.

baut, welches keinerlei obere Grenze besitzt. Die eindimensionale Projektion des an sich multidimensionalen Zeitgefüges bildet die physikalische Zeit in der Dreiheit ihrer Modi ab: Vergangenheit, Gegenwart, Zukunft. Nur diesen physikalisch objektivierbaren Anteil des Zeitgefüges können wir einteilen und damit messen.
Durch die Verschränkung der Zeitmodi wird der eindimensionalen Zeitstruktur eine hierarchisch organisierte Feinstruktur aufgeprägt, die sich allein in der Organisation unseres Bewußtseins manifestiert. Eine konsequente Fortführung dieses Gedankens führt zu der These, daß das Sein und die Zeit nicht voneinander unabhängig sind, sondern daß das Sein die Zeit *ist*. Das Sein ist nicht bloß das Substrat, auf das die Zeit einwirkt, sondern das Sein konstituiert sich erst durch die Zeit (Martin Heidegger).
Und so können wir ohne Zwang auf eine Definition der Zeit zurückgreifen, die König Salomon vor dreitausend Jahren gegeben hat[12]:

> Ein jegliches hat seine Zeit und alles Vorhaben unter dem
> Himmel hat seine Stunde.
> Geboren werden und sterben, pflanzen und ausrotten,
> was gepflanzt ist, hat seine Zeit;
> würgen und heilen, brechen und bauen hat seine Zeit;
> weinen und lachen, klagen und tanzen hat seine Zeit;
> Steine zerstreuen und Steine sammeln;
> herzen und fern sein von Herzen hat seine Zeit;
> suchen und verlieren, behalten und wegwerfen hat seine Zeit;
> zerreißen und zunähen, schweigen und reden hat seine Zeit;
> lieben und hassen, Streit und Friede hat seine Zeit.

Fassen wir dieses etwas schwierige theoretische Kapitel über die prozessuale Zeit noch einmal zusammen: Die Zeit ist irreversibel, sie ist das Maß für den Ablauf der Evolution im Evolutionsfeld. In diesen Ablauf ist unsere Person zwischen Zeugung und Tod eingebettet. Die Zeitstruktur ist gerichtet und irreversibel, sie ist im kantischen Sinne aber eng verknüpft mit der Reversibilität der Fundamentaltheorien der klassischen Physik, diese sind die erklärungsbedürftigen Ausnahmen. Das Entstehen des Neuen und das Vergehen des Alten spielt sich in der irreversiblen Zeit ab.

Altern und Sterben – ein biochemisches Problem?

Für jedes höhere Lebewesen ist eine gewisse Lebensdauer charakteristisch. Das biblische Alter des Menschen beträgt siebzig bis achtzig Jahre, wie der 90. Psalm sagt: »Unser Leben währet siebzig Jahre, und wenn's hoch kommt, sind's achtzig Jahre, und wenn's köstlich gewesen ist, so ist's Mühe und Arbeit gewesen«. Mit Hilfe der modernen Medizin und Hygiene ist dieses Alter um vielleicht zehn Jahre verlängert worden. Aber selbst durch eine Weiterentwicklung der Medizin und Geriatrie wird sich die durchschnittliche Lebensspanne nicht über hundert Jahre hinausschieben lassen. Mit der Verbesserung der medizinisch-hygienischen Vorsorge wird die Überlebenskurve immer mehr zum Rechteck (Abb. 8.2), das heißt immer mehr Menschen erreichen das maximal mögliche Alter. Dadurch steigt zwar die durchschnittliche, nicht aber die maximale Lebenserwartung. Diese maximale Lebensspanne muß irgendwie vorprogrammiert sein, denn selbst nahe verwandte Arten im Tierreich können eine vollkommen verschiedene durchschnittliche Lebenserwartung haben:

Spezies	mittlere Lebenserwartung (Jahre)	Spezies	mittlere Lebenserwartung (Jahre)
Fliege	0,077	Hahn	20
Maus	3–3,5	Tiger	20
Ratte	3–3,5	Löwe	20–25
Kaninchen	5–7	Rind	20–25
Meerschweinchen	8	Menschenaffen	20–30
Katze	9–10	Pferd	20–30
Fuchs	10	Schwein	20–30
Eichhörnchen	10–12	Kamel	40–50
Hund	10–12	Krokodil	50
Ameise	10–15	Karpfen	50–60
Frosch	10–15	Falke	60–70
Schaf	10–15	Rabe	60–70
Ziege	12–15	Mensch	70–74
Wolf	12–15	Galapagos Schildkröte	100–150
Hering	16	Elefant	150–200

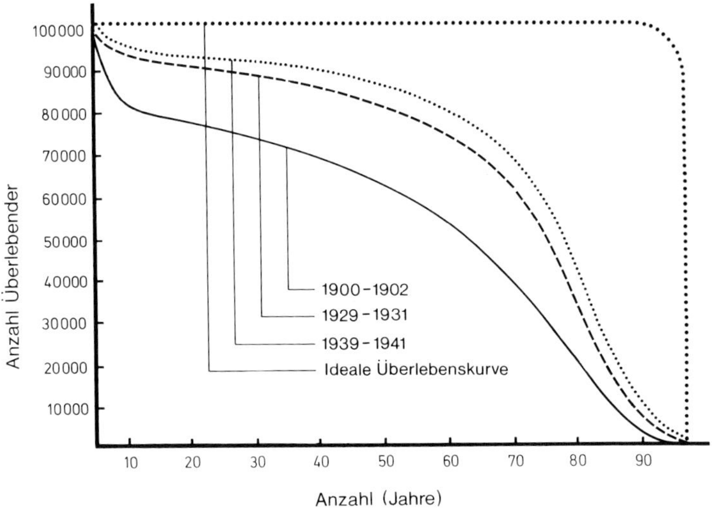

Abb. 8.2: Anzahl Überlebender pro 100 000 menschlicher Lebendgeburten in den USA seit Beginn der modernen Medizin.[13]

Es muß demnach ein irgendwie geartetes genetisches Programm für das Altern geben oder besser gesagt: für das Hinauszögern des Alterns – eine Chaos-Vermeidungsstrategie, die bei den einzelnen Arten mehr oder weniger gut entwickelt ist. Denn die biochemischen Grundmechanismen sind ja bei allen Arten und Organismen die gleichen: DNS trägt die genetische Information nach dem universalen genetischen Code. Diese wird in Proteine übersetzt, die praktisch mit den gleichen Enzymmechanismen sämtliche Auf- und Abbaureaktionen im Organismus bewirken.

Obwohl Altern also eine wie auch immer geartete, höchstwahrscheinlich sehr komplexe genetische Grundlage haben muß, kann man mit Sicherheit sagen, daß das Genom selbst, das heißt also die DNS-Information, nicht altert, denn sonst bekämen ja alte Eltern greisenhafte Kinder. Ein sechzigjähriger Vater und eine vierzigjährige Mutter müßten dann ein Kind haben, das bei der Geburt das »biochemische Alter« eines Fünfzigjährigen hätte. Das ist natürlich Unsinn. Altern ist zwar genetisch

vorprogrammiert, ist aber als Phänomen ein epigenetisches Ereignis.[14] Als epigenetische Ereignisse bezeichnet man solche, die auf einer im Verlauf der Differenzierung neu hinzugekommenen Information beruhen.
Ist biochemisches Altern ein Altern von DNS? »Altern« von Nukleinsäure, das heißt chemische Veränderungen an der Nukleinsäure sind Mutationen, wie wir in Kapitel 2 gesehen haben. Jede Veränderung eines einzelnen Nukleinsäurebausteins kann im Prinzip als Mutation entdeckt werden, selbst wenn es nur *eine* Veränderung in dem Genom von 10^{10} Bausteinen des Menschen ist. Aus dem Vorhergesagten (auch alte Eltern haben junge Babies) geht eindeutig hervor, daß die Nukleinsäure von Keimbahnzellen, das heißt der weiblichen Eizelle und der männlichen Samenzellen, biochemisch nicht altern. Wenn Altern mit der DNS zusammenhinge, so wäre zu erwarten, daß die somatischen Zellen, das heißt die differenzierten Zellen, eine höhere Mutations- beziehungsweise Zerfallsrate in ihren Nukleinsäuren haben als die Keimbahnzellen. Dafür gibt es keinen Anhalt und auch keinen vernünftigen Grund. Zwar gibt es epigenetische Veränderungen an der Nukleinsäure, möglicherweise ist der Krebs eine solche (man könnte Krebs als eine Alters- beziehungsweise Degenerationserscheinung von Zellen definieren) – er ist aber eindeutig eine krankhafte Erscheinung und hat mit dem normalen Altern nichts zu tun. Altern kann demnach keine »Erkrankung« der Nukleinsäure sein, es ist ein epigenetisches Phänomen, das allerdings von der Nukleinsäure her programmiert ist, da die durchschnittliche Lebenserwartung genetisch bedingt ist.
Schauen wir uns also nach möglichen epigenetischen, biochemischen Vorgängen um, durch die das Altern bedingt sein könnte. In biochemischer Definition ist der Organismus die Summe oder das Netzwerk seiner Proteine und ihrer Wechselwirkungen. Demnach wäre Altern das Altern von Proteinen. Das stimmt nun auch tatsächlich mit der experimentellen Erfahrung überein. Man braucht sich nur die Haut von Dürers Mutter auf dem Bild anzuschauen (Abb. 8.6). Haut besteht ja bekanntlich aus einem Netzwerk von Proteinen und diese sind im Alter deutlich verändert. Am Kollagen, dem Hauptbestandteil des Bindegewebes, hat man das genau untersucht.[15]
Sind diese Veränderungen nun programmiert, oder sind sie zufällige, allmähliche Degenerationserscheinungen? Wir wissen es nicht. Das Ensemble der Proteine, welches den Organismus repräsentiert, erscheint uns statisch. Ein Mensch ändert sein Aussehen nur allmählich. Tatsäch-

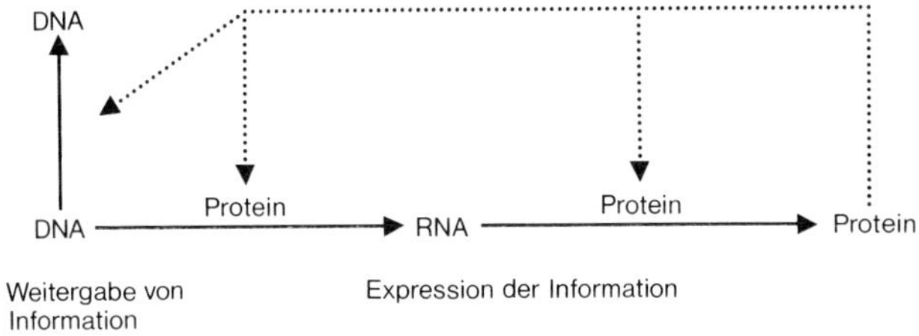

Abb. 8.3: Fehler-Rückkopplung bei der Proteinbiosynthese. Die genetische Information wird zunächst in Ribonukleinsäure umgeschrieben (Transkription) und diese dann in die »richtige« Proteinsequenz übersetzt (Translation). Da die so hergestellten Proteine an ihren eigenen Herstellungsprozessen mitwirken, können sich eventuell auftretende Fehler aufschaukeln.

lich ist jeder Organismus ein dynamischer Zustand in dem alles fließt, wie beim »Römischen Brunnen« von Conrad Ferdinand Meyer (s. S. 51). Im dynamischen Auf- und Abbau werden Proteine neu synthetisiert, wie wir in den Kapiteln 1 und 2 gelesen haben. Die Proteinbiosynthese ist aber mit einem endlichen Fehler behaftet, das heißt: das ganze System des Organismus ist ein hochgradig rückgekoppeltes System (Abb. 8.3).

Die Information für die Synthese der Proteine wird dem genetischen Speicher entnommen. Nach dieser Instruktion werden Proteine synthetisiert, die wiederum bei der Synthese weiterer Proteine mitwirken. Wenn also in dieser Synthese irgendwo auch nur ein kleiner Fehler gemacht wird, so kann sich dieser durch Rückkopplung aufschaukeln und schließlich zu einer Fehlerkatastrophe führen. Dies ist die Fehlerkatastrophen-Hypothese von Leslie E. Orgel.[16]

Die Zahl der Fehler in der nächsten Generation läßt sich in der in Abbildung 8.4 gezeigten einfachen Gleichung ausdrücken, unter der vereinfachenden Annahme, daß für diese Beziehung eine lineare Differentialgleichung aufgestellt werden kann. Danach ist die Zahl der Fehler in der nächstfolgenden Generation gleich einer Konstante K, plus der Zahl der Fehler in der vorigen Generation, multipliziert mit einem Faktor α. Eine solche einfache Gleichung führt zur Fehlerkatastrophe, wenn α größer als 1 wird. Wir haben die Fehlerrate der Proteinbiosynthese nach verschiedenen Methoden gemessen (vgl. Kap. 2) und haben auch die

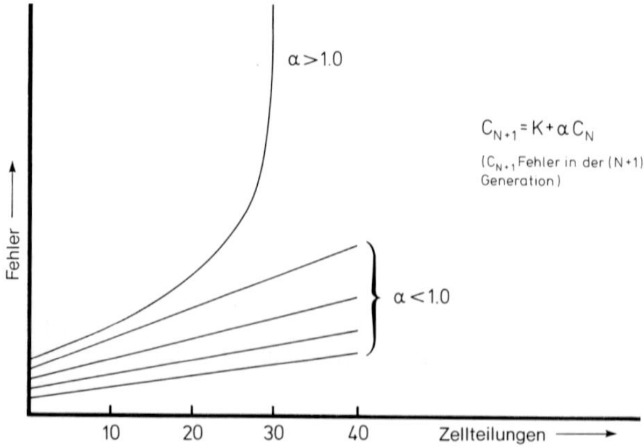

Abb. 8.4: Fehlerkatastrophe nach Leslie E. Orgel.

Fehlervermeidungsstrategie der Proteinsynthesemaschine aufgedeckt, wie in Kapitel 2 gezeigt.[17, 18]
Diese raffinierte Strategie bietet zudem noch den Vorteil, als dynamische dissipative Struktur durch Energieeinsatz regulierbar zu sein. Damit lassen sich die Fehlerraten weitgehend herunterdrücken, im Idealfall auf einen Fehler pro eine Million Proteinbausteine.
Aber ist dieser »Idealfall« wirklich ein idealer Fall? So »saubere« Proteine können vom Organismus »im Prinzip« hergestellt werden, wenn auch unter Einsatz von enormer Energie. Die Frage ist, ob sich dieser Aufwand lohnt. Denn vielleicht ist das völlig fehlerfreie Protein gar nicht das ideale Protein. Vielleicht sollen die Proteine allmählich degenerieren, denn ein unendlich langes Leben des Einzelorganismus ist ja gar nicht erwünscht (s. unten).
Wie stabil soll unser genetisches System sein? Vielleicht ist die Rückkopplungskatastrophe ein vorgesehenes Ereignis. Die Lebensdauer wäre dann geplant durch die systematisch festgelegte mittlere Fehlerrate der Proteinbiosynthese. Wenn das so wäre, dann sollte allerdings die Streubreite der Lebenserwartung wesentlich größer sein als nach der einfachen Orgelschen Theorie vorhergesagt.
Wir haben nun schon an zahlreichen Stellen rückgekoppelte Systeme

kennengelernt. Es könnte also durchaus sein, daß das Altern ein komplexeres rückgekoppeltes System ist als in der Gleichung von Abbildung 8.4, etwa im Sinne der Verhulst-Gleichung (vgl. Kap. 5). Das würde bedeuten, daß das Proteinbiosynthese-System von einer bestimmten Fehlerrate an und bei einer bestimmten Synthesegeschwindigkeit chaotisch wird: Bei einem bestimmten Schwellenwert würde die Biosynthesemaschine der Zelle plötzlich und katastrophenartig zusammenbrechen. Vielleicht ist das der »biochemische Tod«.[20]
Wir wissen davon aber noch viel zu wenig. Weder gibt es genügend Meßdaten über Einzelparameter und Geschwindigkeiten der Proteinbiosynthese, noch können wir genügend tief in den Systemcharakter dieses Komplexes eindringen. Jedenfalls ist das endgültige Zusammenbrechen des Organismus ein plötzliches Ereignis; denn biochemische Veränderungen an Proteinen lassen sich zum Beispiel auch bei alten Mäusen oder Ratten nur sehr schwer feststellen.[19]
Der Verhulst-Charakter eines solchen Ereignisses könnte die bisherigen Mißerfolge bei der Suche nach einem *allmählichen* Verfall der Proteine erklären; denn gerade aufgrund der Chaos-Vermeidungsstrategie dieser dynamischen Struktur tritt die Katastrophe dann »urplötzlich« ein. Wie eben schon gesagt, fehlen uns noch Daten für die Berechnung solcher Systeme. Einige grundsätzliche Daten sind hier aufgeführt.

Grundlagen für eine mögliche Berechnung des »Netzwerks Leben«

1. Experimentell bestimmte Fehlerraten für den Einbau der Aminosäuren

Hefe	Ile/Val	$1 : 3{,}8 \times 10^4$
E. coli	Phe/Tyr	$1 : 3{,}7 \times 10^5$
	Phe/Leu	$1 : 9{,}2 \times 10^5$
	Phe/Met	$1 : 7{,}6 \times 10^5$

2. Lebensdauer der wichtigsten Proteine (meßbar)

3. Einfluß von Fehlern auf die Funktion (aus Mutanten bestimmbar)

Wahrscheinlich liegen die Dinge aber noch viel komplizierter. In jedem höheren Organismus wird der Netzwerkcharakter des Gesamtsystems zu berücksichtigen sein. Dies ist in Abbildung 8.5 dargestellt.
Nicht nur die Proteinbiosynthese kann in einer Rückkopplungskatastrophe zum Zusammenbruch führen. Von der richtigen Funktion der

Proteine hängen wiederum zahlreiche Einzelfunktionen ab, so die Synthese von steuernden Proteinen wie den Hormonen, die ihrerseits auf den Gesamtorganismus positiv oder negativ einwirken und den molekularen Einzeleffekt gesamtphysiologisch verstärken oder abschwächen. Oder das Funktionieren des Immunsystems, das in richtiger Dosierung den Körper vor Infektionen und entarteten Zellen schützt, bei Zerstörung (zum Beispiel durch AIDS) den Körper rasch verfallen läßt, aber andererseits auch zu Autoimmunkrankheiten durch Selbstaggression führen kann.

Alle in Abbildung 8.5 gezeigten Funktionen greifen ineinander, regulieren sich gegenseitig und könnten im Prinzip ein System bilden, das bei einem scharfen Schwellenwert zusammenbricht.[20, 14] So könnte eine kleine mikroskopische Unordnung sich zu einer makroskopischen Katastrophe – zum Tode – verstärken.

Wir haben in diesem Buch viele rückgekoppelte dynamische Netzwerke

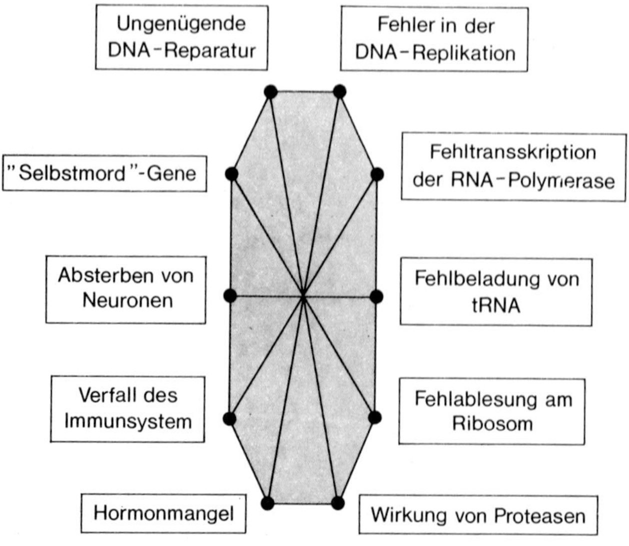

Abb. 8.5: Netzwerk der molekularen Ereignisse, die zum Altern und zum Tod führen können.

kennengelernt, ähnlich wie das in Abbildung 8.3 und 8.5 gezeigte. Es sind dies dissipative Strukturen, die den Aufbau von Ordnung ermöglichen, ja unvorstellbare Präzisionsleistungen hervorbringen, weil sie sich am Rande des Chaos bewegen, man könnte sagen: sich an den Rand des Chaos vorwagen. Deshalb tragen sie grundsätzlich die Möglichkeit des plötzlichen Zusammenbruchs, den Keim des Todes in sich. Wenn es eine »Weltformel des Lebendigen« gäbe, so wäre dies die Grundgleichung von Abbildung 6.2, S. 185. In dieser Formel kann man – freilich in sehr allgemeiner Weise – die meisten der in diesem Buch diskutierten Lebensprozesse der sich selbst organisierenden Materie zusammenfassen.

Altern – Schicksal oder Krankheit?

Wenn man sich mit dem Phänomen des Alterns befaßt, kann man auch als Biochemiker die klassische Schrift von Seneca »De brevitate vitae«[21], über die Kürze des Lebens, nicht unbeachtet lassen. Hier nur wenige Zitate: »Ja, es ist nicht so, daß wir ein kurzes Leben bekommen, sondern wir haben es kurz gemacht; und wir sind damit nicht mangelhaft ausgestattet, sondern wir gehen nur verschwenderisch damit um. Wie ein gewaltiges, königliches Vermögen, wenn es an einen schlechten Herrn geraten ist, im Nu verschleudert wird, ein noch so bescheidenes jedoch durch Nutzung wächst, wenn es einem übergeben worden ist, der es gut behütet, so bietet unser Leben dem, der es gut einteilt, weiten Spielraum.«

»Ihr lebt, als ob ihr immer leben würdet. Nie kommt euch eure Vergänglichkeit in den Sinn. Ihr bemerkt nicht, wie viel Zeit schon vergangen ist; als ob ihr sie in Hülle und Fülle hättet, verschwendet ihr sie, während unterdessen vielleicht gerade jener Tag kommt, den ihr irgendeinem Menschen oder einer Sache widmet, euer letzter ist. Alles fürchtet ihr wie Sterbliche, alles begehrt ihr, als ob ihr unsterblich wäret.«

»Glaubt mir, ein großer und über menschliche Irrtümer erhabener Mann bringt es fertig, sich von seiner Zeit nichts nehmen zu lassen und deswegen ist sein Leben so lang, weil alle Zeit, die ihm zur Verfügung stand, ganz für ihn frei war.«

»Schau, wie begierig sie sind, lang zu leben. Abgelebte Greise betteln mit

Gelübden um Zugabe weniger Jahre, sie machen sich selber vor, jünger zu sein; mit einer Lüge schmeicheln sie sich und betrügen sich selber so gern, wie wenn sie damit zugleich den Tod hinters Licht führten.«
»Weit ausgebreitet ist das Leben des Weisen; ihn umschließt nicht dieselbe Begrenzung wie die übrigen Menschen; er allein untersteht nicht den Gesetzen des Menschengeschlechtes; alle Jahrhunderte dienen ihm wie einem Gott. Eine Zeit ist vergangen – er hält sie in der Erinnerung fest. Eine Zeit ist gegenwärtig – er nutzt sie. Eine Zeit wird kommen – er nimmt sie vorweg. Die Zusammenfassung aller Zeiten in eine einzige verschafft ihm ein langes Leben. Am kürzesten und unruhigsten ist das Leben derer, die das Vergangene vergessen, das Gegenwärtige nicht beachten und für die Zukunft in Furcht sind.«
Nach diesen klassischen Zitaten und nach dem in Kapitel 8, S. 256f. Gesagten wird der Leser nicht zweifeln, daß meine Antwort auf die Frage, ob Altern Schicksal oder Krankheit ist,[22] lauten wird: Altern ist Schicksal, ist biologische Notwendigkeit und ist auch ein grundsätzliches strukturelles Merkmal einer evolvierenden, aus dissipativen Strukturen bestehenden Welt. Alles altert und stirbt: Fixsterne, Mineralien, Zellen, Lebewesen und Systeme von Lebewesen. Warum sollte das Altern des Menschen hiervon eine Ausnahme bilden und eine lästige Krankheit sein, die man eines Tages mit dem Fortschritt der Medizin wird heilen können – eine völlig unsinnige Vorstellung. Freilich kann der Mensch als bewußt lebendes Individuum sich den Untergang seines Ichs, seines Geistes, seines Bewußtseins kaum vorstellen – eher schon den Verfall und Untergang seines Körpers, der Materie, der trägen Masse.
Wie ich in Kapitel 7 zu zeigen versucht habe, muß der Materiebegriff im Angesicht der Ideen über Evolution revidiert werden: Materie ist kreativ. Die träge Materie verfällt beim Altern und geht mit dem Tode und der Verwesung in den allgemeinen Materie-Strom über. Was geschieht mit der kreativen Materie? Vermutlich wird sie sich nach dem Durchgang durch Chaos-Zonen neu im Evolutionsfeld ordnen. Aber das überschreitet die Grenzen unserer Betrachtung und ist Metaphysik.

Dürers Mutter – Gedanken über die Würde des Alters

Zum Schluß dieses Kapitels über »Altern und Sterben« wage ich eine allgemeinere Betrachtung. Schauen wir uns die bekannte Zeichnung von Albrecht Dürers Mutter an (Abb. 8.6). Albrecht Dürer schuf diese Zeichnung im Jahr 1514. Er selbst war damals 43, seine Mutter war 63 Jahre alt. An dieser wunderbar einfühlenden und gleichzeitig anatomisch genauen Zeichnung fällt zunächst auf, wie greisenhaft und verbraucht diese Frau mit 63 Jahren ist. Das Leben war damals härter. 63 Lebensjahre waren ein hohes und gesegnetes Alter.
Wir können die Zeichnung zunächst vom medizinisch-diagnostischen Standpunkt aus betrachten und Alterserscheinungen feststellen. Die Haut ist eingefallen, voller Falten und Runzeln. Mit zunehmendem Alter verändern sich die Proteine der elastischen Unterhautstrukturen. Wir diagnostizieren die typischen Veränderungen in der Proteinzusammensetzung. Altern ist danach das Altern der Proteine. Weiter können wir bemerken, daß die alte Frau ihre Zähne verloren hat. Der Mund ist wegen Zahnlosigkeit eingefallen. Ein Gebiß gab es damals noch nicht; Dürers Mutter wird Parodontose und Karies gehabt haben, und die Bakterien der Mundhöhle haben die Zähne zerfressen. Die Widerstandskraft gegen Bakterien hat im Alter nachgelassen. Schließlich können wir noch eine dritte Alterskrankheit mit einiger Sicherheit diagnostizieren. Das rechte Auge steht in unnatürlicher Weise vor, beziehungsweise blickt zur Seite. Höchstwahrscheinlich hatte die alte Frau ein Glaukom, den grünen Star, mit einer Erhöhung des Augeninnendruckes, der zur Erblindung führt. Das ist eine Alterskrankheit, die durch mangelnde Regulation des Augeninnendruckes zustande kommt, also eine Regulationsstörung. Altern wäre demnach unter anderem:
1. Altern der Proteine;
2. Nachlassen der Widerstandskraft gegen Infektionen;
3. Störung von Regulationen.
Aber man kann dieses Gesicht nicht nur unter medizinischen Gesichtspunkten betrachten. Auch der erfahrene Arzt und Diagnostiker sieht viel mehr als diese direkten Symptome. Der stärkste und hervorstechende Eindruck der Zeichnung ist die *Würde* des Alters. Alt werden, würdig alt werden im Hinblick auf den Tod, kann eines der größten Ziele eines recht gelebten menschlichen Lebens sein. Goethe sagt in den »Maximen und

Reflexionen«: »Alt werden, heißt, selbst ein neues Geschäft antreten, alle Verhältnisse verändern sich und man muß entweder zu handeln ganz aufhören oder mit Willen und Bewußtsein das neue Rollenfach übernehmen« (vgl. Martin Gregor-Dellin[23]).

Welch wunderbaren Altersgedichte verdanken wir dem fast siebzigjährigen Goethe – die Gedichte des »Westöstlichen Divan«, das Gedicht »Um Mitternacht« vom »Klein – kleinen Knaben«, die Dornburger Gedichte, die »Marienbader Elegie« und, bis kurz vor seinem Tod, den zweiten Teil des »Faust«, ein Alterswerk par excellence und doch so frisch, ideenreich, unkonventionell, Neubeginn und Vollendung in einem. War Fausts Tod nicht vielleicht Goethes gleichsam *ideale* und gleichzeitig skeptisch in Frage gestellte Vorstellung vom eigenen Sterben, die er beschrieb.

Alter kann eine unerhörte Freiheit bringen. Man braucht keine Ambitionen mehr zu haben, muß sich nicht mehr profilieren. Das Leben geschieht sozusagen freiwillig. Man lebt sein Leben mit all der Lebenserfahrung der vergangenen Jahrzehnte gleichsam modellhaft nach und ohne Auflagen voraus. Konfuzius sagt: »Erst als ich siebzig war, konnte ich den Regungen meines Herzens folgen.«

Wer wie ich das Glück hatte, den uralten, fast blinden Ernst Bloch seine rednerischen Visionen vortragen zu hören, wer den alten Karl Jaspers in seinen Seminaren erlebte, wer mit Werner Heisenberg in seinen letzten Jahren sprechen durfte, wer sich mit dem fast schon geistig verklärten und doch jugendlich-lebensnahen Karl Rahner austauschen durfte, der wird wissen, welches schöpferische Feuer Altersweisheit, Lebenserfahrung und Todesnähe entfachen können. Hier gilt wahrhaftig, daß der Geist sich den Körper baut. Michelangelo, Leonardo da Vinci, Tizian, Rembrandt, Händel, Bach, Goethe, Goya, Menzel, Verdi, Thomas Mann sind Beispiele auch dafür, daß im Alter die schöpferische Kraft keineswegs abzunehmen braucht, daß gerade im Angesicht des Todes revolutionäre Neuerungen gewagt werden: »Im Vorgefühl von solchem hohem Glück genieß ich jetzt den höchsten Augenblick«, sagt Faust und sinkt sterbend zurück – Glück und Täuschung zugleich. Der alte Fontane hat in seiner Darstellung des alten Stechlin ein wunderbares Altersbild gezeichnet. Den Pastor Lorenzen läßt er am Grabe des alten Stechlin sagen: »Sah man ihn, so schien er ein Alter, auch in dem, wie er Zeit und Leben annahm; aber für die, die sein wahres Wesen kannten, war er kein alter, freilich auch kein neuer. Er hatte vielmehr das, was über alles

Abb. 8.6: Dürers Mutter. Zeichnung von Albrecht Dürer, 1514.

Zeitliche hinausliegt, was immer gilt und immer gelten wird: ein Herz«, und weiter: »er war recht eigentlich frei.« Fontane sagt von seinem Vater: »Denn wie er ganz zuletzt war, so war er eigentlich.«

Ordnung, Formenbildung, Schöpferkraft sind das Resultat einer inhärenten Chaosvermeidung, im Kosmos wie auch im Leben des einzelnen. Die Welt ist dynamisch, sie bewegt sich, sie entwickelt sich. Dadurch treten Teile des Ganzen trotz aller Chaos-Vermeidungsstrategien immer wieder in das Chaos ein. Auch das individuelle Leben tritt schließlich in das Chaos ein – das ist dann der individuelle Tod. Aber das Ganze der Welt bleibt immer unchaotisch, formenbildend. Das Chaos ist im wahrsten Sinne eine Rand-Erscheinung. Am Rande der Welt wird gestorben. Da gilt das Entropiegesetz. Aber die schöpferische Welt, die Welt des Schöpfers, die evolutive Welt des Urknalls, der Spiralnebel, der Planetensysteme, der Ursuppen und des Geistigen ist ewig. Tod ist immer nur individuell und ist das Zurückfallen in das ewige Ganze. Aus dem Chaos am Rande der Welt nährt sich die Ordnung der Welt. So nährt sich die Welt aus ihren Toten, die wieder in sie eingehen.

Johann Wolfgang von Goethe

Selige Sehnsucht

Sagt es niemand, nur den Weisen,
Weil die Menge gleich verhöhnet,
Das Lebendge will ich preisen,
Das nach Flammentod sich sehnet.

In der Liebesnächte Kühlung,
Die dich zeugte, wo du zeugtest,
Überfällt dich fremde Fühlung,
Wenn die stille Kerze leuchtet.

Nicht mehr bleibest du umfangen
In der Finsternis Beschattung,
Und dich reißet neu Verlangen
Auf zu höherer Begattung.

Keine Ferne macht dich schwierig,
Kommst geflogen und gebannt,
Und zuletzt, des Lichts begierig,
Bist du, Schmetterling, verbrannt.

Und so lang du das nicht hast,
Dieses: Stirb und werde!
Bist du nur ein trüber Gast
Auf der dunklen Erde.

9. Fundamentale Komplexität – prinzipielle Grenzen

Dialog zwischen Georg Christoph Lichtenberg und dem Prinzen Hamlet* über das Prinzipielle und den insulären Charakter unseres Wissens und unserer Existenz

HAMLET: *Es gibt mehr Dinge zwischen Himmel und Erde,* Herr Professor, *als es Eure Schulweisheit sich träumen läßt.*

LICHTENBERG: *Sie sind ein etwas vorschnippischer Philosoph, Prinz Hamlet, wenn Sie behaupten, es gäbe eine Menge Dinge im Himmel und auf der Erde, wovon nichts in unsern Compendiis steht. Wenn Sie damit auf unsere Compendia der Physik sticheln wollen, so kann man Ihnen getrost antworten: gut, aber dafür stehn auch wieder eine Menge von Dingen in unsern Compendiis wovon weder im Himmel noch auf der Erde etwas vorkömmt.*

Man muß nicht gleich Zuflucht zu Wundern, zu Irrationalem, zum Geist Ihres Herrn Vaters nehmen. Die Wirklichkeit der Welt ist eben fundamental-komplex. Das sagt schon das Wort »Wirklich-keit«; es wirkt; es steht nicht stille; alles ist aufeinander bezogen. *Wenn also etwas auf uns wirkt, so hängt die Wirkung nicht allein von dem wirkenden Dinge, sondern auch von dem ab, auf welches gewirkt wird. Beide sind, wie bei dem Stoß, tätig und leidend zugleich; denn es ist unmöglich, daß ein Wesen die Einwirkungen eines andern empfangen kann, ohne daß die Hauptwirkung gemischt erscheine. Ich sollte denken, eine bloße tabula rasa ist in dem Sinne unmöglich, denn durch jede Einwirkung wird das einwirkende Ding modifiziert, und das, was ihm abgeht, geht dem andern zu, und umgekehrt.*

---

* Prinz Hamlet von Dänemark, Titelfigur in William Shakespeares Drama, entstanden 1601.

HAMLET (beiseite): *Wie definitiv der Kerl ist!* (dann laut:) *Wir müssen zu Euch* Physikern *mit der Präzision von Seekarten reden, sonst richtet uns die Doppeldeutigkeit zugrunde. Mein Gott,* Herr Professor, *es ist mir die letzten drei Jahre lang aufgefallen, die Zeit ist dermaßen überzüchtet geworden, daß der Zeh des Bauern der Ferse des Höflings nah genug kommt, ihr die Frostbeulen wundzureiben. Ich meine damit: Die Zeit ist aus den Fugen, o verfluchte Schicksalstücken, daß ich geboren ward, um sie zurechtzurücken; alle Unterschiede, alle Ordnungen sind aufgehoben,* alles wird so unentwirrbar chaotisch und komplex, wenn man sich ihm nähert.

LICHTENBERG (beiseite): *Wenn dieses Philosophie ist, so ist es wenigstens eine, die nicht recht bei Trost ist.* (dann laut) Königliche Hoheit, um die Zeit zurechtzurücken, braucht es heute den Regierenden und den Wissenschaftler. Wir Physiker wissen, was Nähe und Perspektive für die Betrachtung und Lösung eines Problems bedeutet, spätestens seit Heisenbergs Unschärfe-Relation. *Die Nähe hilft uns nichts, denn das Ding dem wir uns nähern können ist nicht das, dem wir uns nähern wollen. Wenn ich bei Betrachtung der untergehenden Sonne einen Schritt gegen sie zu tue, so nähere ich mich ihr, so wenig es auch ist. Bei dem Organ der Seele ist es ganz anders. Ja, es wäre möglich, daß man sich durch allzugroße Näherung, etwa mit dem Mikroskop wieder selbst von dem entfernte, dem man sich nähern kann. Ich sehe zum Beispiel in der Ferne auf einem Berge eine seltsame Masse, ich komme näher und finde, daß es ein Schloß ist, noch näher entdecke ich Fenster usw. Das wäre genug; wäre ich mit der Absicht des Ganzen unbekannt und ich untersuchte noch weiter, so würde ich in eine Analyse der Steine geraten, die mich weiter abführte.* Sie machen es sich schwer, Prinz Hamlet, mit dem Versuch einer prinzipiellen Perspektive. Es gibt keine prinzipiellen Lösungen. Als Wissenschaftler kann und braucht man nicht alles zu wissen oder zu erforschen; man muß aber die Perspektive, den Bereich, ja die Insel genau kennen, auf der man forscht. *Wer die Geschichte der Philosophie und Naturlehre betrachten will, wird finden, daß die größten Entdeckungen von Leuten sind gemacht worden, die das für bloß wahrscheinlich hielten, was andere für gewiß ausgegeben haben; also eigentlich von Anhängern der neuern Akademie, die das Mittel zwischen der strengen Zuverlässigkeit des Stoikers und der Ungewißheit und Gleichgültigkeit des Skeptikers hielt. Eine solche Philosophie möchte ich Ihnen sehr anraten.*

HAMLET (leidenschaftlich): *Worte, Worte, Worte.* (dann verzweifelt, das Gesicht mit den Händen bedeckend) *Die Worte fliegen hoch, doch unten bleibt mein Sinn. Worte alleine dringen nie zum Himmel hin.* (nach einer

Pause wieder etwas ruhiger) *Welch ein Meisterstück ist der Mensch, wie edel von Verstand, wie unerschöpflich in seinen Fähigkeiten, in Gestalt und Bewegung wie angemessen und bewundernswert, im Handeln wie engelgleich, im Wahrnehmen wie gleich einem Gott: die Zier der Welt, die Vollendung der beseelten Kreatur; und dennoch, für mich, was ist diese Quintessenz des Staubs? Ich hab an den Menschen keine Freude – nein.*
Mein Gott, ich könnte in einer Nußschale eingeschlossen sein und mich als König des unbegrenzten Raums betrachten, wenn ich nur nicht schlimme Träume hätte.
LICHTENBERG: *Diese Träume sind in Wahrheit Ehrgeiz: Denn die Kernsubstanz des Ehrgeizigen ist lediglich der Schatten eines Traumes.*
HAMLET: *Ein Traum ist selber nur ein Schatten.*
LICHTENBERG (Shakespeare zitierend): *»Strange to relate, but wonderfully true that even shadows have their shadows too.«* (dann beiseite) *Auch ich hab keinen Menschen mit dem ich vertraut umgehen kann; auch nicht einmal einen Hund zu dem ich* du *sagen könnte. Zu meinem größten Glück habe ich noch unter diesen Umständen ein gutes Gewissen, sonst hätte ich mich, je eher je lieber, schon zu der Ruhe begeben, wovon den Hamlet die Träume, die er in derselben fürchtete, zurückhielten. Mich schrecken keine Träume, Hamlet sage was er wolle, ich rechne es für keinen geringen Trost bei der Betrachtung der menschlichen Trübsale, daß das Lot Pulver kaum 4 Pfennig kostet. Zu leben, wenn man nicht will, ist abscheulich, aber noch entsetzlicher wäre es, unsterblich zu sein, wenn man nicht wollte. So aber hängt ja die ganze erschreckliche Last an mir vermittelst eines Fadens, den ich mit einem Groschenmesser entzwei schneiden kann.*
(Wieder laut zu Hamlet) Träume können doch sehr tröstlich sein; darüber habe ich ja, wie Sie wissen, mein Prinz, kürzlich mit Fräulein Alice gesprochen (vgl. Kap. 2). Ich finde Trost in meiner Wissenschaft und in meinen Träumen. *Einige Leute wollen das Studieren der Künste und Träume, unserer Phantasien, lächerlich machen indem sie sagen, man schriebe Bücher über Bildchen. Was sind aber unsre Gespräche und unsre Schriften anders als Beschreibungen von Bildchen auf unserer Retina oder falschen Bildchen in unserem Kopf?*
HAMLET:* Recht haben Sie, Professor Lichtenberg, *wir sind aus solchem Stoff, wie Träume sind; und unser kleines Leben ist von einem Schlaf umringt. Ich war gereizt, mein Freund; habt Nachsicht mit meiner Schwäche. Mein junges Hirn ist von Sorgen geplagt; so seid nicht beunruhigt über meine Anfälligkeit.*

---

* eigentlich gesprochen von Prospero in Shakespeares »Der Sturm«.

LICHTENBERG: Schon gut, Prinz Hamlet. Aber wieder zurück zur wichtigen Rolle der ungeordneten Phantasie: *Durch das planlose Umherstreifen, durch die planlosen Streifzüge der Phantasie wird nicht selten das Wild aufgejagt, das die planvolle Philosophie in ihrer wohlgeordneten Haushaltung gebrauchen kann.*

HAMLET: *Ja, leider ist es meistens nur ein Staubkorn, das das geistige Auge plagt. Oft macht zu vieles Überlegen Feige aus uns allen, und so wird die angeborne Farbe des Entschlusses von des Gedankens Blässe angekränkelt, und Unternehmungen von großer Höhe und Gewichtigkeit krümmen aus dieser Rücksicht ihre Strömung seitwärts und verlieren ihren Schwung.*

LICHTENBERG: Eine »philosophische Weltformel« wäre in der Tat abgeschmackt, langweilig und nichtssagend; auch aus sprachlichen Gründen. *Unsere meisten Ausdrücke sind metaphorisch, es steckt in denselben die Philosophie unserer Vorfahren. Die Erfindung der Sprache ist vor der Philosophie hergegangen, und das ist es, was die Philosophie erschwert, zumal wenn man sie andern verständlich machen will, die nicht viel selbst denken. Die Philosophie ist, wenn sie spricht, immer genötigt, die Sprache der Unphilosophie zu reden. Und das ist gut so. Denn auch die allgemeinsten Dinge sollte jedermann anders ausdrücken, wenn er seinem eigenen individuellen Gefühl folgen wollte; dieses geschieht selten vor einem gewissen reifen Alter, da man merkt, daß man so gut ein Mensch ist, als Newton oder als der Prediger im Dorf oder der Amtmann und alle unsere Vorfahren. Shakespeare ist eine Probe davon.*

HAMLET: Ach, dieser englische Boulevard-Autor? Er soll über mich etwas geschrieben haben. – Wir haben heute Wichtigeres zu bedenken (pathetisch, sich ins Zeug legend wie in dem Hamlet-Film von E. Lubitsch aus dem Jahr 1942): *Sein oder nicht sein, das ist die Frage – ob's im Geiste edler ist, die Geschosse und Pfeile des wütenden Geschickes zu erdulden, oder die Waffen gegen ein Meer von Plagen zu erheben und sie durch Widerstand zu enden . . .*

LICHTENBERG (Hamlet unterbrechend): Nicht schon wieder so pathetisch und teutonisch-prinzipiell, Königliche Hoheit: *Das bißchen Kopf, das Sie noch haben, zerbrechen Sie sich mit solchem Zeuge.*

HAMLET: *Wozu sollten Menschen wie ich zwischen Himmel und Erde herumkrauchen?* Können Sie mir das sagen, Sie berühmter Professor?

LICHTENBERG: Die Antwort müssen Sie sich schon selber geben, Prinz Hamlet. Jeder lebt auf seiner Insel. Aber einige Hilfen zum Übersetzen kann ich Ihnen doch anbieten.

Sollte es denn so ganz ausgemacht sein, daß unsere Vernunft von dem Übersinnlichen gar nichts wissen könne? Sollte nicht der Mensch seine Ideen von Gott ebenso zweckmäßig *weben können, wie die Spinne ihr Netz zum Fliegenfang? oder mit andern Worten: sollte es nicht Wesen geben, die uns unsrer Ideen von Gott und Unsterblichkeit ebenso bewunderten wie wir die Spinne und den Seidenwurm? Die Menschen schreiben viel über das Wesen der Materie, ich wünschte, daß die Materie einmal anfinge über das menschliche Gemüt zu schreiben. Es würde herauskommen, daß wir einander bisher gar nicht recht verstanden haben. Man hat bisher geglaubt, wir seien das Werk der Dinge außer uns, von denen wir denn doch nichts wußten und wissen konnten, als was unser Ich uns angab. Wie also, wenn es gerade die Natur* unsers *Wesens wäre, was diese Welt eigentlich macht? Hier ist Umlauf und Umdrehung der Erde um die Achse dem Umlaufe der Sonne und des Sternenheeres um sie entgegengestellt. Er gibt ja alles auf die Probe. Wir feineren Christen verachten den Bilder-Dienst, das ist, unser lieber Gott besteht nicht aus Holz und Goldschaum, aber er bleibt immer ein Bild, das nur ein anderes Glied in eben derselben Reihe ist, feiner, aber immer ein Bild. Will sich der Geist von diesem Bilder-Dienst losreißen, so gerät er endlich auf die Kantische Idee.* * *Aber es ist Vermessenheit zu glauben, daß ein so gemischtes Wesen als der Mensch das alles je so* rein *anerkennen werde. Alles was also der eigentlich weise Mensch tun kann, ist alles zu einem guten Zweck zu leiten und dennoch die Menschen zu nehmen, wie sie sind.*** (Nach einer Gedankenpause) *Hinlänglicher Stoff zum Stillschweigen.*

HAMLET (nachdenklich wie in der berühmten Friedhofsszene mit Yoricks Schädel):

> *Auf einer Insel, sagst Du, lebten wir?*
> Auf einer Insel gelte die Physik?
> *Auf einer Insel fänden alle zu sich selbst?*
> *Auf diese Insel schaut' ein Gott,*
> *auf diese elende, herrliche, einmalige Insel?****
> Nun gut. – *Der Rest ist Schweigen.*

---

* Gemeint ist der »Kategorische Imperativ«.

** Diese letzten Sätze schrieb Lichtenberg zehn Tage vor seinem Tod (24. 2. 1799) an seinen Bruder.

*** Nach Shakespeares Inseldrama »Der Sturm«, 5. Akt, 1. Szene, Vers 211–213.

Was heißt komplex?

Definition von Komplexität

Im täglichen Sprachgebrauch gehen wir ganz selbstverständlich mit dem Begriff »Komplexität« um: Das komplexe Problem soll gelöst werden ... eine komplexe Persönlichkeit ... eine schrecklich komplexe Aufgabe.

Im folgenden möchte ich zu zeigen versuchen, daß der Begriff »Komplexität« bei der Beschreibung und zum Verständnis hochorganisierter Systeme nützlich und fruchtbar ist, wenn man Systeme nach ihrem Komplexitätsgrad einteilt. Der Komplexitätsgrad eines Systems hat etwas mit seiner Beschreibbarkeit zu tun. Eine komplexe Werkzeugmaschine ist schwerer zu beschreiben als ein einfacher Hebel. Je mehr Parameter zur vollständigen Beschreibung eines Systems notwendig sind, um so komplexer wird es sein.

Komplexität kann man definieren als den Logarithmus der Anzahl der Möglichkeiten, die ein System zu seiner Realisierung hat oder als den Logarithmus der Zahl der möglichen Zustände des Systems: $K = \log N$, wobei K = Komplexität und N = die Zahl der möglichen unterscheidbaren Zustände bedeutet. Die so gegebene Definition von Komplexität lehnt sich an den Informationsbegriff an. Je komplexer ein System ist, um so mehr Information kann es tragen.[1] Wenn zwei Systeme mit den Anzahlen M und N möglicher Zustände gegeben sind, dann kann man diese beiden Systeme kombinieren. Die Anzahl der kombinierten Zustände ist das Produkt $M \cdot N = \log M + \log N$.

Freilich kommt es dabei sehr darauf an, welche Möglichkeiten oder Zustände man in Betracht zieht, beziehungsweise zum Abzählen benützt. Das System der Gene und deren Veränderung durch Mutation ist höchst komplex. Es umfaßt die mutagenen Ereignisse an der Nukleinsäure, die Replikation, den Reparaturmechanismus an der DNS, die Proteinbiosynthese und die Auseinandersetzung des schließlich entstandenen Lebewesens mit der Ökologie seiner Umwelt: Ein hochkomplexes System mit einer Unzahl von Realisierungsmöglichkeiten und Zuständen, in dem N sehr groß ist. Wenn man jedoch die für die Evolution allein interessierende Frage beantworten will, ob das neu entstandene Lebewesen in einer bestimmten Umweltsituation überlebt oder untergeht, dann ist $N = 2$, denn es handelt sich um eine einfache Alternative: Leben (1) oder Untergang (2). Komplexität ist also ein relativer, operationeller Begriff, der im Zusammenhang des Systems und dessen Funktion gesehen werden muß. Durch Änderung der Fragestellung oder des Funktionszusammenhanges kann Komplexität reduziert werden, so etwa wenn man statt nach den molekularen Ereignissen der Mutation nach dem Überleben der Mutante fragt.

Wie hängen nun Komplexität und Prognose zusammen? Ein System kann aufgrund seiner Struktur eine bestimmte statische Komplexität haben, die ihm eingeprägt ist (intrinsisch) und bei gegebenem System als unveränderlich angesehen werden kann (das wäre etwa die doppelhelikale Grundstruktur der Nukleinsäuren). Darüber hinaus gibt es die aufgeprägte, dynamische Komplexität, die sich räumlich oder zeitlich verändern kann. Im System der Evolution wäre das die Sequenz der Bausteine in der helikalen Nukleinsäure. Prognose ist nur möglich, wenn die anfänglich gegebene Information vollständig erhalten bleibt, die Komplexität sich also nicht ändert. Die Prognose wird unscharf in dem Maße, in dem die aufgeprägte Information sich verändert, dissipiert oder vermehrt wird.

Betrachten wir das Problem vom informationstheoretischen Standpunkt: Die Programme für die Reproduktion einfacher, nichtkomplexer Systeme sind klein bzw. unnötig oder nur einfache Anweisungen wie etwa: Addiere alle Teilchen und nenne die Summe. Man kann hier auch folgende Definition für Komplexität einführen: Das kleinste Programm, das einen bestimmten Zustand, etwa eine Zahlenreihe beschreiben kann, wäre das Minimalprogramm. Die Größe dieses Programms, gemessen in Bits, im Vergleich zur Größe der gesamten Struktur der Zahlenreihe wäre die Komplexität dieser Struktur.

Die Reihe a a a a a a a .... ist homogen (sub-komplex), das Programm lautet: Schreibe hinter jedem a ein weiteres a. Durch dieses kurze Programm läßt sich die beliebig lange Reihe jederzeit reproduzieren.

Die Reihe a a b a a b a a b a a b ...... hat zwar eine höhere Komplexität, läßt sich aber auch noch leicht programmieren: Nach 2 a schreibe ein b, wiederhole diesen Vorgang. Auch die Reihe a a b a a b a *b* b a a b a a b a b *b* ...... kann noch durch ein stark verkürzendes Programm wiedergegeben werden: Nach 2 a schreibe b; bei der zweiten Wiederholung des Vorganges ersetze jeweils das zweite a durch b; dann beginne von neuem. Solche Sätze haben eine komplexe Struktur und können dadurch Information übermitteln.

Aber die Reihe a a b a b b a b a b b b a b a a a b a b b a b . . . . . . hat keine erkennbare Struktur mehr. Um sie zu programmieren, muß man sie vollständig hinschreiben. Wenn das Programm vergleichbar groß wie das System selbst wird, ist das System nicht mehr programmierbar. Davor liegen komplexe, aber noch durchführbare Programme. Eine Struktur wird unbestimmbar, ich nenne das fundamental komplex[2], wenn der kleinste Algorithmus, der zu ihrer Beschreibung notwendig ist, eine vergleichbar große Anzahl von Informations-Bits hat wie die Struktur selbst. So kann man fundamentale Komplexität in Anlehnung an die Formulierung von A. N. Kolomogorov (1965) definieren.[3]
Für biologische Strukturen, die grundsätzlich dynamisch und deshalb nur in »Momentaufnahmen« beschreibbar sind, ist es nun charakteristisch, daß ihre Komplexität durch die Beschreibung kaum reduziert werden kann. Zum Verständnis der Funktion eines Enzymproteins wird man jede Koordinate der vielleicht tausend Atome in jedem Moment wissen müssen. Man kann fast nichts »herauskürzen«, keine Globaldaten verwenden, jede Einzelheit ist essentiell und muß berücksichtigt werden.
Hier wird ein interessantes, noch zu lösendes Problem deutlich. Klar ist, daß Systeme, in denen der Algorithmus genauso groß ist wie die Struktur selbst, unbestimmbar sind. Klar ist auch, daß der praktischen Programmierbarkeit irgendwo Grenzen gesetzt sind. Wie groß darf nun der Algorithmus im Vergleich zur Struktur werden? Liegt fundamentale Komplexität, das heißt Unbestimmbarkeit erst dann vor, wenn der Abstand nur wenige oder nur ein Bit beträgt oder schon eher? Aus dem Charakter der fundamentalen Komplexität als einem Kriterium für Unbestimmbarkeit muß man wohl schließen, daß diese Grenze nicht genau festgelegt werden kann.

Abgestufte Komplexitätsgrade[4] – fundamentale Komplexität

Ein geschlossenes System ist physikalisch definiert als ein System, welches nach außen keine Kräfte und keine Materie abgeben und auch von außen nicht aufnehmen kann. In einem solchen System kann sich allerlei abspielen, aber vorausgesetzt, daß keine äußeren Kräfte auf es einwirken, wird es sich räumlich-zeitlich nicht verändern. Es kann sich auch selbst nicht aus den Angeln heben. Münchhausen kann sich nicht am eigenen Schopf aus dem Sumpf ziehen.

Biologische Systeme befinden sich aber in einem ständigen Austausch mit der Umwelt. Sie nehmen Stoffe als Nahrungsmittel auf und verwerten sie (Metabolismus). Sie verwandeln hochwertige chemische Energie in Wärme, sie verwerten Information. Sie sind damit nicht-abgeschlossene Systeme, die sich immer komplexer entwickeln.[5] In solchen Systemen bilden sich Strukturen aus, die sich im Laufe der Evolution immer komplexer aufbauen. Dieser Zuwachs an Komplexität ist verbunden mit einer Erhöhung des metabolischen Flusses in dem betreffenden System. In diesem dynamischen Prozeß der Entfaltung von Komplexität können Grenzen der strukturellen Stabilität erreicht werden. Das System wird dann »chaotisch«. Mit chaotisch ist hier aber nicht eine völlige Strukturlosigkeit gemeint, sondern das »fundamental komplexe« Neben- und Miteinander unzähliger sich ausbildender und wieder zerfallender Strukturen, wie wir es schon kennengelernt haben. Wenn eine Bifurkation ansteht, wird ein System fundamental komplex.

Das Problem hat dabei einen *praktischen* und einen *teleologischen* Aspekt.

Der *praktische* Aspekt: Wenn wir über Phänomene des Lebens nachdenken und forschen, dann können wir unsere lebende und denkende (Denken ist ein Phänomen menschlichen Lebens) Persönlichkeit nur bis zu einem gewissen Punkt abstrahieren. Alle Axiome, die Wissenschaft ermöglichen, gehen davon aus, daß man den zu betrachtenden Gegenstand als ein Objekt, das heißt als etwas, was nicht Teil von einem selbst ist, betrachten kann. Bei der Betrachtung hochkomplexer biologischer Vorgänge wie etwa der Evolution oder des Zentralnervensystems ist dieses Axiom jedoch nicht mehr selbstverständlich, ja, es gilt nicht mehr: Wir können uns aus der Wechselbeziehung zum betrachteten Objekt nicht mehr heraushalten, allein schon, indem wir denken.[6]

Die Komplexität der zu beschreibenden biologischen Vorgänge kann einen solchen Grad erreichen, daß ihre Beschreibung unmöglich, ja sinnlos wird, da es mit den analysierenden Fähigkeiten eines ebenfalls hochkomplexen Wesens »Mensch« nicht möglich sein wird, alle Parameter eben dieses »Menschen« oder des »Lebens« für eine vollständige Beschreibung des Zustandes so zu erfassen, daß eine »nützliche Prognose« möglich wird. Man kann dann – mit Karl Popper[7] – nur noch »Stückwerktechnik statt utopischer Technik« betreiben. Das heißt, man kann sehr wohl einzelne wissenschaftliche Probleme ein Stück weit lösen. Es wäre aber eine Utopie, das Ganze, in dem wir selbst stecken, vollständig beschreiben zu wollen.

Der *teleologische* Aspekt: Aus dem System selbst heraus gesehen, wird die Komplexität kaum die Grenze zur fundamentalen Komplexität überschreiten. Jedenfalls dann nicht, wenn Regelmechanismen vorhanden sind. Das System kann zum Stillstand kommen, was in lebenden Strukturen gleichbedeutend ist mit Tod. Oder es kann eine nächsthöhere Stufe der Evolution zu erreichen versuchen. Zum Beispiel erfindet biologische Evolution in einem solchen Falle eine neue Spezies. Oder das Zentralnervensystem, vor eine unlösbare Aufgabe gestellt, fällt entweder einer Sinnestäuschung anheim (optische Täuschungen), oder es kann gegebenenfalls auch dazulernen. Es wird aber durch eine Zunahme der Komplexität der gestellten Anforderungen jedenfalls nicht zerstört.
Systeme können einen verschiedenen, wachsenden Grad von Komplexität aufweisen, der sich aus der Zahl der Parameter, Bewegungsgleichungen, Zustandsgleichungen usw. ergibt, die zur Beschreibung des Systems notwendig sind. Dabei kann man bestimmte Stufen feststellen, an denen der quantitative Zuwachs von Komplexität qualitativ neue Eigenschaften hervorbringt. Ich teile demnach ein in subkritische, kritische und fundamentale Komplexität.
Subkritische Komplexität liegt in solchen Systemen vor, in denen zwar eine gewisse Vielfalt herrscht, die jedoch durch mathematische Gesetze so vereinfachbar ist, daß deterministische Systeme herauskommen, auf die einfache physikalische Gesetzmäßigkeiten anwendbar sind, etwa die Newtonschen Gesetze. Methodisch kann jedoch auch in subkritisch-komplexen Systemen eine Voraussage schwierig werden, zum Beispiel, wenn man keinen genügend differenzierten Analysator zur Verfügung hat. So kann man ohne ein Mikroskop keine quantitative Bakteriologie betreiben, obwohl die Wachstumsrate von Bakterien eine Konstante ist. Oder man kann nicht ohne Hilfe eines Computers die Struktur eines Makromoleküls durch Röntgenstrukturanalyse lösen, obwohl hierzu nur einfache Rechenoperationen und Fourier-Transformationen notwendig sind. Streng deterministische Ausgangsgleichungen sind jedoch noch kein hinreichendes Merkmal für subkritische Komplexität, da solche Gleichungen auch chaotische (das heißt fundamental-komplexe) Lösungen haben können, wie wir in Kapitel 4 und 5 gesehen haben. Grundsätzlich sind subkritisch komplexe Systeme streng deterministisch und einer exakten Prognose zugänglich.
Bei einem bestimmten kritischen Wert der Komplexität beginnen sich Strukturen auszubilden, so treten im einfachsten Falle Konvektions-

ströme und Konvektionsmuster auf (Kap. 5). Diesen Komplexitätsgrad nenne ich *kritische Komplexität.* Solche Systeme bilden Subsysteme wie etwa in der Evolution oder in der irreversiblen Thermodynamik.[8] Der Prognostizierbarkeit sind praktische, jedoch keine grundsätzlichen Grenzen gesetzt. Die Heisenbergsche Unschärferelation gehört in den Bereich der kritischen Komplexität: Ort und Impuls eines subatomaren Teilchens können nicht gleichzeitig bestimmt werden. Im Grunde ändert das aber nichts an der Prognostizierbarkeit der Ereignisse. Prognose (Vorauswissen) ist ein makroskopisches Anliegen, welches von einem makroskopischen Lebewesen gefordert und durchgeführt wird. Mikroskopische Ereignisse werden deshalb durch Mittelwertbildung herausgefiltert. Insofern hat Pascual Jordan mit seiner Theorie der Willensfreiheit *nicht recht.*[9] Willensfreiheit kann nicht als eine makroskopische Projektion indeterministischer mikroskopischer Ereignisse aufgefaßt werden.

Die menschliche Willensfreiheit liegt auf einer völlig anderen Ebene: Im evolutiven System des Denkens und Handelns mit immer erneuten Bifurkationen an jedem Entscheidungspunkt hat der Mensch kraft seines Bewußtseins und legitimiert durch seine besondere Stellung im Kosmos, durch seine Menschenwürde, die Freiheit, seinen Willen zu bekunden und im Rahmen der sittlichen Normen durchzusetzen.

Dem spontanen elektrischen Rauschen der Synapsen im Zentralnervensystem wird durch Frequenz- und Amplituden-Modulation (Spikes) strukturierte Information aufgeprägt, ganz analog zur Informationsübermittlung durch Radiowellen. Ab und zu kann ein Neuron auch spontan »feuern«, was zwar die Prognostizierbarkeit des Denkens vermindert, aber noch nicht als ein Beweis für die Willensfreiheit genommen werden kann. Das Einführen des Zufalls (Randomisieren) kann sogar eine Methode sein, um exakte Lösungen zu finden. Das wird in der Technik häufig benützt. Mit einem Computer kann man durch absichtliches Randomisieren deterministischer Systeme schließlich zu optimalen Lösungen kommen und zwar schneller und einfacher, als wenn man die einzelnen Lösungen exakt durchrechnet. Die Evolution, die das Resultat statistischer Schwankungen ist, arbeitet nach diesem System. Sie ist allerdings dennoch nicht prognostizierbar, weil sie in die Fundamentale Komplexität hineinreicht. Festzuhalten ist aber, daß ein System, in dem Zufallselemente sind, allein deswegen noch nicht fundamental-komplex zu sein braucht.

Fundamental-komplex sind Systeme, die trotz deterministischer Ausgangsbedingungen indeterministische oder chaotische Lösungen haben. In diesen Systemen versagt die Prognose nicht nur praktisch, sondern grundsätzlich. In erster Linie rechne ich hierzu das Netzwerksystem »Leben«. Wieder gilt: Das Ganze ist mehr als die Summe seiner Teile. Leben kann nur dadurch analysiert werden, daß das Netzwerk an einer Stelle zerrissen wird. Man kann nur »Totes« untersuchen, denn man hat als selbst Lebender immer eine Bestimmungsgröße zu wenig. Der Übergang von kritischer Komplexität zu fundamentaler Komplexität ist häufig nicht klar zu definieren: Wegen des indeterministischen Charakters fundamental-komplexer Systeme ist auch der zeitliche, strukturelle oder energetische Übergang von kritischer zu fundamentaler Komplexität nicht genau erfaßbar.

Folgender Einwand wäre möglich: Computer, Datenspeicher, Nebelkammern, Spektralphotometer usw. können eine indirekte Erfassung, Aufzeichnung und Koordinierung solcher Netzwerksysteme vornehmen, das heißt die Eigenschaft der fundamentalen Komplexität kompensieren und Prognosen möglich machen. Die Entgegnung auf diesen Einwand: Die Eigenschaft der fundamentalen Komplexität kann nicht kompensiert werden; denn letzten Endes muß alles gedanklich mit unserem biologischen Organ Gehirn in Raum und Zeit abgebildet und daraus eine Prognose abgeleitet werden. Der Vorgang muß also im menschlichen Raum und in der Lebenszeit eines Menschen erdenkbar und nachvollziehbar sein.

Für jedes System läßt sich durch Erhöhung seines Metabolismus und die damit verbundene Vermehrung strukturbildender Prozesse eine Grenze der Komplexität erreichen, die ich seine fundamentale Komplexität nenne. Dafür werden in der folgenden Übersichtstabelle viele Beispiele gegeben. In der Evolution lebender Systeme stellt diese fundamentale Komplexität ein häufiges Problem dar: Ein System entzieht sich dieser Grenze durch Ausbildung neuer Zusammenhänge (Systemüberwindung, Reduktion von Komplexität), oder es stagniert.

In der folgenden Tabelle sind versuchsweise einige Systeme unter dem Gesichtspunkt des Komplexitätsgrades zusammengefaßt. Eine solche Tabelle kann natürlich niemals den Anspruch auf Vollständigkeit erheben, sie soll eher das »kategoriale Prinzip Komplexität« erläutern. In der Tabelle sind auch zahlreiche »Systeme« außerhalb der Naturwissenschaften in der Theorie der »fundamentalen Komplexität« integriert, so daß diese zu einer ganz allgemeinen Theorie wird. Auch schon vorher habe

Übersichtstabelle

	ansteigende Komplexität	⟶	
System	subkritische Komplexität	kritische Komplexität	fundamentale Komplexität
1 Mathematik			
1.1 Axiomatik	newtonsch	quantenmechanisch *(Planck-Heisenbergisch)*	*Gödelsch*
1.2 Programme	klein (einfaches physikal. Gesetz)	groß, kann aber alle Informationen bewältigen	Programm von vergleichbarer Größe wie System selbst (Algorithmus = Information) *(Chaitin)*
1.3 Modelle	Differenzen	Differentialgleichungen, theoretisch lösbar, praktisch oft nicht	*Bernoulli*-Systeme, z. B. Bäcker-Transformation
2 Theorie			
2.1 allgemeine Naturgesetze	einfaches Gesetz	statistische Gesetze	Gesetz genauso groß wie die exper. Daten, keine Theorie möglich
2.2 Prognose	nicht nötig, da simpel	im Prinzip möglich, aber praktisch oft nicht erreichbar	nicht möglich

Übersichtstabelle (Forts.)

System	subkritische Komplexität	kritische Komplexität	fundamentale Komplexität
	ansteigende Komplexität →		
3 Beispiele aus der Physik			
3.1 Schwingungen	harmonischer Oszillator monochromat. Schwingung	Interferenzen Modulationen	nicht auflösbare Schwingungsbänder
3.2 Hydrodynamik	Wärmeleitung	*Bénard*-Rollen	Turbulenz
3.3 statistische Physik	newtonsch (lionvillisch)	–	ergodisch
3.4 physikal. Chemie (kinet. Gleichungen)	Gleichgewicht Fließgleichgew.	Limit Cycle dissip. Strukturen	Chaos
4. Biologie			
4.1 Moleküle	kleine	Makromoleküle	Wechselwirkung von Makromolekülen
4.2 Zelle	Zellorganellen	Bakterien, Amöben	biologisch nicht realisiert, da Schranke für weitere Evolutionsstufe. Fundamentale K. kann individuell nicht verkraftet werden: Tod
4.3 Zellverband	Aggregat (Schleimpilze)	Vielzeller (Hydra)	
4.4 Organ	einheitliche Funktion	Einordnung in Organismus	
4.5 komplexes Lebewesen	–	dem Ökosystem gerade noch angepaßt	
4.6 Nervensystem	–	einfache Steuerungen, Instinkte	ZNS mit Bewußtsein

Übersichtstabelle (Forts.)

System	ansteigende Komplexität → subkritische Komplexität	kritische Komplexität	fundamentale Komplexität
5 Evolution			
5.1 Darwinismus	Ursuppe	einzelne Arten	gesamtes Biotop
5.2 Replikation v. Nukleinsre.	–	Makromolekül mit Information	Informationsverlust
6 Systeme außerhalb der Naturwissenschaft			
6.1 Wissenschaft selbst	Phänomenologie Beschreibung	Theorien Reproduktion	Finalisierung der Wissenschaft? Zerstörung des Objekts (Unschärfe-Relation)
6.2 Philosophie	einf. Logik *(Pythagoras)* Einsichten, Ur-Erfahrungen *(Heraklit)*	Systeme	Transzendental-Philosophie } Transzendenz
6.3 Ästhetik	einf. Reproduktion	Stil-Bildung	Kunst = Abstraktion von ↗Form→Chaos ↘Inhalt→Erstarrung ←---
6.4 Sprache	–	einf. Mitteilung, formale Sprache	Sprache Dichtung ---
6.5 Religion	»Gefühle«	Naturreligionen, dogmatisierte Religion	offene Religion, Religion, die Freiheit ermöglicht »unmögl. Religion« z. B. frühes (u. spätes?) Christentum
6.6 Historie	Chronik, Anekdoten	Geschichtsschreibung, historische Systeme *(Thukydides, Hegel,* Historizismus)	offene Geschichte *(K. Popper)*

ich Phänomene, die außerhalb der Naturwissenschaften liegen, nach dem Schema: Chaos – Komplexität – Ordnung behandelt, so die Schönheit (Kap. 6), das Idee-Materie-Problem (Kap. 7), das Altern und Sterben (Kap. 8). Die Frage ist: Darf man die Theorie so allgemein fassen? Ich möchte zwei mögliche Haupteinwände von vornherein widerlegen.

Erster Einwand: »Die Theorie der fundamentalen Komplexität ist mystisch.«

Es könnte sein, daß die Theorie der fundamentalen Komplexität antinaturalistische, nichtwissenschaftliche, ja mystische Elemente enthielte, etwa der Art, daß man sich mit dem berühmten Goethe-Wort damit begnügen will: ». . . alles Erforschliche erforscht zu haben und das Unerforschliche ruhig zu verehren«, ein sicher individuell berechtigtes Verlangen, mit dem man aber den Boden der Wissenschaft verläßt.

Im Vorangegangenen habe ich gezeigt, daß die Theorie sich gerade aus der neuesten wissenschaftlichen Kenntnis hochkomplexer biologischer Systeme zwangsläufig ergibt. Überall dort, wo molekulare Einzelereignisse in den makroskopischen, biologischen Bereich rückgekoppelt werden, können statistische Schwankungen, also Abweichungen vom Mittelwert, durch besondere Verstärkermechanismen bestimmend werden. Netzwerke können unter bestimmten Bedingungen indeterministisch werden. Die Theorie benützt also neueste wissenschaftliche Erkenntnisse und kann deshalb nicht mystisch oder antinaturalistisch sein. Eine genaue Analyse der Axiomatik der Naturwissenschaften könnte zeigen, daß bei strenger Beachtung der Axiomatik die hier aufgezeigten Grenzen sich bereits ergeben. Auch das Gödelsche Theorem (vgl. Kap. 9, S. 294) ist – freilich auf einem Teilgebiet – ein den Bereich der Naturwissenschaften begrenzender Satz. Auch die Mathematik muß sich mit »Stückwerktechnologie« begnügen.

Zweiter Einwand: »Die Theorie ist szientifisch.«

Der andere Einwand könnte lauten, die Theorie sei positivistisch oder szientifisch, sie suche und führe auf einem Felde Beweise, das nicht in den Bereich der Naturwissenschaften gehöre, sie benutze materiell-naturwissenschaftliche Beweise (die Komplexität eines Zentralnervensystems, die Unvorhersagbarkeit einer Mutation usw.) auf einem Gebiet, auf dem man eben nur logisch-philosophisch argumentieren dürfe. Dieser Einwand wäre naiv. Philosophie und Erkenntnistheorie haben immer die

letzten Resultate wissenschaftlicher Erkenntnis benützt, ausgewertet und zur Definition und Beschreibung epistemologischer Probleme verwendet. Descartes wäre nicht denkbar ohne die Galileische und Keplersche Himmelsmechanik, oder besser gesagt, er hätte nicht so denken können ohne sie, und David Hume oder Immanuel Kant hätten nicht das geschrieben, was sie geschrieben haben, ohne Newtons »Principia«.
Es ist also legitim, ja notwendig, neue wissenschaftliche Erkenntnisse zur Interpretation der Möglichkeiten und Grenzen von Wissenschaft heranzuziehen, auch wenn diese Interpretationen dann Konsequenzen haben sollten, die sich auf Erkenntnisfragen und philosophische Fragen erstrekken. Eine szientifische Grenzüberschreitung läge nur dann vor, wenn die Aufstellung der Theorie primär als der Versuch unternommen würde, etwa die Nichterklärbarkeit der Geschichte zu erklären oder die Nichtprognostizierbarkeit der Geschichte zu beweisen. Das ist jedoch nicht die primäre Absicht. Die Theorie erstreckt sich vielmehr primär auf die Epistemologie der Wissenschaft selber. Wenn dabei die wissenschaftliche Basis des Denkens berührt wird, so lassen sich weiterreichende Schlüsse nicht vermeiden, und es kann sich dann – als Nebenprodukt der Theorie – auch ein Beweis für die Nichterklärbarkeit der Geschichte ergeben, wie er im folgenden Abschnitt geführt werden soll.
Daraus folgt: Die Theorie der fundamentalen Komplexität gilt allgemein.

Zeitgeist und Evolution – Gedanken zum Verhältnis von Geschichte und Naturgeschichte[10]

»Es kann niemand seine Zeit überspringen, der Geist seiner Zeit ist auch sein Geist; aber es handelt sich darum, ihn nach seinem Inhalte zu erkennen«, sagt Hegel[11] in bezug auf Platon und in einer seiner Vorlesungen: »Ich wünsche, daß diese Geschichte der Philosophie eine Aufforderung für Sie enthalten möge, den Geist der Zeit, der in uns natürlich ist, zu ergreifen und aus seiner Natürlichkeit, d. h. Verschlossenheit, Leblosigkeit hervor an den Tag zu ziehen.«
Danach wäre in diesem idealistischen Geschichtsmodell der »Geist« – Hegel spricht auch von einem Zug von wahren Geistern – der eigentliche Inhalt der Geschichte, der sich in Menschen und in Menschenwerk

insoweit manifestiert, wie die Menschen diesen Zeitgeist erkennen und sich bewußt machen können. Es bedarf keiner weiteren Erläuterung, daß ein solches idealistisches Geschichtsbild sich heute, nach einer Epoche materialistischer und marxistischer Geschichtsphilosophie, nicht mehr halten läßt, jedenfalls nicht in dieser Form. Richtig ist aber, auch für den ganz naiven Betrachter von Geschichtsabläufen, daß diese sich immer wieder sozusagen regelwidrig verhalten. Sie lassen sich nicht mit einfachen und auch nicht mit komplizierten Modellen beschreiben. Es gibt im Grunde keine historischen Gesetze, sondern allenfalls gewisse Wahrscheinlichkeitsregeln: Das legt dem Beobachter von historischen Abläufen nahe, daß der Geist, die Geister oder der Zeitgeist hier regulierend oder verwirrend von außen eingreifen und zwar um so mehr, je physikalistischer sich die übrige Welt des Menschen organisiert. Diese Diskrepanz zwischen der technisch-determinierbaren Alltagswelt und der scheinbar irrationalen Menschengeschichte wird immer größer und bedrückender.
Woher stammt der erhebliche Rest von Unbeschreibbarkeit historischer Abläufe, dieses für den menschlichen Geist unbefriedigend Irrationale? Jürgen Habermas und Niklas Luhmann[12] machen in ihrer bekannten Diskussion den Versuch, sich über ein systemtheoretisches Modell zu einigen. Dabei spielt das Konzept der Komplexität einer gesellschaftlichen (oder historischen) Struktur eine wichtige Rolle: »Systeme erhalten und bilden mit ihren stabilisierten Grenzen Inseln geringerer Komplexität ...« – im Vergleich zur weitgehend chaotischen Außenwelt – man kann also das Ganze der Geschichte oder auch nur einen Ausschnitt der Geschichte gar nicht betrachten. Es ist weitgehend chaotisch, und die Beschreibung wird erst dadurch möglich, daß man ein isoliertes System betrachtet, welches freilich durch den Betrachter in einen isolierten Bereich versetzt wird. Erst diese Insel geringerer Komplexität ist der Beschreibung zugänglich. Dabei werden an ein funktionierendes und lebensfähiges gesellschaftliches System bestimmte Anforderungen gestellt, »... seine Eigen-Komplexität muß ausreichen, um auf Änderungen der Umwelt systemerhaltende Reaktionen zu ermöglichen«. Das System muß also bereits eine gewisse Komplexitätshöhe haben, um »lebendig« reagieren zu können. Nicht zu jeder Zeit und an jedem Ort sind Systeme gleich gut plaziert oder überhaupt lebensfähig: »Aus dem Komplexitätsgefälle zwischen Welt und System folgt, daß Systeme nicht mit jeder möglichen Umwelt kompatibel sein können.« Zur Zeit des

Sonnenkönigs konnten die Gedanken der Französischen Revolution, obgleich im Ansatz schon vorhanden, sich eben nicht durchsetzen, sie paßten nicht zum »Zeitgeist«. Und nach Niklas Luhmann (S. 274) ist »soziale Evolution Steigerung der Komplexität der Gesellschaft, d. h. Steigerung der Komplexität, die die Gesellschaft im Verhältnis der einzelnen Sozialsysteme zu ihrer Umwelt tragbar machen kann.«

Zum erstenmal ist das Problem der Komplexität der Welt von Leibniz behandelt worden. Er definiert die beste aller möglichen Welten als diejenige Welt, die das Problem der Weltkomplexität optimal gelöst hat, indem sie ein höchstes Maß an Varietät mit einem Minimum an Mitteln und begrifflichen Hypothesen verbindet. Die Selektionskriterien für die beste der möglichen Welten sind also »höchste Komplexität bei einfachsten Mitteln« oder »höchste Varietät bei höchster Ordnung«.

Hier ist freilich der Begriff von Komplexität nicht genau definiert. Sie wird als für im Prinzip meßbar betrachtet, denn sonst könnte man ja die verschiedenen Welten nicht nach dem Kriterium der Komplexität vergleichen.

Ähnliches gilt für die Habermas-Luhmannsche Betrachtung: Ein nur quantitatives Komplexitätsgefälle reicht nicht aus zur Erklärung von gesellschaftlichen oder historischen Systembildungen, Kompatibilitäten oder Inkompatibilitäten. Woher kommt aber dann das, was ich vereinfachend die Irrationalität in der Geschichte nenne? Offenbar müssen wir, wenn wir die Komplexität als wichtige Größe in unserem historischen Ansatz benützen, diese näher definieren, wie ich das oben getan habe: Geschichte ist fundamental-komplex.

Wir haben solche fundamental-komplexen Systeme kennengelernt: das System der Evolution oder das System des menschlichen Gehirns. Freilich gelten auch in diesen Systemen sehr definierte Regeln, aber es sind nicht die determinierenden und deterministischen Regeln der klassischen Physik. Es sind vielmehr Verhaltens- oder Spielregeln. Jeder der Spieler in einem »Systemspiel« muß sich an diese Regeln halten, sonst kommt das Spiel überhaupt nicht zustande. Die Regeln sind so streng wie physikalische Gesetze und sehr vielfältig, wie etwa beim Schachspiel. Dennoch ist der Ausgang vollkommen offen. Keine oder kaum eine Schachpartie verläuft wie die andere und zwar nicht etwa, weil die Regeln (entsprechend physikalischen Gesetzen) verletzt oder lasch gehandhabt würden, sondern wegen des fundamental-komplexen Charakters eines jeden Spiels.[8]

Das menschliche Gehirn besitzt die Eigenschaft der fundamentalen Komplexität. Es spielt Lösungen durch. Es kreiert Ideen spielerisch, zwar nach den Regeln der Psychologie und Neurophysiologie, aber diese Ideen sind offen, neuartig, abstrus, träumerisch, verspielt oder kreativ. Das Gehirn ist nicht nur ein Computer, sondern gleichzeitig ein »Zufallsgenerator«, der die praktisch unendlich mannigfaltige Umwelt des Menschen jeweils adaptiert, umformt und überträgt. Das Problem der geistigen Mannigfaltigkeit ist nicht mit einem Computer zu lösen. Selbst ein Computer, der so viele Schaltelemente hätte wie das ganze Universum Atome enthält und der seit der Entstehung der Welt mit Lichtgeschwindigkeit, der höchstmöglichen Geschwindigkeit, rechnen würde, könnte nur eine endliche Zahl von Operationen durchführen – etwa 10^{120} Rechenoperationen. Die Zahl verschiedener Buchstabenfolgen unseres Alphabetes, die auf eine Postkarte passen, ist aber bereits viel größer und erst recht die Zahl der möglichen Gehirnzustände, die diese Postkarte schreiben oder interpretieren.
Mein Theorem also: Wegen der fundamental-komplexen physiologischen und neurologischen Eigenschaften des Gehirns gibt es in der Welt des Geistes, in der Schöpfung von Ideen, in der Welt der Entscheidungen keine einfache Kausalität und keine Prognostizierbarkeit. Es sei hier angemerkt, daß die Mathematik in der Begründung ihrer Entscheidungstheorie zu analogen Resultaten gelangt ist (Gödelsches Theorem, s. S. 294): Die mathematische Axiomatik ist fundamental-komplex. Wir finden also auch in den streng physikalischen Wissenschaften immanente Grenzen der wissenschaftlichen Methode, nämlich die eben erwähnte Unentscheidbarkeitstheorie. Eine weitere Grenze der wissenschaftlichen Methode ist die Quanten-Unbestimmtheit (Heisenbergsche Unschärferelation), nach der Ort und Impuls eines Elementarteilchens nicht gleichzeitig meßbar sind. Bei der Tätigkeit des Gehirns, dem Leib-Seele-Problem, geht es um das Bewußtsein von Bewußtsein. Bei der Quantenunschärfe um die Messung des Messens, bei den Unentscheidbarkeitssätzen um die Logik der Logik: Die metatheoretischen Voraussetzungen unserer Wissenschaften sind nicht abzusichern. Geschichte ist die Geschichte des Menschen. Sie ist die Summe der vom Menschen gedachten Ideen und von Menschen ausgeführten Taten. Geschichte ist ganz und gar aus dem menschlichen Gehirn entsprungen und durch den menschlichen Geist reguliert. Daraus ergibt sich zwangsläufig, daß eine physikalistische Betrachtungsweise der Geschichte, wie sie etwa der Historizismus

und der Marxismus versucht haben, unmöglich ist. Der Historizismus stellt einen vergleichenden Versuch dar, Geschichte physikalistisch-holistisch im Sinne der klassischen Physik zu beschreiben und die genannten Schwierigkeiten wegzudiskutieren. Karl Popper hat sich mit diesem Problem auseinandergesetzt[7], er hat den Historizismus philosophisch-logisch widerlegt und für eine »offene« Geschichte plädiert.
Die Richtigkeit der Popperschen Sätze kann man nun mit Hilfe des Prinzips der fundamentalen Komplexität exakt beweisen, denn Denken, Erkennen und Evolutionen lassen sich nicht prognostizieren. Als ein Beispiel für das direkte Eingreifen des zündenden Gedankens in die faktische Geschichte will ich ein Kleist-Zitat anführen, das die spontane Geburtsstunde der Französischen Revolution beschreibt[13]:
»Mir fällt jener ›Donnerkeil‹ des Mirabeau ein, mit welchem er den Zeremonienmeister abfertigte, der nach Aufhebung der letzten monarchischen Sitzung des Königs am 23. Juni, in welcher dieser den Ständen auseinanderzugehen anbefohlen hatte, in den Sitzungssaal, in welchem die Stände noch verweilten, zurückkehrte, und sie befragte, ob sie den Befehl des Königs vernommen hätten? ›Ja‹, antwortete Mirabeau, ›wir haben des Königs Befehl vernommen‹ – man sieht, daß er noch gar nicht recht weiß, was er will. ›Doch was berechtigt Sie‹ – fuhr er fort, und nun plötzlich geht ihm ein Quell ungeheurer Vorstellungen auf – ›uns hier Befehle anzudeuten? Wir sind die Repräsentanten der Nation.‹ – Das war es, was er brauchte! ›Die Nation gibt Befehle und empfängt keine.‹ – um sich gleich auf den Gipfel der Vermessenheit zu schwingen. ›Und damit ich mich Ihnen ganz deutlich erkläre‹ – und erst jetzo findet er, was den ganzen Widerstand, zu welchem seine Seele gerüstet dasteht, ausdrückt: ›so sagen Sie Ihrem Könige, daß wir unsre Plätze anders nicht, als auf die Gewalt der Bajonette verlassen werden.‹ – Worauf er sich, selbstzufrieden, auf einen Stuhl niedersetzte. . . . Man liest, daß Mirabeau, sobald der Zeremonienmeister sich entfernt hatte, aufstand und vorschlug: 1) sich sogleich als Nationalversammlung und 2) als unverletzlich, zu konstituieren.«
An bestimmten Fulgurationspunkten ist alles offen. Die Frage, ob überhaupt eine allgemeingültige Theorie der Geschichtsschreibung möglich ist, läßt sich wissenschaftlich nicht entscheiden. Dadurch wird gewissermaßen ein Idealismus höherer Ordnung möglich, eine idealistische Geschichtsauffassung, die gleichsam durch die materialistische hindurchgegangen ist und wieder ins Reich der Ideen und Irrationalitäten führt, die

als fundamental-komplexe Systeme grundsätzlich nicht prognostizierbar und indeterministisch sind. Eine metatheoretische Begründung der Geschichtswissenschaft ist nicht möglich. Das heißt aber: Historische Strukturen und Theorien können in pluralistischer Weise nebeneinander bestehen, in gleicher Wertigkeit, friedlich ko-existierend. Es gibt keinen Anspruch, der aus einer einzigen historischen Theorie abgeleitet werden könnte.

Die Darwinsche Theorie ist *die* Naturgeschichte. Unsere Welt ist vom Urknall bis zum Homo sapiens durch den Prozeß der Evolution entstanden. Es formten sich jeweils höhere, komplexere Ordnungen, nicht notwendigerweise immer durch Vernichtung des Früheren in einem Kampf ums Dasein bis aufs Messer, sondern durch Überlebensvorteile des jeweils besser Angepaßten (englisch: Survival of the Fittest). Denn Evolution ist nicht Vernichtung des Früheren, sie ist Veränderung. Was wir heute als natürliche Umwelt vor uns sehen, ist eine Momentaufnahme (s. S. 222). Und wir glauben, das müßte nun alles so bleiben!? Aber vielleicht sind wir an einem Punkte angekommen, wo die biologische Evolution zu Ende geht, wo *wir* sie zu einem Ende gebracht haben, wo nun tatsächlich alles so bleiben muß. Evolution ist eben auch nicht nur Veränderung sondern auch Aussterben. Evolvierende Systeme müssen sterben können. Oder umgekehrt: Nur Systeme, die das Sterben erfunden haben, können evolvieren. Wer langfristig überleben will, muß die Evolution anhalten. Und genau an diesem Punkte ist die Menschheit heute angelangt, das bedingt ihre Krisen und ihre Chancen.

Warum hat die Entwicklung des Gehirns dem Menschen einen biologischen Vorteil gebracht? Wir haben in Kapitel 3 gehört, daß in der Doppelhelix unserer Erbanlagen etwa 4×10^9 Bits an Information enthalten sind, nach Genen, Erbanlagen usw. geordnet. Heute produziert die Menschheit schätzungsweise jährlich 10^{18} Bits an neuer nicht-genetischer Information pro Jahr. Pro Jahr produzieren wir eine Milliarde mal mehr Information und geben sie an die nächsten Generationen weiter, als wir dies in einer Generation von 30 Jahren durch unsere Erbanlagen können. Das heißt schlicht: Die biologische Evolution des Menschen ist zu Ende.

Mit dem Ende der biologischen Evolution ist aber keineswegs ein Stillstand erreicht, im Gegenteil. Die biologische Evolution geht nach den Darwinschen Gesetzen vor sich. Ende des 19. Jahrhunderts und bis in das 20. Jahrhundert (z. B. bei Lyssenko) herrschte ein erbitterter Streit zwischen Darwinisten und Lamarckisten, den ich am besten an einem Beispiel erläutere. Auf die Frage: Warum haben die Giraffen lange Hälse? antworteten die Darwinisten: Weil in der Savanne die Fähigkeit zum Abrupfen von Blättern hoher Bäume einen Überlebensvorteil darstellte, hatten gewisse langhalsige Antilopen bessere Vermehrungschancen; die kurzhalsigen starben aus. In Jahrmillionen entwickelte sich auf diese Weise die Giraffe. Die Lamarckisten sagten: Die Giraffen reckten ihre Hälse nach den Blättern, sie trainierten ihre Hälse und waren dann in der Lage, die erworbene Eigenschaft »langer Hals« direkt an ihre Nachkommen weiterzuvererben. Das Erstaunliche ist: Der Mensch ist durch sein Gehirn zu einem Lamarckschen Wesen geworden! Wenn er fliegen will, braucht er nicht Tausende von Generationen zu warten, bis ihm Flügel wachsen, sondern er erfindet Flugmaschinen. Wenn er nicht frieren will, braucht er nicht einen Eisbärpelz über tausend Generationen genetisch zu erwerben. Entweder schießt er sich einen Eisbären und benützt das Fell, oder er drückt auf den Knopf der Zentralheizung. Wir, die Lamarckschen Wesen, können unsere Wünsche direkt in »Erbeigenschaften« umsetzen. Jawohl, Erbeigenschaften! Allerdings nicht solche, die in der Doppelhelix festgelegt sind. Aber es sind Kenntnisse, Fähigkeiten, Instrumente, Sitten, Gebräuche, Moralvorschriften, die durch Erziehung, in Bibliotheken, in der Umgangssprache, in gesellschaftlichen Normen, in politischen Systemen niedergelegt sind und weitergegeben werden.

Das qualitativ Neue an der gegenwärtigen Situation besteht darin, daß der Mensch in den letzten Jahren gelernt hat, die technisch-manipulativen Fähigkeiten auf seine eigene und die ihn umgebende Natur anzuwenden. Er kann seine Ideen der Natur aufprägen. Naturgeschichte wird zu Geschichte.[14]

Was heißt das? Seit der Mensch in der Vorgeschichte der Natur einzugreifen begann, hat er versucht, die Evolution in Teilen der Natur in bestimmte Richtungen zu lenken – häufig nicht bewußt, sondern durch Symbiose. Um nur ein Beispiel zu nennen: Für die restefressenden Schakale an den Lagerfeuern des Menschen war es auf die Dauer vorteilhaft, sich dem Menschen als Haushund anzuschließen. Solange der Mensch noch Teil der Natur war, war auch dies nur Beschleunigung in eine bestimmte Richtung, Teil der natürlichen Evolution und somit nicht von ihm zu verantworten. Zwar ist der Mensch auch jetzt noch ein biologisches Wesen und insofern Teil der Natur, durch seine Aktivitäten ist aber die biologische Evolution im technisch-kulturellen Fortschritt

aufgegangen, beziehungsweise in die Hand und Verantwortung des Menschen gegeben.
Mit dem technischen Zeitalter seit hundertfünfzig Jahren und besonders mit dem Eintritt in das biotechnische Zeitalter seit zehn Jahren tritt erstmalig eine bis dahin nicht gekannte Interaktion zwischen dem Reich der Ideen (Poppers Welt III) und der Natur (dem Reich der Evolution) auf. Diese neuartige, vom Menschen hervorgebrachte und von ihm zu verantwortende Rückkopplung kann der Naturgeschichte die gleiche Instabilität, den gleichen Komplexitätsgrad, die gleiche Krisenanfälligkeit aufprägen, wie wir sie in der Geschichte beobachten. Diese Wechselwirkung droht außer Kontrolle zu geraten und zur globalen ökologischen Katastrophe oder zum Atomtod oder zur genetischen Totalmanipulation zu führen. Der Mensch steht zwar in der Geschichte, aber er macht sich auch *seine* Geschichte. Die Materie, die biologischen Grundlagen, die materiellen Gegebenheiten dieses Erdballs, im vortechnischen Zeitalter noch das Leben *und* Denken bestimmend, setzen heute nur noch Randbedingungen, die mit dem Fortschreiten der Naturwissenschaften mehr und mehr zurückgedrängt werden zugunsten einer ausschließlich aus dem Bereich des menschlichen Denkens gestalteten Geschichte.
Die Reaktionen des Menschen sind die Reaktionen seines Zentralnervensystems einschließlich des von diesem gesteuerten hormonalen Systems. Sie sind von einer unendlichen Mannigfaltigkeit. Deshalb ist Geschichte qualitativ verschieden von Naturgeschichte. Durch die Eroberung und schrankenlose Ausbeutung der Natur prägt der Mensch nicht nur die Natur, sondern er zwingt ihr auch seine historischen Gesetze und Instabilitäten auf. Die Naturgeschichte, die Evolution, die wir erst jetzt, am Ende dieses Jahrhunderts ganz zu erkennen vermögen, *könnten* wir als abgeschlossen ansehen, sie zufrieden, historisierend in der Rückschau betrachten, als überwundene barbarische Epoche der unumstößlichen Geltung der grausamen Evolutionsgesetze, von denen wir uns nun – endlich – nach zehn Millionen Jahren der Geschichte der Menschheit befreit haben. *Wir könnten. Aber wir dürfen nicht.*
An diesem Kreuzweg von Geschichte und Naturgeschichte ist – erstmalig in der Geschichte unserer Welt – *uns* die moralische Verantwortung nicht nur für unsere *Geschichte* (und ihre Verbrechen), sondern auch für die *Naturgeschichte* (und die Verbrechen an ihr) auferlegt – und wir werden sie tragen müssen.[15]

Abschied vom Prinzipiellen – Über die Unmöglichkeit, Beweise zu beweisen

Der Mensch ist ein fundamental-komplexes Wesen, und er ist sterblich, was miteinander in Zusammenhang steht (vgl. Kap. 8). Er ist damit ein für allemal auf sich selbst verwiesen. Das heißt auch: Er kann sich nicht vollständig selbst erklären.

Aber auch die Physik und die mathematische Logik sind selbstbezüglich, sind auf sich selbst rückgekoppelt. Das hat Kurt Gödel in seinem berühmten Satz formuliert: »Alle widerspruchsfreien axiomatischen Formulierungen der Zahlentheorie enthalten unentscheidbare Aussagen.«[16] Douglas R. Hofstadter hat dieses ausführlich erläutert:[17] »Der Beweis von Gödels Unvollständigkeitssatz beruht darauf, daß man einen selbstbezüglichen mathematischen Satz niederschreibt, so wie die Epimenides-Paradoxie, eine selbstbezügliche, sprachliche Aussage ist (Epimenides-Paradoxie ist der Satz: Ein Kreter sagt: ›Alle Kreter sind Lügner.‹). Während es aber sehr einfach ist, in der Sprache über die Sprache zu reden, ist es keineswegs leicht einzusehen, wie eine Aussage über Zahlen über sich selber sprechen kann. Es bedurfte tatsächlich schon eines Genies, um allein die Idee der selbstbezüglichen Aussage mit der Zahlentheorie in Verbindung zu bringen. Als Gödel den Einfall hatte, daß sich eine solche Aussage herstellen ließe, hatte er die nächste Hürde übersprungen. Geschaffen wurde diese Aussage dann, indem Gödel einen schönen Intuitionsfunken ausbreitete ...

Gödel erkannte, daß eine zahlentheoretische Aussage etwas über eine zahlentheoretische Aussage (möglicherweise sogar sich selbst) aussagen kann, wenn man nur irgendwie bewirken könnte, daß Zahlen Aussagen repräsentieren. Mit andern Worten: Das Kernstück seiner Konstruktion ist die Vorstellung von einem Code. Im Gödel-Code, den man gewöhnlich als ›Gödel-Numerierung‹ oder ›Gödelisierung‹ bezeichnet, stehen die Zahlen für Symbole und Symbolfolgen. Auf diese Weise erhält jede Aussage der Zahlentheorie – eine Folge spezialisierter Symbole – eine Gödel-Nummer, etwa wie eine Telefon- oder Autonummer, mit der sie bezeichnet werden kann. Und dieser Kunstgriff des Codierens macht es möglich, daß man zahlentheoretische Sätze auf zwei verschiedenen Ebenen verstehen kann: als zahlentheoretische Aussagen und auch als Aussagen über zahlentheoretische Aussagen.

Nachdem Gödel dieses Codierungsschema erfunden hatte, mußte er eine Prozedur ausarbeiten, um die Paradoxie des Epimenides in ein zahlentheoretisches System zu befördern. Was er letzten Endes von Epimenides transplantierte, lautete nicht: ›Diese zahlentheoretische Aussage ist falsch‹, sondern: ›Für diese zahlentheoretische Aussage gibt es keinen Beweis‹. Das kann große Verwirrung stiften, weil man ganz allgemein von dem Begriff ›Beweis‹ nur vage Vorstellungen hat. Eigentlich bildet Gödels Werk nur einen Teil der lange andauernden Bemühungen der Mathematiker, sich darüber klar zu werden, was Beweise sind. Wichtig ist, festzuhalten, daß Beweise innerhalb fester Systeme von Aussagen operieren. In Gödels Fall ist das feste System zahlentheoretischer Schlüsse, auf die sich das Wort ›Beweis‹ bezieht, das der Principia Mathematica (P. M.), eines gigantischen Werks von Bertrand Russell und Alfred North Whitehead, das von 1910 bis 1913 veröffentlicht wurde. Deswegen sollte der Gödel-Satz G in seiner umgangssprachlichen Fassung genauer lauten: Für diesen Satz der Zahlentheorie gibt es im System der Principia Mathematica keinerlei Beweis.
Übrigens ist dieser Gödel-Satz G nicht Gödels Satz – so wenig wie der Satz des Epidemides die Feststellung ist: ›Die Aussage des Epimenides ist eine Paradoxie.‹ Wir können nur sagen, was die Entdeckung von G bewirkt. Während die Aussage des Epimenides eine Paradoxie mit sich bringt, da sie weder falsch noch richtig ist, ist der Gödel-Satz G (innerhalb P. M.) unbeweisbar, aber wahr. Die grandiose Schlußfolgerung? Daß das System der Principia Mathematica ›unvollständig‹ ist – es gibt wahre zahlentheoretische Aussagen, für deren Beweis ihre Methoden zu schwach sind.
Wenn nun aber Principia Mathematica das erste Opfer dieses Schlags war, so war es gewiß nicht das letzte! Die Wendung ›und verwandter Systeme‹ im Titel von Gödels Abhandlung ist bedeutungsvoll; denn hätte Gödels Satz einfach auf einen Mangel im Werk Russells und Whiteheads hingewiesen, dann hätte das andere dazu anspornen können, P. M. zu verbessern, um Gödels Satz überlisten zu können. Das aber war nicht möglich. Gödels Beweis galt für jedes axiomatische System, das den Anspruch erhob, die Ziele zu erreichen, die Russell und Whitehead sich gesteckt hatten. Und eine einzige grundsätzliche Methode funktionierte für jedes einzelne System. Kurz, Gödel zeigte, daß Beweisbarkeit ein schwächerer Begriff ist als Wahrheit, unabhängig davon, um welches axiomatische System es sich handelt.

Deshalb elektrisierte Gödels Satz die Logiker, Mathematiker und die an den Grundlagen der Mathematik interessierten Philosophen, denn er zeigte, daß kein festes System, so kompliziert es auch sei, die Komplexität der ganzen Zahlen: 0, 1, 2, 3, ... repräsentieren kann. Vielleicht sind moderne Leser darüber nicht so verdutzt wie die von 1931, da unsere Kultur inzwischen den Gödelschen Satz zusammen mit den revolutionären Vorstellungen der Relativität und der Quantenmechanik absorbiert hat und deren Botschaft, die der Philosophie eine andere Orientierung gab, das Publikum erreichte, auch wenn sie durch mehrere Schichten der Interpretation (und im allgemeinen Verwirrung) abgeschirmt wurde. Heute erwartet man allgemein ›limitative‹ Ergebnisse; aber 1931 kam das wie ein Blitz aus heiterem Himmel.«

Gödels Entdeckung bedeutet die Unmöglichkeit von prinzipiellen Lösungen, den Abschied vom Prinzipiellen. Das menschliche Denken und das menschliche Sein sind auf sich selbst verwiesen, auf sich selbst rückgekoppelt, wie ich oben gesagt habe. Damit ist der Mensch unfähig, seine Grenzen zu überschreiten, zu transzendieren. Bedeutet das Resignation? Ich glaube nicht, daß solche Erkenntnis zu Resignation führen kann, wohl aber zur Skepsis gegenüber voreiligen Schlüssen und Handlungen.

Odo Marquard[18] schreibt dazu: »Die Skepsis wünscht sich zwar den vermeidlichen Einzelnen: die gebildete Individualität. Aber sie rechnet mit dem unvermeidlichen Einzelnen: das ist jeder Mensch, weil er ›unvertretbar‹ sterben muß und ›zum Tode‹ ist. Dadurch ist das Leben des Menschen stets zu kurz, um sich von dem, was er schon ist, in beliebigem Umfang durch Ändern zu lösen: er hat schlichtweg keine Zeit dazu. Darum muß er stets überwiegend das bleiben, was er geschichtlich schon war: er muß ›anknüpfen‹. Zukunft braucht Herkunft: ›die Wahl, die ich bin‹, wird ›getragen‹ durch die Nichtwahl, die ich bin; und diese ist für uns stets so sehr das meiste, daß es – wegen unserer Lebenskürze, auch unsere Begründungskapazität übersteigt: Darum muß man, wenn man – unter den Zeitnotbedingungen unserer vita brevis – überhaupt begründen will, nicht die Nichtwahl begründen, sondern die Wahl (die Veränderung): die Beweislast hat der Veränderer. Indem sie diese Regel übernimmt, die aus der menschlichen Sterblichkeit folgt, tendiert die Skepsis zum Konversativen. ›Konservativ‹ ist dabei ein ganz und gar unemphatischer Begriff, den man sich am besten von Chirurgen erläutern läßt. Wenn diese überlegen, ob ›konservativ‹ behandelt werden könne, oder ob die Niere, der Zahn, der Arm oder Darm herausmüsse: lege artis schneidet man nur, wenn man muß (wenn zwingende Gründe vorliegen), sonst nicht, und nie alles; es gibt keine Operation ohne konservative Behandlung: denn man kann aus einem Menschen nicht den ganzen Menschen herausschneiden. Das – unabsichtlich oder nicht – übersehen die, die den Begriff des Konservativen perhorreszieren. Analog läßt sich nicht alles ändern und darum nicht jegliches Nichtändern unter Anklage stellen: Deswegen bewirken die, die das – von den Geschichtsphilosophen bis zu den Diskursphilosophen – im Sinne einer ›Übertribunalisierung der Wirklichkeit‹ tun, etwas anderes als sie wollen. Die Übertribunalisierer etablieren nicht die absolute Rationalität, sondern den »Ausbruch in die Unbelangbarkeit«, der für Freiheiten eintritt, die wir – vor aller prinzipiellen Erlaubnis – schon sind; dazu gehören Üblichkeiten. Weil wir zu schnell sterben für totale Änderungen und totale Begründungen, brauchen wir Üblichkeiten: auch jene Üblichkeit, die die Philosophie ist. Die Skeptiker rechnen also mit der sterblichkeitsbedingten Unvermeidlichkeit von Traditionen; und was dort – üblicherweise und mit dem Status von Üblichkeiten – gewußt wird, wissen auch sie. Die Skeptiker sind also gar nicht die, die prinzipiell nichts wissen; sie wissen nur nichts Prinzipielles: die Skepsis ist nicht die Apotheose der Ratlosigkeit, sondern nur der Abschied vom Prinzipiellen.«

Unsere Denkmöglichkeiten und logischen Systeme sind hierarchisch aufgebaut. Wenn ein System zu komplex ist, als daß es beherrscht werden kann, zum Beispiel ein Zentralnervensystem in der Evolution, dann gliedert es sich in Subsysteme unter und reduziert dadurch seine Komplexität: Beim Studium der Neurophysiologie ist die Nervenzelle eine funktionale Einheit, die einen Strom oder einen Impuls erzeugt und »feuert«, wodurch zum Beispiel eine Muskelkontraktion stattfindet. Den Muskelphysiologen interessiert im System Muskelbewegung nur das Feuern der Nervenfaser, nicht dagegen, wie das Feuern zustande kommt, welche biochemischen Vorgänge dabei ablaufen. Er reduziert die Komplexität auf das operativ Notwendige. Für den Zellbiologen wiederum sind zellbiologische Vorgänge an der Zellmembran maßgeblich, die er durch bestimmte Studien ermittelt; er hat eine Reduktion von Komplexität vorgenommen. Er interessiert sich auch nicht – jedenfalls im Zusammenhang mit diesen Studien – für die Genetik der Nervenzellen. Dies tut dann wieder ein Genetiker und so fort. Reduktion von Komplexität ist also eine natürliche Methode, fundamentale Komplexität aufzufangen.

Wo die eigentliche Erkenntnisschwelle liegt, ist dann kaum zu beurteilen und wird wiederum zu einem operativen Problem.
Das hat schon Plato in seinem »Höhlen-Gleichnis« dargestellt: Man stelle sich Höhlenbewohner vor, die von Geburt an nichts anderes kennen als das Innere der Höhle. Sie können nicht einmal zum Ausgang hinausschauen, haben also keine Kenntnis der Außenwelt. Nur gelegentlich huscht ein Schatten am Höhleneingang vorbei und wirft undeutliche Umrisse an die gegenüberliegende Höhlenwand, und man hört undeutliche Geräusche. Von den draußen ablaufenden Vorgängen machen sich die Höhlenbewohner mythische Vorstellungen und entwickeln auf dieser Basis eine ganze Mythologie. Zufällig gelingt es einmal einem der Höhlenbewohner, nach draußen zu gelangen und die ganze Welt zu erkunden. Als er schließlich nach längerer Zeit wieder zurückkehrt und von seinen Erlebnissen berichtet, von Sonne und Regen, von Menschen und Tieren, von Häusern und Flüssen, wird er von seinen Mitbewohnern als Phantast und Verrückter ausgelacht. Die Höhlenbewohner können nur mit ihrer reduzierten Komplexität leben.

Einige Folgerungen für unsere Gesellschaft und für künftige Forschung

Freiheit und Beliebigkeit – Vertrauen: doch ein Prinzip

Aufgrund des fundamental-komplexen Charakters allen menschlichen Denkens und Handelns, aufgrund des rückgekoppelten Charakters aller Systeme, mit denen wir zu tun haben und die wir selbst sind, aufgrund des unbestimmten und unbestimmbaren Überganges von Ordnung und Chaos nach der Feigenbaumzahl, aufgrund des Netzwerkcharakters unseres Zentralnervensystems und des Lebens im allgemeinen, bleibt immer ein unbestimmbarer Rest in unserem Handeln und in unserem Denken und Tun. Dieser unbestimmbare Rest ist jedoch nicht unsere Freiheit. Dann würde Freiheit einfach auf statistischen Schwankungen beruhen. Es wäre die Freiheit eines Wasserflohs.
Die menschliche Freiheit ist in der Kultursphäre entstanden, der Mensch hat sich befreit, wie Friedrich von Hayek [19] sagt: »Freiheit wurde möglich durch die schrittweise Entwicklung der Disziplin der Zivilisation, die auch zugleich die Disziplin der Freiheit ist. Sie schützt den Menschen

durch unpersönliche abstrakte Regeln vor willkürlicher Gewalt Dritter und ermöglicht dem einzelnen, sich einen Bereich zu schaffen, in dem kein anderer sich einmischen darf und innerhalb dessen er sein Wissen für seine eigenen Zwecke verwenden kann.«

Durch Freiheit wird Komplexität enorm erhöht. Sie kann bei schrankenlosem Individualismus zu einer totalen Zerstörung der Gesellschaft führen und damit der Freiheit durch das eigene Überschlagen den Boden entziehen. Denn ohne eine Gesellschaft, in die der Mensch eingebettet ist und durch die er kontrolliert wird, ist er nicht frei. Er ist vielmehr ein armes, gehetztes Naturwesen, das ohne den Vorteil der Arbeitsteilung und ohne Schutz durch andere von den physischen Notwendigkeiten zerstört wird. Der enorme Zuwachs an Komplexität durch Freiheit, der andererseits der menschlichen Gesellschaft nützlich ist – eine sich frei entfaltende Gesellschaft ist effektiver als eine reglementierte –, diese Komplexität muß dennoch irgendwie reduziert werden. In menschlichen Gesellschaften geschieht das durch bestimmte Konventionen, die auf gegenseitigem Vertrauen beruhen.

Ohne ein Mindestmaß an Vertrauen ist ein Leben in Freiheit nicht zu meistern. Man würde schon morgens beim Aufwachen aus Angst davor, was am Tage alles passieren könnte, sich die Bettdecke wieder über den Kopf ziehen. Ohne Vertrauen gäbe es keinen Handel; man vertraut darauf, daß die Zahlung erfolgt. Ohne Vertrauen gäbe es keine Verträge. Man vertraut darauf, daß sie eingehalten werden. Ohne Vertrauen gäbe es keinen Autoverkehr; man vertraut darauf, daß die Verkehrsregeln eingehalten werden. Natürlich wird das Vertrauen gelegentlich enttäuscht. Es gibt Krankheiten, Betrüger, Unfälle. Aber dennoch kann eine freiheitliche Gesellschaft ohne Vertrauen nicht funktionieren.

Niklas Luhmann faßt nun das Vertrauen als Reduktion von Komplexität auf[20]: »Wir können das Problem des Vertrauens nunmehr bestimmt erfassen als Problem der riskanten Vorleistung. Die Welt ist zu unkontrollierbarer Komplexität auseinandergezogen, so daß andere Menschen zu jedem beliebigen Zeitpunkt sehr verschiedene Handlungen frei wählen können. Ich aber muß hier und jetzt handeln. Der Augenblick, in dem ich sehen kann, was andere tun und mich sehend darauf einstellen kann, ist kurz. In ihm allein ist wenig Komplexität zu erfassen und abzuarbeiten, also wenig Rationalität zu gewinnen. Es ergäben sich mehr Chancen für komplexere Rationalität, wenn ich auf ein bestimmtes künftiges Handeln anderer vertrauen möchte.«

Vertrauen ist ein Prinzip menschlichen Zusammenlebens, Vertrauen ist nicht möglich ohne Liebe. Liebe ist also ein notwendiges Prinzip in unserer Menschenwelt. Ich will damit ganz und gar nicht sagen, daß Liebe nur eine entwicklungsbiologische und nützliche Errungenschaft der Evolution sei: Liebe ist eine Kraft, die in unserer Welt wirkt. Ohne diese Kraft könnte die Menschenwelt nicht existieren.

Evolutionsbiologie als Forschungsgegenstand

Evolutionsbiologische Fragestellungen sind und bleiben weiterhin wissenschaftliche Probleme von hoher Bedeutung. Man wird aber keine totale Beschreibung des Systems Evolution anstreben können, weder mechanistisch noch holistisch. Wissenschaftliche Fragestellungen müssen sich entweder auf spezielle Einzelprobleme beziehen, zum Beispiel auf die Struktur des Ribosoms oder die Entzifferung des genetischen Codes, die ihrerseits von unbestrittenem, erkenntnistheoretischem und möglicherweise auch praktischem Wert sind, oder wissenschaftliche Fragestellungen müssen so sehr im Allgemeinen und mathematisch Formalisierten bleiben, daß sie sich mit der wahren Vielfalt biologischer Strukturen, die ja erst das Ganze darstellt, nicht befassen. Das Ganze aber ist fundamental-komplex.
Eine weitere Folge dieser Erkenntnis ist, daß es genetische Manipulation im Sinne einer Schaffung eines vollkommenen, aus der wissenschaftlichen Extrapolation der Evolutionsgesetze hervorgegangenen pflanzlichen, tierischen oder menschlichen Organismus nicht geben kann. Genetische Manipulation kann immer nur »Stückwerk-Technologie« sein; man würde hier vielleicht besser sagen »Stümper-Technologie«.

Unser Gehirn – ein komplexes Organ zur Reduktion von Komplexität

Seit Beginn des menschlichen Denkens ist es dem Menschen aufgegeben, über das Verhältnis von Körper und Geist, von Leib und Seele nachzudenken. Zweifellos hat der menschliche Geist seinen Sitz im Körper, auch wenn man geistige Bereiche, das Reich der Ideen, Metaphysik als vom Körper losgelöste Qualitäten annimmt. Der Leib ist mindestens das Substrat, um Geist hervorzubringen. Zwischen Körper und Geist gibt es viele Rückkopplungen. Man kann meist besser denken, wenn man in guter körperlicher Verfassung ist. Gedanken können den Menschen zu körperlicher Höchstleistung beflügeln, seelische Schmerzen und unverarbeitete Erlebnisse ihn körperlich schädigen. Was ist also das Verhältnis von Körper und Geist?

Das Organ, mit dem wir denken, ist das Gehirn. Dieses komplizierte Organ mit seinen Milliarden von Nervenzellen, die alle untereinander in Verbindung stehen und miteinander verschaltet sind, besitzt einen unvorstellbaren Komplexitätsgrad. Wie wird aus einer so komplexen Quantität eine neue Qualität, nämlich das menschliche Denken? Werden wir durch die Forschung der nächsten Generationen den menschlichen Geist materiell beschreiben können?

Die Grundstruktur des Gehirns ist genetisch festgelegt, das heißt seine Größe, die Zahl der Neuronen, die ungefähre Zuordnung einzelner Regionen zu bestimmten Funktionen wie Hörzentrum, Sehzentrum und so weiter, und es enthält bestimmte ererbte Programme, nach denen gewisse Denk- und Verhaltensschemata ablaufen. Das Gehirn kann aber auch lernen. Es ist gewissermaßen ein lernfähiger Computer. Beim Säugling werden bestimmte synaptische Verbindungen im Laufe der ersten Lebensjahre geknüpft. Drähte (das heißt hier Nervenfasern) wachsen auf bestimmte Ziele, auf andere Nervenfasern zu, verbinden und vernetzen so das ganze System miteinander, und zwar um so besser, zahlreicher und schneller, je mehr die Nervenfunktionen geübt werden.

Das Zentralnervensystem ist also doppelt komplex: Zum einen wird seine Struktur und Funktionsweise von vielen hundert Genen gleichzeitig und in vernetzter Weise bestimmt, und zum andern sind die wesentlichen Fähigkeiten epigenetisch, das heißt, sie werden erst erworben! Die Grundstruktur des Gehirns ist in der Evolution durch genetische Adaptation an die Umwelt entstanden. Aber das Gehirn kann zu Lebzeiten des Individuums durch epigenetische Adaptation an die individuelle Umwelt sich weiter entwickeln. Deshalb ist etwas so einfach Erscheinendes wie eine Definition von »Intelligenz« nicht möglich. Und was man nicht definieren kann, kann man auch nicht gezielt verändern.

In der Neurophysiologie gibt es zwei grundsätzlich verschiedene Betrachtungsweisen, um deren Vereinigung man sich zur Zeit intensiv bemüht. Es sind dies die *generalisierende* Betrachtungsweise des Systemphysiologen und die *molekularbiologische* Betrachtungsweise des Neurochemikers.

Die generalisierende Betrachtungsweise des Systemphysiologen setzt im Grunde voraus, daß das System nicht als die Summe seiner Einzelteile erklärt werden kann. Deshalb werden unter bewußter Vernachlässigung von Einzelphänomenen ganze Gruppenphänomene bearbeitet, etwa die neuronale Aufarbeitung visueller Eindrücke auf dem Wege von der Netzhaut zur Großhirnrinde. Diese Forschungsrichtung bleibt deshalb immer Phänomenologie, wenn auch eine sehr raffiniert ausgefeilte und mit weitreichenden Konsequenzen.
Die molekularbiologische Betrachtungsweise geht davon aus, daß molekulare Ereignisse das biologische Geschehen steuern. Das ist eine richtige und notwendige Annahme. Das Zentralnervensystem ist jedoch ein fundamental-komplexes Netzwerk, in welchem das chemische Einzelereignis in nicht prognostizierbarer Weise makroskopische Vorgänge auslöst. Die einzelne Nervenzelle als Grundelement des Denkens gibt es nicht. Deshalb wird man auch hier nur an herausgegriffenen Modellen bestimmte Phänomene erklären können, eventuell auch an pathologischen Phänomenen wie Geisteskrankheiten. Aber man wird nicht versuchen können, das Programm des Programms des Zentralnervensystems zu entziffern, so daß es zu Prognosen taugt.
Die atomistische (demokritische) Wissenschaft ist aber nicht notwendigerweise der einzige Weg der Wissenschaft. Molekularbiologie ist in höchst erfolgreicher Weise auf dem atomistischen Weg sehr weit vorangekommen. Wenn sich aber erweist, daß das menschliche Gehirn molekularbiologisch nicht vollständig beschrieben werden kann, so ist dies nicht ein Versagen der Methode, sondern ein Verweisen in die Grenzen ihrer Axiomatik (einschließlich des Prinzips der fundamentalen Komplexität). Die systemphysiologische Betrachtungsweise liefert sozusagen den Fahrplan des ganzen Systems. Hier kann man einen Vergleich mit dem Eisenbahnsystem heranziehen. Der Fahrplan der Deutschen Bundesbahn stellt zwar nicht die ganze Wirklichkeit des Eisenbahnnetzes dar, aber doch eine für den jeweiligen Zweck angepaßte exakte Beschreibung, in diesem Fall die Anweisung für den Reisenden, wann er wohin fahren kann. Für eine bestimmte Gruppe von Reisenden ist der gesamte Fahrplan auch gar nicht notwendig. Für die Intercity-Reisenden – beispielsweise – genügt das zweiseitige IC-Faltblatt, das wiederum, wie schon der Fahrplan, einen Extrakt eines Extraktes darstellt. Daß es in diesem System Weichen mit Stellwerken gibt, Signale, die richtig gestellt sein müssen, Lampenputzer, Stationsvorsteher und Leute, die Fahrpläne

ausarbeiten, das interessiert den Intercity-Reisenden nur wenig. Er reduziert die Komplexität des Systems Eisenbahn auf das für ihn »Erfahrbare«.

An den Grenzen der Wissenschaft

Wissenschaft ist ein Produkt des menschlichen Geistes. Dieses Produkt kann nicht über seinen Urheber hinausgehen. Philosophisch war das im Prinzip spätestens seit Kant klar. Karl Popper hat das auf andere Weise bestätigt. Materiell ist es nun gesichert für den Bereich der Biologie und die vom Zentralnervensystem gesteuerten Bereiche, da diese die Qualität der fundamentalen Komplexität besitzen.

Wie soll man sich aber an den Grenzen der Wissenschaft bewegen? Die Antwort darauf ist schwierig, vielfältig und individuell. Der sowjetische Mathematiker Igor R. Shafarevitch[21] sagte 1973 anläßlich der Verleihung des Heinemann-Preises in Göttingen: »Ohne ein bestimmtes Ziel kann die Mathematik keine Idee von ihrer eigenen Gestalt entwickeln. Was einzig und allein als Ideal übrigbliebe, wäre ein ungeregeltes Wachstum oder, besser gesagt, eine Ausdehnung nach allen Richtungen. Um einen anderen Vergleich zu bilden, so kann man sagen, daß sich die Entwicklung der Mathematik von dem Anwachsen eines Lebewesens unterscheidet, welches nämlich dabei die durch seine Begrenzung gegebene Form bewahrt. Jene Entwicklung ähnelt vielmehr dem Wachstum eines Kristalls oder der Diffusion eines Gases, das sich so lange frei ausdehnt, bis ein äußeres Hindernis entgegentritt.«

Und er kommt zu dem Schluß: »Das Ziel kann der Mathematik nicht durch eine niedriger stehende Art menschlicher Bestrebungen gegeben werden, sondern durch eine höher stehende, durch die Religion. Nun ist es natürlich sehr schwierig sich vorzustellen, wie das geschehen könnte. Aber es ist sogar noch schwieriger sich vorzustellen, wie die Mathematik imstande sein könnte, sich ins Unendliche zu entwickeln ohne Wissen um einen tieferen Sinn.«

Wir Inselbewohner –
Über das schöne Leben auf den Archipelen

Der Kreis schließt sich. Wir sind an den Grenzen unseres Wissens angelangt und können diese nicht überschreiten. »Unser Wissen ist Stückwerk . . . wir sehen jetzt durch einen Spiegel in einem dunklen Wort . . . jetzt erkenne ich's stückweise; dann aber werde ich erkennen, gleichwie ich erkannt bin.«[22]

Wir leben auf einer Inselwelt, auf Inseln der Ordnung, auf Inseln der physikalischen Gesetze, auf Inseln der Ideen, auf Inseln des Vertrauens. Wir leben auf unserer Insel: *Da ist die Welt harmonisch* (Kap. 6), *Ideen und Materie stehen in einer kreativen Beziehung untrennbar zueinander* (Kap. 7), *die Welt ist endlich* (Kap. 8), *Liebe ist in ihr eine starke, integrierende Kraft* (Kap. 9); *wir leben in einem schönen Land!*

Es mag andere Inseln geben – einen ganzen Archipel. Dort mögen die Ordnungen anders geartet sein, wir müssen sie als gleichberechtigt gelten lassen, da wir nun die Pluralität dieser Welt kennen.

»Wir haben (. . .) das Land des reinen Verstandes nicht allein durchreist, und jeden Teil davon sorgfältig in Augenschein genommen, sondern es auch durchmessen, und jedem Dinge auf demselben seine Stelle bestimmt. Dieses Land aber ist eine Insel und durch die Natur selbst in unveränderlichen Grenzen eingeschlossen. Es ist das Land der Wahrheit (ein reizender Name), umgeben von einem weiten und stürmischen Ozeane, dem eigentlichen Sitz des Scheins, wo manche Nebelbank, und manches bald wegschmilzende Eis neue Länder lügt, und indem es den auf Entdeckungen herumschwärmenden Seefahrer unaufhörlich mit leeren Hoffnungen täuscht, ihn in Abenteuer verflechtet, von denen er niemals ablassen, und sie doch auch niemals zu Ende bringen kann.«[23]

Friedrich Hölderlin

Mnemosyne III

Reif sind, in Feuer getaucht, gekochet
die Frücht und auf der Erde geprüfet und ein Gesetz ist,
Daß alles hineingeht, Schlangen gleich,
Prophetisch, träumend auf
Den Hügeln des Himmels. Und vieles
Wie auf den Schultern eine
Last von Scheitern ist
Zu behalten. Aber bös sind
Die Pfade. Nämlich unrecht,
Wie Rosse, gehn die gefangenen
Element und alten
Gesetze der Erd. Und immer
Ins Ungebundene gehet eine Sehnsucht. Vieles aber ist
Zu behalten. Und not die Treue.
Vorwärts aber und rückwärts wollen wir
Nicht sehn. Uns wiegen lassen, wie
Auf schwankem Kahne der See.
. . .

Anmerkungen

1. Leben – Dynamik zwischen Ordnung und Zerfall

1 W. Thompson d'Arcy: Über Wachstum und Form. Stuttgart/Basel 1973.

2 J. Lisziewicz, A. Godany, H.-H. Förster, H. Küntzel: Isolation and Nucleotide Sequence of a Saccharomyces cerevisiae Protein Kinase Gene Suppressing the Cell Cycle Start Mutation cdc25. J. Biol. Chem. *262* (1987) S. 2549–2553.

3 René Descartes: Abhandlung über die Methode des richtigen Vernunftgebrauchs und der wissenschaftlichen Wahrheitsforschung. Reclams Universalbibliothek 3767, Bibliographie.

4 P. Glansdorff, I. Prigogine: Thermodynamic Theory of Structure, Stability and Fluctuations. New York 1971.

5 S. C. Müller, T. H. Plessner, B. Hess: The Structure of the Core of the Spiral Wave in the Belousov-Zhabotinskii-Reaction. Science *230* (1985) S. 661–663.

6 B. Hess, A. Boiteux: Oscillations in Biochemical Systems. Ber. Bunsenges. Phys. Chem. *84* (1980) S. 392–398.

7 M. Markus, B. Hess: Transitions between oscillators modes in a glycolytic model System. Proc. Natl. Acad. Sci. USA *81* (1984) S. 4394–4398.

8 A. Boiteux, A. Goldbeter, B. Hess: Control of Oscillating Glycolysis of Yeast by Stochasticy, Periodic and Steady Source of Substrate: A Model and Experimental Study. Proc. Natl. Acad. Sci. USA *72* (1975) S. 3829–3833.

9 James D. Watson: Die Doppel-Helix. Reinbek 1973.

2. Biochemie – Vom Gewinn durch Chaos

1 Lewis Caroll: Alice im Wunderland. Übersetzung von Chr. Enzensberger, Inseltaschenbuch 42, Frankfurt/M. 1973.

2 Emil Fischer: Einfluß der Konfiguration auf die Wirkung der Enzyme. Berichte der Gesellschaft Deutscher Chemiker *27* (1894) S. 2985.

3 Friedrich Cramer: Einschlußverbindungen. Heidelberg 1954.

4 N. Hennrich, F. Cramer: Inclusion compounds, XVIII The catalysis of the fission of pyrophosphates by cyclodextrin. A model reaction for the mechanism of enzymes. J. Am. Chem. Soc. *87* (1965) S. 1121–1126; F. Cramer, W. Saenger, H. C. Spatz: Inclusion compounds, XIX The formation of inclusion compounds of α-cyclodextrin in aqueous solutions, Thermodynamics and kinetics. J. Am. Chem. Soc. *89* (1967) S. 14–20.

5 J. M. Lehn: Supramolekulare Chemie-Moleküle. Übermoleküle und molekulare Funktionseinheiten (Nobel-Vortrag). Angew. Chemie *100* (1988) S. 91–116.

6 F. v. d. Haar, F. Cramer: Hydrolytic Action of Aminoacyl-tRNA Synthetases from Baker's Yeast: »Chemical Proofreading« Preventing Acylation of $tRNA^{Ile}$ with Misactivated Valine. Biochemistry *15* (1976) S. 4131–4138; W. Freist, I. Pardowitz, F. Cramer: Isoleucyl-tRNA Synthetase from Baker's Yeast: Multistep Proofreading in Discrimination between Isoleucine and Valine with Modulated Accuracy, a Scheme for Molecular Recognition by Energy Dissipation. Biochemistry *24* (1985) S. 7014–7023. F. Cramer, W. Freist: Molecular Recognition by Energy Dissipation, a New Enzymatic Principle: The Example Isoleucine-Valine. Accounts of Chemical Research *20* (1987) S. 79–84.

7 A. Ansari, J. Berendzen, S. F. Bowne, H. Frauenfelder, I. E. T. Iben, T. B. Sauke, E. Shyamsunder, R. D. Young: Protein States and Proteinquakes. Proc. Natl. Acad. Sci. USA *82* (1985) S. 5000–5004.

8 J. D. Bleil, P. M. W. Assarman: Mammalian sperm-egg interation: Identification of a glycoprotein in mouse egg zonae pellucidae possessing receptor activity for sperm. Cell *20* (1980) S. 873–882.

9 F. Cramer, H.-J. Gabius: New Carbohydrate Binding Proteins (Lectins) in Human Cancer Cells and their Possible Role in Cell Differentiation and Metastasation; B. Pullman et al. (Eds.): Interrelationship Among Ageing, Cancer and Differentiation. Dordrecht 1985, S. 187–205.

10 H.-J. Gabius, R. Engelhardt, F. Cramer: Expression of Endogenous Lectins in Human Small-Cell Carcinoma and Undifferentiated Carcinoma of the Lung. Carbohydrate Res. *164* (1987) S. 33–41.

11 F. Cramer, H.-J. Gabius: Tumorspezifische Lektine und ihre Rolle bei der Metastasierung. Tumor-Diagnostik und Chemotherapie mit Hilfe tumorspezifischer Lektine. Jahrbuch Akad. Wiss. Göttingen 1986, S. 143–145.

12 H.-J. Gabius, R. Engelhardt, G. Graupner, F. Cramer: Lectin in Carcinoma Cells: Level Reduction as Possible Regulatory Event in Tumor Growth and Colonization, in: Lectins, Vol. V., T. C. Bøg-Hansen, E. van Driessche (Eds.). Berlin/New York 1986, S. 237–242.

13 H.-J. Gabius, K. Vehmeyer, R. Engelhardt, G. A. Nagel, F. Cramer: Carbohydrate-Binding Proteins of Tumor Lines with Different Growth Properties: Changes in Their Pattern in Clones of Transformed Rat Fibroblasts of Differing Metastatic Potential. Cell Tissue Res. *246* (1986) S. 515–521.

14 P. Pfeifer, U. Welz, H. Wippermann: Fractal Surface Dimension of Proteins: Lysozyme. Chem. Phys. Lett. *113* (1985) S. 535–540.

15 A. C. Wilson, S. S. Carlson, T. J. Lighte: Biochemical Evolution. Ann. Rev. Biochem. *46* (1977) S. 437–639.

16 M. Eigen, E. Schuster: The Hypercycle. A Principle of Natural Self-Organization. Berlin/Heidelberg/New York 1979 (vgl. auch Kap. 4).

3. Gene, Genkarten, Gentherapie – ein Komplexitätsproblem

1 Die Goethe-Zitate stammen aus J. P. Eckermann: Gespräche mit Goethe, 2 Bände, Frankfurt 1981; die Darwin-Zitate sind aus Charles Darwin: Die Entstehung der

Arten durch natürliche Zuchtwahl, Reclams Universalbibliothek Nr. 3071. Vgl. auch Friedrich Cramer: Denn nur also beschränkt war ja das Vollkommene möglich ... Eine wissenschaftstheoretische Interpretation von Goethes Gedicht »Metamorphose der Tiere«. Sitzungsbericht der Heidelberger Akademie der Wissenschaften, Math.-Nat. Klasse. Heidelberg 1983, S. 17–30.

2 Für nähere Einzelheiten der Molekularbiologie vgl. H. G. Gassen, A. Martin, G. Sachse: Der Stoff aus dem die Gene sind. München 1986.

3 James D. Watson: Molecular Biology of the Gene. New York [3]1977, S. 178.

4 A. M. Maxam, W. Gilbert: A New Method for Sequencing DNA. Proc. Natl. Acad. Sci. USA *74* (1977) S. 560–564.

5 F. Sanger, S. Nickler, A. Coulsen: DNA Sequencing with Chain Terminating Inhibitors. Proc. Natl. Acad. Sci. USA *74* (1977) S. 5463–5467.

6 Aus dem Labortagebuch von Dr. Sabine Englisch, Max-Planck-Institut für experimentelle Medizin, Göttingen.

7 U. Englisch, S. Englisch, P. Markmeyer, J. Schischkoff, H. Sternbach, H. Kratzin, F. Cramer: Structure of the Yeast Isoleucyl-tRNA Synthetase Gene (ILS 1). DNA-Sequence, Amino-Acid Sequence of Proteolytic Peptides of the Enzyme and Comparison of the Structure to those of other Known Aminoacyl-tRNA Synthetases. Biol. Chem. Hoppe-Seyler *368* (1987) S. 971–979.

8 J. C. Catlin, F. Cramer: Desoxyoligonucleotide Synthesis via the Triester Method. J. Organ. Chem. *38* (1973) S. 245–250; siehe auch E. L. Winnacker: Gene und Klone. Weinheim 1984, S. 44–59.

9 A. Prouska, T. M. Pohl, D. P. Barlow, A. M. Frischauf, H. Lehrach: Construction and use of human chromosome jumping libraries from Notl digested DNA. Nature *325* (1987) S. 353.

10 Peter Koslowski, Philipp H. Kreuzer, Reinhard Löw (Hrsg.): Die Verführung durch das Machbare. Ethische Konflikte in der modernen Medizin und Biologie. Stuttgart 1983.

11 Reinhard Löw: Leben aus dem Labor. Gentechnologie und Verantwortung – Biologie und Moral. München 1985.

12 Reinhard Löw: Philosophie des Lebendigen. Frankfurt/M. 1980.

13 Wolfgang van den Daele: Menschen nach Maß? Ethische Probleme der Genmanipulation und Gentherapie. München 1985.

14 Friedrich Cramer: On the Necessity of Guidelines for Genetic Research and the Impredictability of Biological Sciences, in: E. Mendelsohn, D. Nelkin und P. Weingart (Eds.): The Social Assessment of Science, Proceedings, 13th Science Studies Report of the University of Bielefeld, 1978, S. 36–56.

15 Friedrich Cramer: Die neue Biologie – Akzeleration oder Perversion der natürlichen Evolution? Tijdschrift voor de Studie von de Verlichting en het vrije Denken *8/9* (1980/81) S. 159–169.

16 Friedrich Cramer: Fundamental Complexity. A Concept in Biological Sciences and Beyond. Interdisciplinary Science Reviews *4* (1979) S. 132–139.

17 Friedrich Cramer (Hrsg.): Forscher zwischen Wissen und Gewissen. Berlin/Heidelberg/New York 1974.

18 Friedrich Cramer: Gibt es wissenschaftliche Tabus? Zeitwende *51* (1980) S. 136–145.
19 Friedrich Cramer: Gene: Gefahr und Gewinn. Sind wir auf dem Wege zum biologischen Unmenschen? Freibeuter *9* (1981) S. 71–78.
20 Wolfgang Hildesheimer: Mozart. Frankfurt 1977.
21 Jürgen Habermas: Erkenntnis und Interesse. Frankfurt/M. 1975.
22 Friedrich Cramer: Fortschritt durch Verzicht. München 1975.
23 Ezra Pound: Cantos 1916–1962, Auswahl dtv, übersetzt von Eva Hesse. Gesang XLV: Bei Usura, S. 79–81. München 1964.

4. Evolution – Stammbäume und Blitze

1 Die Einstein-Zitate sind aus: Albert Einstein – Max Born. Briefwechsel 1916–1955. München 1969.
2 Charles Darwin: Die Entstehung der Arten durch natürliche Zuchtwahl (1858). Stuttgart 1976.
3 Thomas Kuhn: Die Struktur wissenschaftlicher Revolutionen. Frankfurt/M. 1976.
4 H. Küntzel, B. Piechulla, U. Hahn: Consensus Structure and Evolution of 5 srRNA. Nucleid Acids Res. *11* (1983) S. 893–900.
5 F. Ayala: The Mechanism of Evolution: Scient. Amer. *239* (Sept. 1978) S. 48.
6 Jacques Monod: Zufall und Notwendigkeit. Philosophische Fragen der modernen Biologie. München 1971.
7 Manfred Eigen, Peter Schuster: The Hypercycle – a Principle of Natural Self-Organization. Heidelberg/New York 1979.
8 S. Spiegelman: An Approach to the Experimental Analysis of Precellular Evolution. Quarterly Reviews Biophysics *4* (1971) S. 213–253; I. Haruna, S. Spiegelman: Specific Template Requirements of RNA Replicases. Proc. Natl. Acad. Sci. USA *54* (1965) S. 579–587.
9 P. Schuster: Evolution von Molekülen zu Gesellschaften. Physik in unserer Zeit *14* (1983) S. 66–80.
10 P. Schuster: Polynucleotide Replication and Biological Evolution, in: E. Frehland (Ed.): Synergetics: From Microscopic to Macroscopic Order. Berlin/Heidelberg/New York/Tokio 1984, S. 106–121.
11 Konrad Lorenz: Die Rückseite des Spiegels. Versuch einer Naturgeschichte des menschlichen Erkennens. München 1973.
12 Immanuel Kant. Theorie – Werkausgabe Suhrkamp in 12 Bänden, Band 5. Frankfurt/M. 1984, S. 124.
13 Gerhard Vollmer: Was können wir wissen? 2 Bände. Stuttgart 1985.
14 Rupert Riedl: Evolution und Erkenntnis. Antworten auf Fragen aus unserer Zeit. München 1987.
15 Franz M. Wuketits: Biologie und Kausalität. Biologische Ansätze zur Kausalität, Determination und Freiheit. Berlin 1981.

16 E. Schierenberg, R. Cassada: Der Nematode Caenorhabditis elegans: ein entwicklungsbiologischer Modellorganismus. Biologie in unserer Zeit *16* (1986) S. 1–7.
17 P. Brix: G. C. Lichtenberg. Der Physiker: Altes und Neues. Physikalische Blätter *41* (1985) Nr. 6, S. 141–145.
18 Ilya Prigogine: Vom Sein zum Werden. Zeit und Komplexität in den Naturwissenschaften. München 1985.
19 Ilya Prigogine: Zeit, Struktur und Fluktuation (Nobel-Vortrag). Angew. Chemie *90* (1978) S. 704–715.
20 P. R. Halmoss: Lectures on Ergodic Theory. Mathematical Society of Japan 1965, S. 9.
21 J. L. Lebowitz, O. Penrose: Modern Ergodic Theory. Phys. Today *23* (Febr. 1973) S. 29.
22 V. B. Havez: Ergodic Problems of Statistical Mechanics. New York 1968.

5. Mathematische und physikalische Modelle für deterministisches Chaos

1 Die folgenden Zitate sind aus Ludwig Wittgenstein: Tractatus logico-philosophicus. edition suhrkamp, Frankfurt/M. 1971; L. W., Vermischte Bemerkungen, Bibliothek Suhrkamp, Band 535 (1977); L. W., Über Gewißheit, suhrkamp taschenbuch Wissenschaft 508. Frankfurt/M. 1984.
2 Ilya Prigogine: Vom Sein zum Werden. Zeit und Komplexität in den Naturwissenschaften. München 1985.
3 Henri Poincaré: Les Methodes Nouvelles de la Mécanique Céleste. Paris 1892; englisch: Nasa Translation TTF-450-452. U.S. Federal Clearing House. Springfield/USA 1967.
4 E. N. Lorenz: Deterministic Nonperiodic Flow. J. Atmos. Sci. *20* (1963) S. 130.
5 H. G. Schuster: Deterministic, Chaos. Weinheim 1984.
6 E. C. Zehmann: Catastrophy Theory. Scientific American (April 1970) S. 63–83.
7 Heinz O. Peitgen, Peter H. Richter: Harmonie in Chaos und Kosmos. Broschüre der Städtischen Sparkasse in Bremen 1984.
8 J. Moser: Stable and Random Motions in Dynamical Systems. Princeton University Press 1973; V. I. Arnold: Mathematical Methods of Classical Mechanics. Heidelberg/New York 1978.
9 R. Marcialis, R. Greenberg: Warming of Miranda during chaotic rotation. Nature *328* (1987) S. 227–229.
10 B. B. Mandelbrot: The Fractal Geometry of Nature. San Francisco 1982.
11 J. Brickmann, H.-J. Bär: Chaos und fraktale Dimension. Nachrichten aus Chemie, Technik und Laboratorium, *34* (1986) S. 566–572.
12 P. Pfeifer: Katalysatoroberflächen, Makromoleküle und Kolloid-Aggregate: Fraktale Dimension als versteckte Symmetrie unregelmäßiger Strukturen. Chimia *39* (1985) S. 120–134.

6. Die Welt ist harmonisch

1 Heinrich von Kleist: Sämtliche Werke, S. 1134–1142. Leipzig 1930.
2 Johannes Kepler: Mysterium Cosmographicum.
3 Ich folge hier weitgehend, teilweise im Wortlaut, den Ausführungen von Heinz O. Peitgen und Peter H. Richter in: The Beauty of Fractals. Images of Complex Dynamical Systems. Heidelberg/New York/Tokio 1986.
4 B. B. Mandelbrot: Towards a Second Stage of Indeterminism in Science. Interdisc. Science Rev. *12* (1987) S. 117–127.
5 B. B. Mandelbrot: Les Objets Fractals. Paris 1975; B. B. Mandelbrot: The Fractal Geometry of Nature. San Francisco 1982.
6 B. B. Mandelbrot: Fractals and the Rebirth of Iteration Theory, in: Heinz O. Peitgen, Peter H. Richter: The Beauty of Fractals (s. Anm. 3).
7 Franz Xaver Pfeifer: Der Goldene Schnitt und dessen Erscheinungsformen in Mathematik, Natur und Kunst. Augsburg 1885.
8 P. H. Richter, R. Schranner: Leaf Arrangement-Geometry, Morphogenesis and Classification. Naturwiss. *65* (1978) S. 319–327.
9 Johann Wolfgang von Goethe: Naturwissenschaftliche Schriften. Über die Spiraltendenz in der Natur. Goethe-dtv-Gesamtausgabe, Band 39, S. 123ff.
10 H. Meinhardt, A. Gierer: Applications of a Theory of Biological Pattern Formation based on Lateral Inhibition. J. Cell Sci. *15* (1974) S. 321–346; A. Gierer, H. Meinhardt: A Theory of Biological Pattern Formation. Kybernetik *12* (1972) S. 30–39.
11 Manfred Schroeder: Number Theory in Science and Communication. Berlin/Heidelberg/New York 1984.
12 Uwe H. Peters: Hölderlin. Wider die These vom edlen Simulanten. Reinbek 1982.
13 K. M. Sullivan, D. M. Lilley: A Dominant Influence of Flanking Sequences on a Local Structural Transition in DNA. Cell *47* (1986) S. 817–827.

7. Urknall – Idee oder Materie?

1 Werner Heisenberg: Der Teil und das Ganze. Gespräche im Umkreis der Atomphysik. München [6]1986.
2 Steven Weinberg: Die ersten drei Minuten. München/Zürich 1977.
3 Erich Jantsch: Die Selbstorganisation des Universums. München 1982.
4 Charles Darwin: Die Entstehung der Arten durch natürliche Zuchtwahl. Reclams Universalbibliothek Nr. 3071.
5 Tagebuch von John Conduitt bei R. S. Westfall: Never at Rest. Cambridge University Press 1980.
6 Thomas Kuhn: Die Struktur wissenschaftlicher Revolutionen. Frankfurt/Main 1973.
7 Robert Spaemann, Reinhard Löw: Die Frage Wozu? Geschichte und Wiederentdeckung des teleologischen Denkens. München 1981.
8 Ludwig Wittgenstein: Tractatus logico-philosophicus. Frankfurt 1971.

9 Friedrich Engels: Ludwig Feuerbach und der Ausgang der klassischen Philosophie (1888). Berlin 1971.
10 Carsten Bresch: Zwischenstufe Leben. München 1977.
11 Friedrich Cramer: Die Evolution frißt ihre Kinder. Der Unterschied zwischen Newtonschen Bahnen und lebenden Wesen. Universitas *41* (1986) S. 1149–1156.
12 Ilya Prigogine, Isabelle Stengers: Dialog mit der Natur. München 1980.
13 Friedrich Cramer: Fundamental Complexity. A Concept in Biological Sciences and Beyond. Interdisciplinary Science Reviews *4* (1979) S. 132–139.
14 René Descartes: Abhandlung über die Methode des richtigen Vernunftsgebrauches. Reclams Universalbibliothek Nr. 3767.
15 Alfred Gierer: Die Physik, das Leben und die Seele. München 1986.
16 H. C. Schaller, H. Bodenmüller: Role of the neuropeptide head activator for nerve function and development. Biol. Chem. Hoppe-Seyler *366* (November 1985) S. 1003–1007.
17 C. Nüsslein-Vollhardt, E. Wieschaus: Mutations affecting segment number and polarity in Drosophila. Nature *287* (1980) S. 795–801.
18 W. Gehring, R. Nöthiger: The imaginal discs of Drosophila. In Developmental Systems: Insects, eds. S. Counce, C. H. Waddington, Vol. 2. New York 1973, S. 211–290.
19 Rupert Sheldrake: Das schöpferische Universum. München 1984.
20 René Thom: Structural Stability and Morphogenesis. New York 1975, S. 151f.
21 Erich Jantsch: Die Selbstorganisation des Universums. München 1982, S. 34f.
22 Ilya Prigogine, Isabelle Stengers: Order out of Chaos. London 1984.
23 Alister Hardy: Der Mensch das betende Tier. Religiosität als Faktor der Evolution. Stuttgart 1979.
24 Hoimar v. Ditfurth: Wir sind nicht nur von dieser Welt. München 1981.
25 Reinhard Löw: Neue Träume eines Geistersehers. Bemerkungen zu Hoimar von Ditfurth. Scheidewege *12* (1982) S. 687–697.

8. Altern und Sterben – unsere Zeit

1 Nach der Ausgabe von E. Habrich und O. Leggewie (Münster 1971) übersetzt vom Autor.
2 Ilya Prigogine: Vom Sein zum Werden. Zeit und Komplexität in den Naturwissenschaften. München 1979.
3 Denis Diderot: D'Alamberts Traum. Philosophische Schriften, Bd. 1. Berlin 1961, S. 526; zitiert nach Ilya Prigogine, Isabelle Stengers: Dialog mit der Natur. München 1980.
4 Ludwig Boltzmann: Über die Unentbehrlichkeit der Atomistik in der Naturwissenschaft. Annalen der Physik und Chemie *396* (1897) S. 232–247.
5 Karl Popper: Ausgangspunkte. Hamburg 1979, S. 233.
6 Ich folge hier weitgehend, teilweise im Wortlaut, den Überlegungen von Bernd O. Küppers: Entropie, Evolution und Zeitstruktur. Futura *4* (1986), S. 19.
7 Carl Friedrich v. Weizsäcker: Einheit der Natur. München 1971.

8 Michael Drieschner: Einführung in die Naturphilosophie. Darmstadt 1981.
9 R. Jost: Erinnerungen: Erlesenes und Erlebtes. Physikalische Blätter *40* (1984) S. 178–181.
10 Konrad Lorenz: Kants Lehre vom Apriorischen im Lichte gegenwärtiger Biologie. Blätter für Deutsche Philosophie *15* (1941), S. 94–125.
11 Georg Picht: Die Zeit und die Modalitäten, in: H. P. Dürr (Hrsg.), Quanten und Felder. Braunschweig 1971.
12 Der Prediger Salomon, Kap. 3, 1–8.
13 H. C. Schröder, R. Messer, H. J. Breter, W. E. G. Müller: Evidence for age-dependent impairment of ovalbumin heterogeneous nuclear RNA (hnRNA) processing in hen oviduct. Mech. Ageing Dev. *30* (1985) S. 319.
14 Friedrich Cramer: Death – from Microscopic to Macroscopic Disorder, in: E. Frehland (Ed.), Synergetics – from Microscopic to Macroscopic Order. Heidelberg/Berlin 1984, S. 220–228.
15 Heinz C. Schröder: Biochemische Grundlagen des Alterns. Chemie in unserer Zeit *20* (1986) S. 128–138.
16 Leslie E. Orgel: The Maintenance of Accuracy of Protein Synthesis and its Relevance to Ageing. Proc. Natl. Acad. Sci. USA *49* (1963) S. 517–521; Leslie E. Orgel: The Maintenance of Accuracy of Protein Synthesis and its Relevance to Aging, a Correction. Proc. Natl. Acad. Sci. USA *67* (1970) S. 1476.
17 Friedrich Cramer, Wolfgang Freist: Molecular Recognition by Energy Dissipation, a New Enzymatic Principle: The Example Isoleucine-Valine. Accounts of Chemical Research *20* (1987) S. 79–84.
18 U. Englisch, D. Gauss, W. Freist, S. Englisch, H. Sternbach, F. v. d. Haar: Fehlerhäufigkeit bei der Replikation und Expression der genetischen Information. Angew. Chemie *97* (1985) S. 1033–1043.
19 H.-J. Gabius, S. Gabius, G. Graupner, F. Cramer, S. Rehm: Aminoacyl-tRNA Synthetases in Liver, Spleen and Small Intestine of Aged Leukemic and Aged Normal Mice. Z. Natf. *38c* (1983) S. 881–882; H.-J. Gabius, S. Goldbach, G. Graupner, S. Rehm, F. Cramer: Organ Pattern of Age-related Changes in the Aminoacyl-tRNA Synthetases Activities of the Mouse. Mechan. Ageing Develop. *20* (1982) S. 305–313; H.-J. Gabius, G. Graupner, F. Cramer: Activity Pattern of Aminoacyl-tRNA Synthetases, tRNA Methylases, Arginyltransferase and Tubulin:Tyrosine Ligase during Development and Ageing of Caenorhabditis elegans. Eur. J. Biochem. *131* (1983) S. 231–234; H.-J. Gabius, R. Engelhardt, F. Deerberg, F. Cramer: Age-Related Changes in Different Steps of Protein Syntehsis of Liver and Kidney of Rats. FEBS Lett. *160* (1983) S. 115–118.
20 A. Garcia-Tejedor, F. Moran, F. Montero: Influence of the Hypercyclic Organization on the Error Threshold. J. Theor. Biol. *127* (1987) S. 393–402.
21 Seneca: De brevitate vitae. München 1983.
22 Wilhelm Doerr: Altern – Schicksal oder Krankheit. Sitzungsbericht 83/4 der Heidelberger Akademie der Wissenschaften, Heidelberg 1983.
23 Martin Gregor-Dellin: Alt werden, heißt, selbst ein neues Geschäft antreten. Frankfurter Allgemeine Zeitung Nr. 103 vom 4. 5. 1985.

9. Fundamentale Komplexität – prinzipielle Grenzen

1 N. Pippenger: Complexity Theory. Scientific American (Juni 1978) S. 90–100.
2 Friedrich Cramer: Fundamental Complexity. A Concept in Biological Sciences and Beyond. Interdisciplinary Science Reviews *4* (1979) S. 132–139.
3 G. J. Chaitin: Randomness and Mathematical Proof. Scientific American (Mai 1975) S. 47–52.
4 Friedrich A. v. Hayek: Die Theorie komplexer Phänomene. Tübingen 1972.
5 Friedrich Cramer: Fortschritt durch Verzicht. München 1975, S. 56f.
6 Konrad Lorenz: Die Rückseite des Spiegels. Versuch einer Naturgeschichte menschlichen Erkennens. München 1975.
7 Karl Popper: Das Elend des Historizismus. Tübingen [4]1974.
8 Manfred Eigen, Ruthild Winkler: Das Spiel. München 1975.
9 Pascual Jordan: Begegnungen. Oldenburg 1971, S. 97–103.
10 Nach einem Vortrag am Historischen Seminar der Universität Basel am 5. Februar 1982.
11 G. W. F. Hegel: Werke, Bd. 19 (S. 111) und Bd. 20 (S. 462). Frankfurt 1986.
12 Jürgen Habermas, Niklas Luhmann: Theorie der Gesellschaft oder Sozialtechnologie. Frankfurt/Main 1974, S. 148ff.
13 Heinrich v. Kleist: Über die allmähliche Verfertigung der Gedanken beim Reden. Sämtliche Werke und Briefe. München [6]1977, S. 321.
14 Hubert Markl: Natur als Kulturaufgabe. Über die Beziehung des Menschen zur lebendigen Natur. Stuttgart 1986.
15 Hans Jonas: Das Prinzip Verantwortung. Frankfurt/Main 1979.
16 Kurt Gödel: Über formal-unentscheidbare Sätze der Principia Mathematica und verwandter Systeme I. Monatshefte für Mathematik und Physik *38* (1931) S. 173–198.
17 Douglas R. Hofstadter: Gödel, Escher, Bach. Ein endloses geflochtenes Band. Stuttgart 1985.
18 Odo Marquardt: Abschied vom Prinzipiellen. Philosophische Studien. Stuttgart 1981, S. 16f.
19 Friedrich A. v. Hayek: Die drei Quellen der menschlichen Werte. Tübingen 1979.
20 Niklas Luhmann: Vertrauen. Ein Mechanismus der Reduktion von sozialer Komplexität. Stuttgart [2]1973.
21 Igor R. Shafarevitch: Über einige Tendenzen in der Entwicklung der Mathematik. Jahrbuch der Akademie der Wissenschaften in Göttingen. Göttingen 1973, S. 31–36.
22 Paulus: 1. Brief an die Korinther 13, 9–12.
23 Immanuel Kant: Kritik der reinen Vernunft. Theorie-Werkausgabe Suhrkamp in 12 Bänden, Band 3. Wiesbaden 1956, S. 267/268. B 295, 296. A 236, 237. Transzendentale Analytik, Phaenomena und Noumena.

Register

Kursiv gesetzte Seitenzahlen verweisen auf Abbildungen.

Quellennachweise

Wir danken für die freundliche Genehmigung zum Abdruck von Abbildungen und Texten:

Aero Service Corp., Philadelphia/USA: 145
Bruce Alberts, University of California, aus: Molecular Biology of the Cell: 21, 22, 25, 44
Arche Verlag, Zürich, aus: Ezra Pound, Cantos: 114f.
Birkhäuser Verlag, Stuttgart/Basel, aus: Wentworth Thompson d'Arcy, Über Wachstum und Formen: 19, 20
Friedrich Cramer: 37, 38, 57, 88, 89, 100, 143, 166, 168, 176, 187 re., 195, 196, 200, 202, 204, 210
in Zusammenarbeit mit Ulrike Pruchniewicz: 27, 34, 40, 57 u., 58, 60, 62, 68, 85, 86, 91, 121, 123, 126, 128, 130, 137 o., 150, 151, 161, 162, 165, 169, 173, 175, 185, 187 li., 190, 198, 199, 209, 226, 254, 257, 259, 260, 262
David Epel, Pacific Grove/USA, aus: Molecular Biology of the Cell: 64
S. Fischer Verlag, Frankfurt/Main, aus: Paul Celan, Die Niemandsrose: 211
Garland Publishing, Inc., New York, aus: Molecular Biology of the Cell: 23, 45, 48, 65, 66, 99, 136, 137 u., 139, 140, 141, 208, 227
Insel Verlag, Frankfurt/Main, aus: Rainer Maria Rilke, Werke in drei Bänden: 241
Klett-Cotta, Stuttgart, aus: Gottfried Benn, Sämtliche Werke, Band I, Gedichte 1: 153
Langewiesche-Brandt Verlag, Ebenhausen bei München, aus: Sarah Kirsch, Drachensteigen: 177
Max-Planck-Institut für Strahlenchemie, Mülheim/Ruhr, Fritz Schwörer u. Mitarb.: 144 o.
R. Piper Verlag, München, aus: Werner Heisenberg, Der Teil und das Ganze. Gespräche im Umkreis der Atomphysik: 212–216
Schweizerische Gewitterstation, Lugano: 144 u.
Springer-Verlag, Heidelberg, aus: Hermann Haken, Synergetics: 36; aus: H. O. Peitgen/P. H. Richter, The Beauty of Fractals: 188
Suhrkamp Verlag, Frankfurt/Main, aus: Hans Magnus Enzensberger, Blindenschrift. Gedichte: 75
Mechthild Ziemer, Göttingen: 146

Zu dieser Ausgabe

insel taschenbuch 1496
Friedrich Cramer
Chaos und Ordnung

Der Text folgt der Ausgabe: Friedrich Cramer, *Chaos und Ordnung. Die komplexe Struktur des Lebendigen*, Deutsche Verlags-Anstalt, Stuttgart 1991 (4. Auflage). Die in vorliegendem Buch enthaltenen Zeichnungen fertigte Ulrike Pruchniewicz an, die Fotos stammen von Mechthild Ziemer. Mit Zustimmung von Garland Publishing, Inc., New York, sind Abbildungen aus *Molecular Biology of the Cell* mit englischer Beschriftung übernommen, deren Übersetzung in der Bildunterschrift steht. Umschlagabbildung: © Mario Markus und Benno Hess, Max-Planck-Institut für Ernährungsphysiologie, Dortmund, 1987.

Friedrich Cramer
Chaos und Ordnung
Die komplexe Struktur
des Lebendigen
Mit zahlreichen Abbildungen
it 1496. 320 Seiten
ca. DM 20,–
ISBN 3-458-33196-4

Natur ist keineswegs nur Ordnung, die Vorstellung des durch und durch geregelten Kosmos ist erschüttert. Alles Lebendige bewegt sich auf dem schmalen Grat zwischen Chaos und Ordnung. Diese Polarität gehört heute zu den aufregendsten Fragen der Wissenschaft.

Fred Alan Wolf
Körper, Geist und neue Physik
Eine Synthese der neuesten
Erkenntnisse von Medizin und
moderner Naturwissenschaft
Aus dem Amerikanischen
von Friedrich Griese
it 1497. 368 Seiten
ca. DM 20,–
ISBN 3-458-33197-2

Die klassische Physik hat die Mechanik des menschlichen Körpers verständlich gemacht. Doch erst die Quantenphysik kommt den letzten Geheimnissen des Lebens ein Stück näher. In einer präzisen, bild- und beispielreichen Sprache lädt der amerikanische Physiker Alan Wolf zu einer neuen Entdekkungsreise in den menschlichen Körper ein.

Richard M. Bucke
Erfahrung des kosmischen Bewußtseins
Zur Evolution des
menschlichen Geistes
Aus dem Amerikanischen
von Karin Reese
it 1498. 224 Seiten
ca. DM 16,–
ISBN 3-458-33198-0

Das vorliegende Buch ist seit seinem ersten Erscheinen zu einem Klassiker der Bewußtseinsforschung und Tiefenpsychologie geworden. Auf nüchtern-sachliche Weise beschreibt Bucke Möglichkeit und Wirklichkeit einer Bewußtseinsveränderung und untersucht zahlreiche historische Fälle.

Der Geist im Atom
Eine Diskussion der
Geheimnisse
der Quantenphysik
Herausgegeben von
P. C. W. Davies
und J. R. Brown
Aus dem Englischen
von Jürgen Koch
it 1499. 192 Seiten
ca. DM 16,–
ISBN 3-458-33199-9

Anlaß dieses Buches waren die Experimente von Alain Aspect in Frankreich, die neues Licht auf die Debatte zwischen Niels Bohr und Albert Einstein warfen. Julian R. Brown entwickelte die Idee einer Gesprächsreihe in der BBC; gemeinsam mit Paul C. W. Davies interviewte Brown führende Physiker, die einen besonderen Anteil an der theoretischen Grundlegung und Entwicklung der Quantentheorie haben. Eine klare und knappe Einführung erläutert die Grundlagen der Quantentheorie, ihre Rätsel und Paradoxa sowie die unterschiedlichen philosophischen Deutungen. Die alte Frage nach dem Verhältnis von Geist und Materie erscheint in einem neuen Zusammenhang.

Anthony Zee
Magische Symmetrie
Die Ästhetik
in der modernen Physik
Aus dem Amerikanischen
von Hans-Peter Herbst
it 1501. 368 Seiten
ca. DM 24,–
ISBN 3-458-33201-4

Die theoretische Physik der Gegenwart richtet ihren Blick in immer stärkerem Maße auf den Entwurf eines einfachen und umfassenden Konstrukionsplans unserer Welt, der die vielen Einzelgesetze bestimmter Naturphänomene eines Tages in einem großen Ganzen zusammenfassen soll. Bei der Suche nach diesen elementaren Naturgesetzen hat die moderne Physik eine fundamentale Einsicht gewonnen: Die Natur gehorcht in ihren grundlegenden Strukturen denselben Gesetzen wie die Ästhetik. Besonders Formen der Symmetrie finden sich in diesen Bausteinen der Natur so oft wie in der Kunst.

Am Fluß des Heraklit
Neue kosmologische Perspektiven
Herausgegeben von Eberhard Sens
Mit zahlreichen Abbildungen
384 Seiten. Kartoniert. DM 24,–
ISBN 3-458-16529

Der Band geht den neuen kosmologischen Denkbewegungen nach: den Paradoxien der Physik, der Entstehung der Zeit, den Theorien der Selbstorganisation, der Verbindung von Bewußtsein und Materie. Der Insel Verlag hat einige namhafte Wissenschaftler um einen Beitrag zu diesem Band gebeten. Dabei waren zwei Fragen bestimmend: Zeichnen sich in den verschiedenen Disziplinen Grenzüberschreitungen ab? Und welche Konsequenzen hat dies für den Zusammenhang des Wissens? Die Beiträge zeichnen aus je unterschiedlicher Perspektive ein neues Bild. Es wird ergänzt durch philosophische und literarische Texte der Vergangenheit.

Eine Einführung in das Kosmologie-Programm des Insel Verlags.

Beiträge von
M. Bröckers, L. Carroll,
F. Cramer, V. Delavre, E. Dōgen,
M. Eliade, J. W. Goethe,
B. Hamprecht – F. Hölderlin,
W. Kaempfer, B. Kanitscheider,
B. Kirchhoff, E. Laszlo,
J. D. Barrow, Longchenpa,
P. C. Mayer-Tasch,
Nikolaus von Kues, F. D. Peat,
E. Philipov, E. Sahtouris,
H.-M. Schönherr-Mann, W. Seifert,
R. Sheldrake, H. Tributsch,
Tschuang-Tse, C. Zaleski.

Weitere
BÜCHER
ZUR KOSMOLOGIE
im Insel Verlag:

Friedrich Cramer
Der Zeitbaum
Grundlegung einer allgemeinen Zeittheorie

Mit zahlreichen Abbildungen
Etwa 288 Seiten. Gebunden ca. DM 38,–
ISBN 3-458-16523-1

Friedrich Cramer stellt hier einen neuen umfassenden Zeitbegriff vor, der den aktuellen Erkenntnissen in Physik, Philosophie und Kosmologie Rechnung trägt, ganz besonders aber die Erkenntnisse der modernen Biologie berücksichtigt. So ist ein Handbuch entstanden, das dem Wissenschaftler wie dem Laien gleichermaßen zum Lesen und Nachschlagen dienen kann.

Es erscheint nicht mehr länger möglich, mit dem starren Newtonschen Zeitbegriff der Dauer zu operieren: Zeit ist de facto weder gleichförmig noch reversibel. In einer prozessualen Welt, wie sie die Darwinsche Theorie oder die Urknalltheorie beschreiben, durchschreitet die Zeit selber die Systeme, prägt ihnen ihren Zeitmodus, ihre jeweilige Eigenzeit auf – und doch hängen alle Eigenzeiten in einem einzigen Kosmos irgendwie zusammen.

Für diesen Zusammenhang werden Begriff und Bild des ›Zeitbaums‹ vorgeschlagen: In einem evolvierenden Weltall evolviert die Zeit selber, sie geht durch Verzweigungen, durch Bifurkationen, auch die Zeit hat ihren Stammbaum genauso wie die Elementarteilchen, die Hauptreihensterne, die Mineralien und die Lebewesen. So hat die Zeit einen zweifachen Charakter: In stabilen Systemen (sofern es solche überhaupt gibt) ist sie reversibel und zyklisch: in Planetensystemen, in stabilen Atomen, in Naturkreisläufen, im Herzrhythmus, in gesellschaftlichen Riten.

Aber diese reversibel-zyklischen Systeme sind in der Realität doch nur so etwas wie Warteschleifen, wenn auch teilweise recht langfristige. Irgendwann wird und muß ein jedes zyklisch-iterative System nach den Regeln des deterministischen Chaos über einen ›seltsamen Attraktor‹ in die Situation eines irreversiblen Sprunges, einer Bifurkation, geraten. Auf diese Weise kommt der irreversible Zeitenteil, der Zeitpfeil, zustande.

So ist der Weltprozeß zusammengesetzt aus einem fein abgestimmten Zusammenspiel von ›stabilen‹ Strukturen, Zyklen, Oszillationen, Warteschleifen mit dem reversiblen Zeitmodus tr und Instabilitäten, Sprüngen und Verzweigungen, die den irreversiblen Zeitpfeil ti etablieren. An vielen Beispielen aus Physik, Chemie, Ökologie und Biologie wird das Modell des Zeibaums erläutert.

Jenseits von Einstein
Die Suche nach der Theorie
des Universums
Von Michio Kaku und Jennifer Trainer

Aus dem Amerikanischen von Ilse Davis Schauer
Etwa 260 Seiten. Gebunden ca. DM 38,–
ISBN 3-458-16528-2

Seit Isaac Newton im 17. Jahrhundert seine Theorie der Schwerkraft entwickelte, hat die Physik mit jahrtausendealten Vorstellungen über unser Universum aufgeräumt. Quantenmechanik und Relativitätstheorie revolutionierten für immer unsere Vorstellungen von Raum und Zeit; spätere Theorien, wie beispielsweise die Theorie der »Schwarzen Löcher«, konfrontierten uns erneut mit der Grenze des menschlichen Vorstellungsvermögens.
Albert Einstein arbeitete die letzten Jahre seines Lebens intensiv daran, eine umfassende, die vier Elementarkräfte der Natur vereinheitlichende Theorie zu entwickeln.
Heute glauben anerkannte Physiker, mit dem Superstring-Modell eine solche Theorie gefunden zu haben. Sie unterscheidet sich jedoch von allen vorangegangenen, weil sie von einem fundamental anderen physikalischen Bild ausgeht: Materie besteht nicht aus punktförmigen Teilchen, sondern aus vibrierenden ›Strings‹, die sich, ähnlich wie die Saiten einer Violine, nur in ihren Schwingungsfrequenzen voneinander unterscheiden. Die Superstring-Theorie macht verblüffende Voraussagen über die Zukunft unseres Planeten wie über den Anfang der Zeit noch vor dem Urknall.
Ob die Superstring-Theorie sich schließlich als die langgesuchte einheitliche Feldtheorie erweisen wird, steht noch dahin. Die Verknüpfung von Astronomie, Kosmologie und Quantentheorie bleibt weiterhin zentrale Aufgabe der Wissenschaft.
Der renommierte amerikanische Physiker Michio Kaku schrieb gemeinsam mit der Journalistin Jennifer Trainer ein Buch der Physik für Nichtphysiker. *Jenseits von Einstein* gibt, in einer klaren, auch dem Laien verständlichen Sprache, eine Zusammenfassung der kosmologischen Grundgedanken der letzten Jahre.
Das Buch bietet nicht nur Einblicke in die neuesten Theorien des physikalischen Universums – vom Mikrokosmos der Elementarteilchen bis zum Makrokosmos der Sterne und Galaxien –, sondern zeigt auch die philosophischen Dimensionen, die den großen physikalischen Theorien zugrunde liegen. Ein ausführliches Glossar erläutert die naturwissenschaftlichen Begriffe und Sachverhalte.

Allwissen und Absturz
Der Ursprung des Computers
Von Werner Künzel und Peter Bexte

Mit zahlreichen Abbildungen
Etwa 216 Seiten. Gebunden ca. DM 38,–
ISBN 3-458-16527-4

Kaum eine Wissenschaft der Neuzeit dürfte so geschichtslos angetreten sein wie die Computertheorie. Das System schluckt die Geschichte und läßt so vergessen, daß es seinerseits eine solche hat. Dieser aber haben die Autoren des Bandes nachgespürt, seit sie die logischen Modelle des Scholastikers Raimundus Lullus in die Computersprachen Cobol sowie Assembler übersetzten und sie in einen Berliner Großrechner eingaben. So entstand das ablauffähige Programm »ArsMagna. Autor: Raimundus Lullus, um 1300«. Dieser älteste Systementwurf ist der Ausgangspunkt des Buches; es weist nach, daß die Elektronengehirne einen direkten Draht zu mittelalterlichen Gottesbeweisen haben. In solcher Grenzüberschreitung zeigen die alten Texte plötzlich Spuren des Neuen. Die von Raimundus Lullus ab 1275 entwickelte logische Maschine ist Gestalt gewordene Kosmologie; sie verkörpert Offenbarungswissen, demonstriert die Logik des Universums. In ihrem kombinatorischen Verfahren sind Gottesbeweis und Maschinenbau identisch, sie fallen zusammen, bilden keine Gegensätze. Mit ihr wird ein Feld eröffnet, das sich nicht durch Widersprüche strukturiert, sondern durch Kommunikation von anderweitig Getrenntem. Alles folgt hier ein und derselben Logik, sie durchmißt die gesamte Stufenleiter des Seins, von den Steinen, Pflanzen, Tieren über Menschen, Himmel, Engel bis hinauf zu Gott und wieder hinab. Das Buch handelt von der Geschichte der logischen Kombinatorik aus der Sicht der aktuellen Computertheorie. Dabei werden die entscheidenden Metamorphosen dieser Maschine erfaßt.

Die Spur der Ars Combinatoria führt aus der mittelalterlichen Kosmologie in eine Welt technischer Phänomene. Aus der Tradition kabbalistischer Kombinationslogik werden jene Schaltpläne geboren, die die universelle Maschine steuern.

Neben der mathematischen Kombinatorik entdeckte das Barockzeitalter aber auch deren sprachliche Formen: Die Sprachmaschinen eines Harsdörffer fanden ihre Tradierung über die Romantiker und Mallarmé hin zu den konkreten Poeten.

Im Computer schließen sich diese Stränge wieder zusammen. Die alten Texte und die neuen Maschinen demonstrieren auf je besondere Weise die Logik und den Zusammenhang des Universums.

Carol Zaleski

Nah-Todeserlebnisse und Jenseitsvisionen

Aus dem Amerikanischen von Ilse Davis Schauer
Etwa 460 Seiten. Gebunden ca. DM 48,–
ISBN 3-458-16526-6

Was an der Schwelle zum Tod geschieht, ist Thema dieses Buchs, das die zahlreichen neuen Berichte und Studien zu Nah-Todeserlebnissen mit Zeugnissen aus den vergangenen 2000 Jahren vergleicht und dabei auf überraschende Analogien stößt.
Mit ihrem Buch greift die Harvard-Theologin Carol Zaleski in die besonders in den USA heftig geführte Debatte über die Bedeutung der ›Nah-Todeserfahrung‹ ein – dort als ›NDE: Near-Death Experience‹ bezeichnet –, Erfahrungen also von Menschen, die nach ihrem klinischen Tod wieder reanimiert wurden und deren Berichte seither auf sehr kontroverse Reaktionen stoßen.
Auch in Deutschland gewinnt das Thema an öffentlichem Interesse, zum Teil ausgelöst durch die von Elisabeth Kübler-Ross protokollierten Berichte Sterbender und sicherlich auch, weil die Erfahrung derer, die an der Schwelle des Todes standen, vielleicht Aufschlüsse über die ewige Frage verspricht, was und ob uns etwas nach dem Tode erwartet.
Eine breitere Aufmerksamkeit erreichte das Thema mit dem Erscheinen von Raymond Moodys Buch *Leben nach dem Tod.* Die Erfahrungen von Menschen, die nach ihrem Tod ins Leben zurückkamen, entsprechen einem gemeinsamen Muster, das Kübler-Ross und Moody in zwölf bis fünfzehn Punkten beschreiben (u. a. Heraustreten aus dem Körper, Tunnel, Licht, Lebensfilm, Begegnung mit Lichtwesen, Lebensbewertung). Dieses Muster fand sich unabhängig von Alter, sozialer Stellung, ethnischer Zugehörigkeit.
Zaleski hat nachgewiesen, daß zahlreiche historische Quellen ähnliche Berichte aufweisen. So vergleicht sie in einem großen Rückgriff die ›heutigen‹ Nah-Todeserfahrungen und die sogenannten außerkörperlichen Erfahrungen mit den christlichen mittelalterlichen Berichten von Visionen und mystischen Reisen. Diese bestätigen im Prinzip das moderne Muster.
Die Autorin, die sich stets an der absoluten Authentizität des zugrundeliegenden Erlebnisses orientiert, schlägt einen neuen Ansatz vor, um die Sprache der Berichte zu interpretieren. Sie stellt die schöpferische Phantasie und die Kraft der spirituellen Suche in den Mittelpunkt, eher als daß sie die Endgültigkeit, ›Wahrheit‹ oder ›Unwahrheit‹ der Antworten bewertet.

Jacob Needleman
Vom Sinn des Kosmos
Moderne Wissenschaften und alte Wahrheiten

Aus dem Amerikanischen von Charlotte Franke
Etwa 256 Seiten. Gebunden ca. DM 38,– DM
ISBN 3-458-16524-x

Seit etwa zwei Jahrzehnten vollzieht sich in den westlichen, hochtechnologischen Gesellschaften ein Prozeß der Wiederentdeckung der spirituellen Dimension unserer Existenz. Needlemans Buch ist einer der grundlegenden Texte dieser Rückbesinnung.
Überall, in jedem Winkel der Erde, übt die technische Anwendung wissenschaftlicher Theorien einen dominierenden Einfluß auf das Leben der Menschen aus. Wir sprechen jetzt von mehr als fünf Milliarden Menschen, von riesigen ökonomischen, von biologischen Kräften, die vielleicht sogar mit geologischen Kräften in Zusammenhang stehen. Die Wissenschaft *ist* die moderne Welt. Was können da spirituelle Lehren, was kann hermetisches Wissen bewirken?
Needleman wendet sich gegen den oberflächlichen Pragmatismus einer Wissenschaft, eines scheinwissenschaftlichen Denkens, das nur begrenzte Intentionen und Wünsche befriedigt. Seine Erkenntniskritik an den modernen Wissenschaften resultiert aus seinem Zugang zu den antiken Weisheitslehren: Dort waren die Motive, war die Bedeutung der Frage, des Vorgangs des Fragens ganz anders als in den modernen Wissenschaften. Und dies deshalb, weil die strukturelle Übereinstimmung zwischen Mensch und Kosmos noch nicht zerbrochen war.
Auch die spirituellen Lehren sind aufgebaut in Strukturanalogie zum Universum, sie spiegeln die Ordnung des Kosmos, sind »spiegelkosmische Realität«. Needleman verfolgt zunächst die Geschichte der Medizin in ihren Grundlinien von der Antike über das Mittelalter bis zur Gegenwart. In einem zweiten Abschnitt beschreibt Needleman die Krise der Psychoanalyse, eine Krise, die zu einer Verbindung der kulturellen Techniken des Westens (Psychologie) und Ostens (Meditation) geführt habe, und diskutiert dann das Verhältnis von Spiritualität und moderner Physik. Schließlich untersucht Needleman auch das Phänomen der Magie und magische Praktiken als Grenzphänomene des Wissenschaftlichen.
Needleman plädiert, bei aller nötigen Differenzierung, für eine umfassende Reintegration und Humanisierung der Wissenschaften. So bedürfen auch die modernen Wissenschaften der Rückbindung an alte Weisheiten.